广视角·全方位·多品种

权威·前沿·原创

皮书系列为
"十二五"国家重点图书出版规划项目

生态文明绿皮书
GREEN BOOK OF
ECO-CIVILIZATION

中国省域生态文明建设评价报告
（ECI 2014）

ANNUAL REPORT ON CHINA'S PROVINCIAL ECO-CIVILIZATION
INDEX (ECI 2014)

北京林业大学生态文明研究中心
主　编／严　耕
副主编／吴明红　林　震　樊阳程　杨智辉
　　　　田　浩　金灿灿　杨志华

社会科学文献出版社
SOCIAL SCIENCES ACADEMIC PRESS（CHINA）

图书在版编目（CIP）数据

中国省域生态文明建设评价报告. ECI 2014/严耕主编. —北京：社会科学文献出版社，2014.12

（生态文明绿皮书）

ISBN 978 – 7 – 5097 – 6783 – 2

Ⅰ.①中…　Ⅱ.①严…　Ⅲ.①省 – 区域生态环境 – 生态环境建设 – 研究报告 – 中国 – 2014　Ⅳ.①X321.2

中国版本图书馆 CIP 数据核字（2014）第 267487 号

生态文明绿皮书

中国省域生态文明建设评价报告（ECI 2014）

主　　编 / 严　耕

副 主 编 / 吴明红　林　震　樊阳程　杨智辉　田　浩　金灿灿　杨志华

出 版 人 / 谢寿光
项目统筹 / 王　绯
责任编辑 / 曹长香

出　　版 / 社会科学文献出版社·社会政法分社（010）59367156
　　　　　　地址：北京市北三环中路甲 29 号院华龙大厦　邮编：100029
　　　　　　网址：www. ssap. com. cn
发　　行 / 市场营销中心（010）59367081　　59367090
　　　　　　读者服务中心（010）59367028
印　　装 / 北京季蜂印刷有限公司

规　　格 / 开　本：787mm × 1092mm　1/16
　　　　　　印　张：20.5　字　数：332 千字
版　　次 / 2014 年 12 月第 1 版　2014 年 12 月第 1 次印刷
书　　号 / ISBN 978 – 7 – 5097 – 6783 – 2
定　　价 / 85.00 元

皮书序列号 / B – 2010 – 146

《中国省域生态文明建设评价报告（ECI 2014）》编写组

主　编　严　耕

副主编　吴明红　林　震　樊阳程　杨智辉　田　浩
　　　　　金灿灿　杨志华

成　员　仲亚东　陈丽鸿　张秀芹　展洪德　李媛辉
　　　　　高兴武　王广新　李　飞　陈　佳　邬　亮
　　　　　徐保军　孙　宇　巩前文　吴守蓉　周景勇
　　　　　郎　洁

主要编撰者简介

严 耕 男，博士，二级教授，博士生导师，北京林业大学人文社会科学学院院长，生态文明建设与管理学科和林业史学科带头人。北京林业大学和国家林业局生态文明研究中心常务副主任。

吴明红 男，博士，硕士生导师，生态文明建设评价研究团队核心成员，主持了国家社科基金项目等多项科研课题。

林 震 男，博士，博士生导师，北京林业大学人文社会科学学院副院长，公共管理学科负责人、学术带头人。美国纽约州立大学环境科学与林业学院访问学者。

樊阳程 女，博士，生态文明建设评价研究团队核心成员。主持国家社科基金青年项目、中央高校基本科研业务费专项资金项目。

杨智辉 男，博士，硕士生导师。北京市英才计划入选者，《心理学报》《心理科学进展》等期刊审稿人。

田 浩 男，博士，硕士生导师，北京林业大学人文学院副院长。主持中央高校基本科研业务费专项资金项目。

金灿灿 男，博士，硕士生导师。研究方向为个性、社会性发展，主要研究兴趣为青少年和特殊儿童的心理健康和社会适应问题以及心理统计方法。

杨志华 男，博士，硕士生导师，美国过程研究中心访问学者，兼中国自然辩证法研究会环境哲学专业委员会副秘书长。

摘　要

在国家对领导干部的政绩考核日益重视生态文明建设的形势下，推进对各地的生态文明建设评价更加急迫。考核一般用于上级对下级的考查核定，是引导推进生态文明建设的"指挥棒"；评价则是学界对生态文明建设的实际进程进行判断和分析，是检验工作成效的"晴雨表"和"校准器"。考核与评价各有侧重，理应相互促进，不可偏废。

新版中国省域生态文明建设评价指标体系（ECCI 2014）与往年相比，实质性改进较大。ECCI 2014最大的亮点是对协调程度的认识和评价，从相对经济发展的协调改为总体协调，第一次实现了对社会与自然真实协调的评价。同时，新增和改进了部分三级指标，对部分二级指标和三级指标的权重也作了必要的调整。课题组认为，生态文明建设的直接目标是生态健康、环境良好和资源永续。表面看来，良好的环境和可持续利用的资源直接维系着人类的生存与发展，因而环境危机、资源危机更容易引起人们的关注和重视。其实，生态系统具有更基础、更重要的地位和作用，环境和资源都依赖生态系统的支撑，生态与环境和资源具有"一体两用"的关系。因此，生态文明建设的根本策略，就是要"强体善用"：一方面要改变不合理的资源和环境利用方式，另一方面要加强生态系统的修复和建设。

分析显示，我国整体生态文明建设呈上升趋势，2011～2012年度进步指数为2.92%，除了受社会发展强力推动外，反映资源能源消耗及污染物排放与生态、环境承载能力关系的协调发展能力也稳步提升4.72%。但我国生态文明水平与发达国家比较仍有很大差距，全国整体环境质量形势依然严峻，部分地区生态文明建设短板问题突出，经济社会发展的生态环境代价过高。

本书建议，我国在致力于"两型社会"建设的基础上，应尽快树立"生态立国"理念，推进"生态立国"进程；认真制定和落实适合区域承载能力、

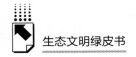

开发密度和发展潜力的主体功能区规划，优化国土空间布局；坚持传统产业升级改造与产业结构优化调整两手抓，不断提升我国整体国际竞争力，确保经济、生态双赢；完善生态文明制度体系，加强制度执行力，保障环境正义，维护社会公平；及时健全生态文明建设相关数据的统计发布，积极与社会互动，搭建公众参与、监督生态文明建设的平台。

关键词： 生态文明建设评价　生态活力　环境质量　资源效能　协调程度　进步指数　建设类型　国际比较　相关性分析

Abstract

As the key performance appraisal of local officials by the Chinese government is putting more focus on the construction of local Eco-Civilization, it is quite urgent to impel the evaluation system for this issue. Appraisal is for superior to examine the subordinate's performances, as the "baton" that guides the promotion of Eco-Civilization construction in government system. On the other hand, evaluation is used by academics to analysis and confirms the actual progress of Eco-Civilization construction, as the "barometer" and "calibrator" to reflect the outcomes. Government appraisal and academic evaluation have different functions, but could be reference for each other and indispensable.

Compared to previous editions, the latest Eco-Civilization Construction Indices of 2014 (ECCI 2014) are improved a lot. The most outstanding highlight of ECCI 2014 is the comprehension and evaluation to the degree of harmony, changing from the harmony to the economy development only to the harmony for overall situations, for the first time realizing the evaluation of the true harmony of society and the nature. In additions, some of the third level indices have been added or adjusted, and the weights of some second level indices and third level indices are changed.

The research team believes that the direct goals of Eco-Civilization are healthy ecology, good environment, and sustainable resources. It is widely accepted that good environment and sustainable utilization of resources directly affect the survival and development of human beings. However, the ecological system is more important and fundamental as both environment and resources rely on the support of ecological system. Ecology is the body of environment and resource, meanwhile environment and resource are the functions of ecology. Based on this relationship, the basic strategy of building Eco-Civilization is to strengthen the body and to optimize the functions. On one hand, strengthen the ecosystem remediation and ecological construction. On the other hand, change the unreasonable use of resources and energies.

According to the analysis in this book, the overall Eco-Civilization in China is on the rise. The national annual progress index is 2. 92% in 2011 – 2012, strongly driven by national social development. The ability index of harmony development, which reflects the relationships of resource utilization, pollution emission, and ecological/environmental carrying capacity, has also been improved to 4. 72%. Nevertheless, the level of Eco-Civilization in China is still many years behind the developed countries. Moreover, the overall environmental quality of China is still in serious situation, the Eco-Civilization developments in some areas are still unbalanced, and the cost of ecological environment is too high for the economic and society development.

The authors of this book suggest that, on the basis of building resource-efficient and environment-friendly society, China should make ecology protection part of her national development strategy. Moreover, China should optimize national territory spatial planning, by building up and implementing the national plan for different functional zones, which is balancing compliances to the regional ecological and environmental carrying capacity, development density and development potentials. Furthermore, as to make sure a win-win on both economic and ecology, China should improve the overall international competitiveness by upgrading the traditional industries and optimizing/adjusting the industrial structure concurrently. In addition, China should optimize the institution system of Eco-Civilization, strengthen the execution of the institution, protect the environmental justice, and maintain the social equity. And at the end, China should improve the statistics and release of Eco-Civilization construction related data in time; build-up a platform for promoting the public participation and supervision in Eco-Civilization development.

Keywords: Eco-Civilization Construction Evaluation; Ecological Vitality; Environmental Quality; Resource Efficiency; Degree of Harmony; Progress Index; Construction Type; International Comparison; Correlation Analysis

目 录

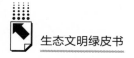
GⅢ　第三部分　省域生态文明建设分析

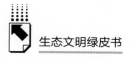
皮书数据库阅读 **使用指南**

CONTENTS

GⅢ　Part Ⅲ　Provincial Eco–Civilization Construction Analysis

CONTENTS

CONTENTS

第一部分　中国省域生态文明建设评价总报告[*]

General Report on Chinese Provincial Eco – Civilization
Construction Indices（ECI 2014）

中国生态文明建设已进入快车道。2012年11月，中国共产党第十八次全国代表大会将生态文明建设提升到前所未有的高度，成为社会主义现代化建设"五位一体"总布局的重要一环，写入大会报告和党章。自此，从中央到地方，从官员到百姓，都愿意把绿色挂在嘴上，把生态放在心上。"不以GDP论英雄"，"生态环境也是生产力"，"绿水青山就是金山银山"，"生态兴，文明兴"等论断已是耳熟能详，深入人心。

然而，我们也应当清醒地看到，生态文明建设依旧任重而道远。我国国情决定了目前生态文明建设仍须以政府为主导。各地方政府在生态文明建设中起着承上启下的关键作用，一方面，要积极贯彻落实中央的既定方针，守土有责，承担本地区生态文明建设顶层设计和项目实施的重任；另一方面，要充分发挥地方能动性，守土尽责，实现经济社会发展和生态环境保护的双赢，为美丽中国建设添砖加瓦。

为切实推进生态文明建设，要像重视考核经济建设那样重视考核生态文明建设。在政府越来越重视生态文明建设考核的背景下，加强生态文明建设的客

---

　　* 执笔人：严耕、林震、吴明红、杨志华、巩前文。

观评价，显得尤为重要。如果说，考核是生态文明建设的"指挥棒"，是上级对下级的考查核定；那么，评价则是生态文明建设的"晴雨表"和"校准器"，是公众或学界对实际情况的评比和判断。

北京林业大学生态文明研究中心于 2007 年率先专门开展中国省域生态文明建设量化评价，并从 2010 年起逐年发布中国省域生态文明建设评价报告，对推动各省生态文明建设和国内生态文明评价研究产生了积极影响。本报告主要基于 2012 年的统计数据，计算出 31 个省、自治区、直辖市（不含港澳台）最新的生态文明指数（ECI 2014），开展相应的深度分析，并结合中央的政策方针和各省区的具体情况，提出针对性的政策建议。

一　2012 年：生态文明建设新长征的新起点

（一）2012 年——生态文明年

2012 年，注定是不平凡的一年。来自玛雅历法的末世预言，伴随着好莱坞大片《2012》席卷全球。生态灾难被认为是对人类文明的致命一击。然而，天灾或许不可避免，人祸却可以主动矫正。面对可能的生态环境危机，人们更多选择的是理性应对。

2012 年，是现代环保运动 50 周年。1962 年，美国海洋生物学家蕾切尔·卡逊出版《寂静的春天》一书，宣称人类为保农业增产而施用的杀虫剂导致生物多样性减少，破坏稳定的生态关系，并将最终威胁人类的生存安全。"人类是自然的一部分，对自然宣战必定伤害自己。"这一平地起惊雷的呐喊，成为当代环保运动的肇始。

2012 年，是《联合国人类环境宣言》发表 40 周年。1972 年 6 月在斯德哥尔摩召开的联合国人类环境会议通过了一项宣言，阐明了与会国和国际组织取得的七点共识和 26 项原则，用以指导各国人民保护和改善所处的环境。《联合国人类环境宣言》指出："人类环境的两个方面，即天然和人为的两个方面，对于人类的幸福和对于享受基本人权，甚至生存权利本身，都是必不可少的。""保护和改善人类环境是关系到全世界各国人民的幸福和经济发展的重要问题，也是全世界各国人民的迫切希望和各国政府的责任。""为现代人和子孙后代保护和改善人类环境，已成为人类一个紧迫的目标。这个目标将同争取和平和全世界的经济与社会发展两个基本目标共同和协调实现。""为实现这一环境目标，将要求公民和团体以及企业和各级机关承担责任，大家平等地从事共同的努力。"各级政府应承担最大的责任。国与国之间应进行广泛合作，国际组织应采取行动，以谋求共同的利益。

2012 年，是里约地球首脑峰会 20 周年。20 年前的 1992 年，联合国在巴西里约热内卢召开了迄今为止人类最为成功的环境大会，即联合国环境与发展大会，又称地球峰会。里约峰会就人类可持续发展和应对全球气候变化等达成了广泛共识，通过了《里约环境与发展宣言》（即《地球宪章》）、《21 世纪议程》、《联合国气候变化框架公约》、《保护生物多样性公约》、《关于森林问题的原则声明》等一系列重要文件。《里约环境与发展宣言》宣告："人类处在关注持续发展的中心。他们有权同大自然协调一致从事健康的、创造财富的生活。""为了达到持续发展，环境保护应成为发展进程中的一个组成部分，不能同发展进程孤立开看待。""各国和各国人民应该在消除贫穷这个基本任务方面进行合作，这是持续发展必不可少的条件，目的是缩小生活水平的悬殊和更好地满足世界上大多数人的需要。"

2012 年 6 月，联合国可持续发展大会（即"里约 + 20"峰会）回到里约热内卢。各国围绕"可持续发展和消除贫困背景下的绿色经济"和"促进可持续发展的体制框架"两大主题展开讨论，193 个国家的代表在闭幕式上通过了会议最终成果文件——《我们憧憬的未来》。该文件开宗明义写道："消除贫穷是当今世界面临的最大的全球挑战，是可持续发展不可或缺的要求。"文件强调，"消除贫穷、改变不可持续的消费和生产方式、推广可持续的消费和生产方式、保护和管理经济和社会发展的自然资源基础，是可持续发展的总目标和基本需要"。联合国秘书长潘基文认为，此次会议不是终点而是起点，世界将由此沿着正确的道路前进。此次会议秘书长、联合国负责经济和社会事务的副秘书长沙祖康也指出："这是我们首次就制定可持续发展目标达成共识。显然，千年发展目标有固定的期限，但可持续发展目标永远都不会过期。现在这个进程已经启动。"

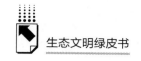
2012 年 11 月，在第十八次全国代表大会上，党中央将生态文明建设纳入执政纲领，发出了建设美丽中国，努力走向社会主义生态文明新时代的号召。党的十八大报告不仅确立了生态文明建设的新高度，而且拓展了生态文明的内涵，加深了对生态文明的理解。

大会把建设生态文明看作关系人民福祉、关乎民族未来的长远大计，把生态文明建设面对的严峻形势概括为"资源约束趋紧、环境污染严重、生态系统退化"三个方面，要求全社会必须树立"尊重自然、顺应自然、保护自然"的生态文明理念，要求各级政府必须把生态文明建设放在突出地位，而且要"融入经济建设、政治建设、文化建设、社会建设各方面和全过程"，以实现中华民族的永续发展。

为此，大会要求坚持节约资源和保护环境的基本国策，坚持节约优先、保护优先、自然恢复为主的方针，着力推进绿色发展、循环发展、低碳发展，并全面阐述了生态文明建设的四大举措——优化国土空间开发格局、全面促进资源节约、加大自然生态系统和环境保护力度、加强生态文明制度建设。

（二）2012 年全国生态文明建设的总体形势

2012 年，中国 GDP 总量突破 50 万亿元，稳居世界第二。虽然只有美国的一半强，但已拉开日本一大截，接近排名第 4~6 位的德、法、英三国的总和。受全球经济危机的影响，这一年的 GDP 增长速度开始放缓，为 7.8%，十多年来首次破八。

与此同时，2012 年全球二氧化碳排放量达到创纪录的 316 亿吨。中国仍是最大的碳排放国，为全球排放量的增加"贡献"了 3 亿吨，尽管这已是过去 10 年中国给出的最低数字之一。2012 年全国单位国内生产总值二氧化碳排放较 2011 年下降 5.19%，中国 2012 年碳排放增加了 3%，低于最近 10 年平均 10% 的增幅。

根据环境保护部发布的《2012 年中国环境状况公报》，2012 年全国环境质量状况总体保持平稳，主要污染物中化学需氧量排放量为 2423.7 万吨，氨氮排放量为 253.6 万吨，分别比上年减少 3.05%、2.62%；废气中二氧化硫排放量为 2117.6 万吨，氮氧化物排放量为 2337.8 万吨，分别比上年减少

4.52%、2.77%。但全国水环境质量和空气质量却不容乐观。长江、黄河等十大流域的国控断面中，Ⅳ～Ⅴ类和劣Ⅴ类水质的断面比例达到31.1%。黄河、松花江、淮河和辽河为轻度污染，海河为中度污染。在198个城市4929个地下水监测点位中，较差—极差水质的监测点比例高达57.3%。325个地级及以上城市的环境空气质量，若执行新标准，即《环境空气质量标准》（GB3095 - 2012），则达标率仅为40.9%，113个环境保护重点城市的达标率更只有23.9%。农村环境问题也日益显现，突出表现为工矿污染压力加大，生活污染局部加剧，畜禽养殖污染严重。"全国798个村庄的农村环境质量试点监测结果表明，试点村庄空气质量总体较好，农村饮用水源和地表水受到不同程度污染，农村环境保护形势依然严峻。"

生态建设方面则进展良好。截至2012年底，全国（不含港澳台）共建立各种类型、不同级别的自然保护区2669个，总面积约14979万公顷，其中陆地面积14338万公顷，占全国陆地面积的14.94%；国家级自然保护区总计363个，面积9415万公顷。据国家林业局统计，2002～2012年十年间，全国参加义务植树人数达50.33亿人次，植树216.06亿株，取得了举世瞩目的生态成就。最新公布的第八次全国森林资源清查结果显示，全国森林面积2.08亿公顷，森林覆盖率达到21.63%。活立木总蓄积量164.33亿立方米，森林蓄积量151.37亿立方米。天然林面积1.22亿公顷，蓄积量122.96亿立方米；人工林面积0.69亿公顷，蓄积量24.83亿立方米。森林面积和森林蓄积量分别位居世界第5位和第6位，人工林面积仍居世界首位。

二 各省生态文明建设评价结果与分析

（一）评价指标体系的发展与创新

科学评价是建立在科学认识基础上的。目前人们对生态文明建设的认识，已经从单纯的环境保护或林业生态建设，扩展为包括资源（尤其是能源）节约和有效利用、环境保护与污染治理、生态恢复与生态建设等在内的系统工程。应该说，这是认识上的一个飞跃。

但与人们通常将资源、环境和生态三者同等看待不同，在我们看来，生态与资源、环境之间，既不是"三足鼎立"的关系，也不是"一体两翼"的关系，而是"一体两用"的关系，生态是"体"，环境和资源是生态对人类生存和发展的两"用"。

生态是"体"。这里的"体"，不仅从生态学意义上指生态系统是一个有机整体，也从宇宙论意义上指生物圈生态系统是一切生物之"全体"，更基本的含义是生态系统客观具有的种种属性及其相互联系自身。

环境和资源是"用"。环境，是生态系统适宜于人这个物种居住的生境；资源，则是人类为了生存发展而通过科学技术手段对生态系统加以利用的要素。这些生境和要素，也都包含在生态系统当中，是生态系统这个"体"相对于人而言的两种功用。因此，生态、环境和资源，不是指三种独立自存的事物，而是事物与人的三种不同关系。不依赖人的意识，甚至可以离开人而独立自存的是生态；作为生物的人，所依赖的生存条件是环境；作为一种技术性存在，人的生产和生活所依赖的物质条件是资源。一片山林，它自身参与生态系统复杂的物质循环，当然首先是生态系统的一部分，在这个意义上，它属于生态之"体"，而当人们在其中散步休憩时，它就同时成了人的环境，若将其中的树木砍伐利用，它又摇身一变成了人的资源。

表面看来，良好的环境和可持续利用的资源在直接维系着人类的生存与发展，因此，环境危机、资源危机更容易引起人们的关注和重视，且环境污染的治理相对容易，目前全球范围内都存在局部环境质量状况改善而整体生态保护形势严峻的现象。其实，生态系统具有更基础、更重要的地位和作用，环境和资源都依赖生态系统的支撑，是生态系统的"一体两用"，离开了生态，环境和资源都必然成为无源之水、无本之木。要真正从根本上解决环境危机，一方面需要加大环境污染治理的力度，削减环境污染物的排放；另一方面还需要加强生态保护与建设，提升生态承载能力，扩大环境容量。应对资源危机也一样，在节约和合理利用资源、开发新型资源的同时，仍需增强生态系统活力，提升资源丰度，实现资源的增量。

因此，生态文明建设的根本策略，就是要"强体善用"：一方面要改变不合理的资源、环境利用方式，另一方面要加强生态系统的修复和建设。根本途径就是要走一条协调发展道路，使资源利用、污染物排放不超出生态系统承载能力，同时让资源利用真正转化为社会福祉。

依据上述认识，我们对生态文明建设的评价，坚持从生态活力、环境质量、社会发展和协调程度这四个方面进行考察。同时对具体的指标和权重进行了修订和更新。

本年度的省域生态文明建设评价指标体系（ECCI 2014，详见第二部分第一章）虽然仍保持与上年相同的四个二级指标，仍采用相对评价算法，但与往年相比，实质性改进最大。

ECCI 2014 最大的亮点是对协调程度的认识和评价，从相对经济发展的协调改为总体协调，第一次实现了对社会与自然真实协调的评价。以往的评价，关注的是与经济而言的相对协调。例如，单位 GDP 化学需氧量排放量、单位 GDP 氨氮排放量、单位 GDP 能耗、单位 GDP 水耗、单位 GDP 二氧化硫排放量等指标，上述指标中的"单位"，都是指万元 GDP，这样一来，如果污染物排放和资源消耗的增速低于 GDP 的增速，"协调程度"便会增加。然而，在生态、环境和资源承载能力的范围内，资源消耗和污染排放应该是合理的，社会与自然的双赢才符合协调的本意。因此，ECCI 2014 从实际出发，转变考察思路，将上述 5 个指标更新为 COD 排放变化效应、氨氮排放变化效应、能源消耗变化效应、二氧化硫排放变化效应 4 个指标，测评年度排放变化对水体和空气质量产生的影响，从而避免了因 GDP 的高速增长而掩盖的排放持续增加、污染依旧严重的事实。

在三级指标方面，生态活力部分增设了森林质量指标，考察更加全面。环境质量方面将环境空气质量的内涵从原有的"好于二级天气天数占全年比例"改为"城市空气质量综合指数"，同时新增化肥施用超标量指标，与原有的农药施用强度指标一道，更能客观反映土壤的污染程度。社会发展部分用每千人口医疗机构床位数替换人均预期寿命指标，数据时效性更好了。

在权重方面，生态文明建设是"五位一体"中的一员，有其侧重，所以，课题组根据专家的意见，提高了环境质量的权重，从上年的 20% 提高到 25%，将社会发展二级指标的权重从 20% 下调为 15%。三级指标中，单项权重最高的是"森林覆盖率"和"自然保护区的有效保护"，为 8.57%；其次是"环

境空气质量"，为 8.33%，较上年增加了 5 个百分点；权重最小的是"农村改水率"，仅为 0.94%。

基于最新的中国省域生态文明建设评价指标体系 ECCI 2014，我们得到了最新的中国省域生态文明指数榜单及系列分析研究结果。

（二）2012 年各省生态文明指数（ECI 2014）

经测算，2012 年各省生态文明指数（ECI 2014）与排名以及四项二级指标的得分，见表 1。

表 1　2012 年各省区生态文明指数（ECI 2014）及排名

排名	地区	ECI 2014	生态活力	环境质量	社会发展	协调程度
1	海　南	93.27	28.59	25.30	12.72	26.66
2	北　京	92.11	26.61	18.78	20.05	26.66
3	浙　江	91.57	25.63	19.93	17.47	28.54
4	辽　宁	90.64	30.56	18.02	15.09	26.97
5	重　庆	90.11	26.61	21.47	13.80	28.23
6	江　西	88.60	30.56	21.47	9.92	26.66
7	西　藏	88.53	26.61	27.98	11.54	22.40
8	黑龙江	88.17	33.51	20.32	12.08	22.27
9	四　川	87.05	32.53	20.32	11.00	23.21
10	福　建	86.56	25.63	21.08	14.45	25.40
11	广　东	86.23	27.60	19.17	15.31	24.15
12	湖　南	85.92	23.66	23.77	11.21	27.29
13	广　西	85.40	24.64	23.77	9.70	27.29
14	内蒙古	84.38	25.63	18.78	14.88	25.09
15	云　南	83.53	27.60	24.15	10.13	21.64
16	上　海	82.58	20.70	19.17	19.19	23.52
17	吉　林	80.91	29.57	18.02	12.94	20.39
18	贵　州	80.83	21.69	25.68	10.57	22.90
19	青　海	80.23	23.66	23.38	11.86	21.33
20	天　津	79.62	23.66	13.80	18.33	23.84
21	江　苏	79.11	22.67	17.25	16.60	22.58
22	新　疆	78.53	22.67	21.08	12.51	22.27
23	山　东	76.71	24.64	11.88	15.09	25.09
24	山　西	76.66	23.66	16.48	11.43	25.09
25	陕　西	76.55	23.66	16.87	12.51	23.52
26	甘　肃	75.95	23.66	19.17	9.92	23.21

排名	地区	ECI 2014	生态活力	环境质量	社会发展	协调程度
27	湖　北	74.59	24.64	18.02	11.86	20.07
28	安　徽	74.41	21.69	19.93	9.27	23.52
29	河　南	71.95	21.69	16.10	9.70	24.46
30	宁　夏	69.38	19.71	16.87	12.72	20.07
31	河　北	65.85	19.71	13.42	10.13	22.58

注：ECCI 2014 包括 4 项二级指标和 23 项三级指标，根据评价算法，每项三级指标的最高等级分为 6 分，最低为 1 分，因此，各省生态文明指数（ECI）理论上最高得分为 138 分，最低得分为 23 分。ECI 2014 满分为 138 分，最低分为 23 分。

该排行榜显示出如下几个特点。

第一，各省区得分差异仍然比较显著，最高分为海南（93.27），最低分为河北（65.85）。北京奥运带来的环境红利已经式微，而为应对全球金融危机采取的经济强刺激措施却带来了环境负效应，尤其是雾霾问题开始显现。

第二，一些省份值得重点关注。主要是位于中西部的河北、宁夏、河南、安徽、湖北、甘肃、陕西、山西等重工业大省、农业大省、能源大省，受总体自然资源禀赋较差和产业布局的双重影响，排名一直相对靠后。这些省份需要重点推进产业转型升级，国家也应加强对这些省份的补偿，改观其艰难的生态文明建设局面。

第三，主要受指标体系调整影响，与上年度比较，排名发生了较大变化。北京首次退居第二，天津、广东、上海、江苏等经济发展水平较高的省份排名相对有所回落，与此形成对照的是，海南、重庆、江西、黑龙江、四川等生态大省，排名攀升前列。这从一个侧面说明，今年调整后的指标体系更加"绿色"了（见表2）。

表2　2011～2012 年 ECI 排名前十名和后十名变化情况

排名前十	2011 年	2012 年	排名后十	2011 年	2012 年
1	北京	海南	22	云南（15）	新疆
2	天津（20）	北京	23	湖北	山东（15）
3	广东（11）	浙江	24	山西	山西
4	浙江	辽宁	25	安徽	陕西（19）

排名前十	2011 年	2012 年	排名后十	2011 年	2012 年
5	海南	重庆	26	贵州(18)	甘肃
6	上海(16)	江西(18)	27	河北	湖北
7	江苏(21)	西藏(11)	28	新疆	安徽
8	辽宁	黑龙江(17)	29	河南	河南
9	重庆	四川(13)	30	宁夏	宁夏
10	福建	福建	31	甘肃	河北

注：2011 年相关省份后括号内标注名次为其在 2012 年的排名，2012 年相关省份后括号内标注名次为其在 2011 年的排名。

（三）2012 年各省绿色生态文明指数（GECI 2014）

为了客观反映各省的"纯"生态文明，即只考虑生态、环境和资源等内容，不包括社会发展贡献，我们计算出了各省区的绿色生态文明指数（GECI 2014）（见表3）。

表3　2012 年各省区绿色生态文明指数（GECI 2014）及排名

排名	地区	GECI 2014	生态活力	环境质量	协调程度
1	海　南	80.54	28.59	25.30	26.66
2	江　西	78.68	30.56	21.47	26.66
3	西　藏	77.00	26.61	27.98	22.40
4	重　庆	76.31	26.61	21.47	28.23
5	黑龙江	76.10	33.51	20.32	22.27
6	四　川	76.05	32.53	20.32	23.21
7	广　西	75.70	24.64	23.77	27.29
8	辽　宁	75.55	30.56	18.02	26.97
9	湖　南	74.71	23.66	23.77	27.29
10	浙　江	74.10	25.63	19.93	28.54
11	云　南	73.39	27.60	24.15	21.64
12	福　建	72.12	25.63	21.08	25.40
13	北　京	72.06	26.61	18.78	26.66
14	广　东	70.92	27.60	19.17	24.15
15	贵　州	70.26	21.69	25.68	22.90
16	内蒙古	69.50	25.63	18.78	25.09
17	青　海	68.37	23.66	23.38	21.33
18	吉　林	67.97	29.57	18.02	20.39

排名	地区	GECI 2014	生态活力	环境质量	协调程度
19	甘　肃	66.03	23.66	19.17	23.21
20	新　疆	66.02	22.67	21.08	22.27
21	山　西	65.23	23.66	16.48	25.09
22	安　徽	65.14	21.69	19.93	23.52
23	陕　西	64.05	23.66	16.87	23.52
24	上　海	63.39	20.70	19.17	23.52
25	湖　北	62.73	24.64	18.02	20.07
26	江　苏	62.50	22.67	17.25	22.58
27	河　南	62.25	21.69	16.10	24.46
28	山　东	61.62	24.64	11.88	25.09
29	天　津	61.29	23.66	13.80	23.84
30	宁　夏	56.65	19.71	16.87	20.07
31	河　北	55.71	19.71	13.42	22.58

注：GECI 2014 满分为 117.3 分，最低分为 19.55 分。

与 ECI 2014 排名一样，GECI 2014 排名第一位的是海南（80.54 分），河北（55.71 分）排在最后一位。但是，GECI 2014 排名前十位的省份发生了较大变化，江西、黑龙江、湖南等生态大省跃入前十，而北京、广东等经济大省则跌出绿色生态文明指数榜单前十，陕西、江苏、山东和天津甚至跌落至后十名。这也说明了 GECI 榜单的绿色含义（见表 4）。

表 4　2011～2012 年 GECI 排名前十名和后十名变化情况

排名前十	2011 年	2012 年	排名后十	2011 年	2012 年
1	北京（13）	海南	22	上海	安徽
2	四川	江西（13）	23	安徽	陕西（16）
3	重庆	西藏	24	湖北	上海
4	海南	重庆	25	河南	湖北
5	西藏	黑龙江（15）	26	山西（21）	江苏（17）
6	广东（14）	四川	27	河北	河南
7	天津（29）	广西	28	贵州（15）	山东（19）
8	辽宁	辽宁	29	新疆（20）	天津（7）
9	吉林（18）	湖南（21）	30	宁夏	宁夏
10	广西	浙江（12）	31	甘肃（19）	河北

注：2011 年相关省份后括号内标注名次为其在 2012 年的排名，2012 年相关省份后括号内标注名次为其在 2011 年的排名。

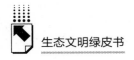

（四）各省二级指标评价结果

1. 生态活力东北及沿海地区较高

生态活力二级指标重点考察森林覆盖率、森林质量、建成区绿化覆盖率、自然保护区的有效保护、湿地面积占国土面积比重等 5 个三级指标。榜单显示，东北及沿海地区普遍排名靠前（见表 5）。

表 5　2012 年各省区生态活力得分、排名和等级

排名	地区	生态活力	等级	排名	地区	生态活力	等级
1	黑龙江	33.51	1	15	湖　北	24.64	3
2	四　川	32.53	1	18	湖　南	23.66	3
3	辽　宁	30.56	1	18	青　海	23.66	3
3	江　西	30.56	1	18	天　津	23.66	3
5	吉　林	29.57	1	18	山　西	23.66	3
6	海　南	28.59	2	18	陕　西	23.66	3
7	广　东	27.60	2	18	甘　肃	23.66	3
8	云　南	27.60	2	24	江　苏	22.67	3
9	北　京	26.61	2	24	新　疆	22.67	3
9	重　庆	26.61	2	26	贵　州	21.69	4
9	西　藏	26.61	2	26	安　徽	21.69	4
12	浙　江	25.63	2	26	河　南	21.69	4
12	福　建	25.63	2	29	上　海	20.70	4
12	内蒙古	25.63	2	30	宁　夏	19.71	4
15	广　西	24.64	3	30	河　北	19.71	4
15	山　东	24.64	3				

黑龙江生态活力仍排名第一，而河北和宁夏排名后两位。

由于"生态活力"增设"森林质量"三级指标，2012 年各省区生态活力评价结果排名与上年度相比有明显变化。广东、湖北、浙江等省份，森林覆盖率都不低，但由于森林质量不高，排名较往年有明显下滑。云南则得益于森林质量较高而排名前移。

2. 环境质量优良的省份屈指可数

环境质量二级指标重点考察地表水体质量、环境空气质量、土地质量等三

个方面。其中，地表水体质量采用行政区域内Ⅰ～Ⅲ类水质的河流长度占区域内总河长的比例表现；环境空气质量用省会城市的环境空气质量综合指数来代表；土地质量由水土流失率、化肥施用超标量、农药施用强度3项三级指标来表现。

西藏、贵州、海南、云南、湖南、广西等几个省份排名前六位，属于第一等级。然而，由于没有考察重金属污染、地下水污染等方面，本年度对土地质量的考察，用的是农作物总播种面积而不是耕地面积，湖南、海南有幸入围第一等级。真正说得上环境质量优良的省份，只有西部经济开发程度较低的西藏、贵州、云南、广西几个省份。其他省份环境质量堪忧，全国环境污染形势仍然极其严峻（见表6）。

表6　2012年各省区环境质量得分、排名和等级

排名	地区	环境质量	等级	排名	地区	环境质量	等级
1	西　藏	27.98	1	16	上　海	19.17	3
2	贵　州	25.68	1	16	甘　肃	19.17	3
3	海　南	25.30	1	19	北　京	18.78	3
4	云　南	24.15	1	19	内蒙古	18.78	3
5	湖　南	23.77	1	21	辽　宁	18.02	3
5	广　西	23.77	1	21	吉　林	18.02	3
7	青　海	23.38	2	21	湖　北	18.02	3
8	重　庆	21.47	2	24	江　苏	17.25	3
8	江　西	21.47	2	25	陕　西	16.87	3
10	福　建	21.08	2	25	宁　夏	16.87	3
10	新　疆	21.08	2	27	山　西	16.48	3
12	黑龙江	20.32	2	28	河　南	16.10	3
12	四　川	20.32	2	29	天　津	13.80	4
14	浙　江	19.93	2	30	河　北	13.42	4
14	安　徽	19.93	2	31	山　东	11.88	4
16	广　东	19.17	3				

特别值得警惕的是，随着中西部开发战略的不断推进，随着产业重新调整布局，要谨防高消耗、高污染、高排放的"三高"行业西迁，导致环境质量大幅下降，破坏事关全国命运的西藏高原固体水源和三江源湿地。

3. 社会发展受经济水平强势制约

社会发展是生态文明建设的应有之义。在评价社会发展二级指标时，重点采用人均GDP、服务业产值占GDP比例、城镇化率、人均教育经费投入、每千人口医疗机构床位数、农村改水率等三级指标。

与2011年评价结果类似，社会发展仍受经济水平强势制约。榜单显示，社会发展排名前十位的均为经济相对发达地区，城镇化率、工业化水平较高，第三产业发达，尤其是高科技制造业和服务产业密集。

而排名后十位的均为中西部省份。它们长期为保障我国生态安全、粮食安全做贡献，工业和服务业发展相对滞后。因此，兼具人口大省和农业大省双重特点的地区，需要通过推进新型城镇化和工业化，提高劳动生产率和土地产出率。同时，发展也要惠及民生，增进人民福祉，逐步改变社会发展滞后的局面（见表7）。

表7　2012年各省区社会发展得分、排名和等级

排名	地区	社会发展	等级	排名	地区	社会发展	等级
1	北　京	20.05	1	17	黑龙江	12.08	3
2	上　海	19.19	1	18	青　海	11.86	3
3	天　津	18.33	1	18	湖　北	11.86	3
4	浙　江	17.47	1	20	西　藏	11.54	3
5	江　苏	16.60	1	21	山　西	11.43	3
6	广　东	15.31	2	22	湖　南	11.21	3
7	辽　宁	15.09	2	23	四　川	11.00	3
7	山　东	15.09	2	24	贵　州	10.57	3
9	内蒙古	14.88	2	25	云　南	10.13	3
10	福　建	14.45	2	25	河　北	10.13	3
11	重　庆	13.80	2	27	江　西	9.92	4
12	吉　林	12.94	3	27	甘　肃	9.92	4
13	海　南	12.72	3	29	广　西	9.70	4
13	宁　夏	12.72	3	29	河　南	9.70	4
15	新　疆	12.51	3	31	安　徽	9.27	4
15	陕　西	12.51	3				

4. 协调程度提高大有可为

社会经济的持续发展是人类文明进步的基础，生态文明建设并不否定发展，而是引导树立尊重自然、顺应自然、保护自然的生态文明理念，把生态文明建设放在突出地位，融入经济建设、政治建设、文化建设、社会建设各方面和全过程，实现生态环境承载能力之上的永续发展。因此，协调程度二级指标是生态文明建设评价体系中的重要组成部分，也是我们指标体系的一大特色。

本年度，协调程度的三级指标有较大调整，原有三级指标仅保留环境污染治理投资占 GDP 比重、工业固体废物综合利用率、城市生活垃圾无害化率等 3 项，增加了 COD 排放变化效应、氨氮排放变化效应、能源消耗变化效应和二氧化硫排放变化效应等 4 项指标，同时删除了人均 GDP 能耗、人均 GDP 水耗、人均 GDP 二氧化硫排放量和人均 GDP 氨氮排放量四项相对于经济发展的指标，力求更好诠释经济发展与环境保护之间的协调关系。

榜单显示，协调程度排名第一等级的省份，既有北京、浙江等经济发展水平较高的省份，也有海南、广西、江西、湖南、辽宁、重庆等生态条件较好而经济水平一般甚至欠发达的省份。另外，同样是生态环境较好的云南、吉林、青海等省份，其协调程度偏低（见表8）。

表8　2012 年各省区协调程度得分、排名和等级

排名	地区	协调程度	等级	排名	地区	协调程度	等级
1	浙　江	28.54	1	16	陕　西	23.52	3
2	重　庆	28.23	1	16	安　徽	23.52	3
3	湖　南	27.29	1	19	四　川	23.21	3
3	广　西	27.29	1	19	甘　肃	23.21	3
5	辽　宁	26.97	1	21	贵　州	22.90	3
6	海　南	26.66	1	22	江　苏	22.58	3
6	北　京	26.66	1	22	河　北	22.58	3
6	江　西	26.66	1	24	西　藏	22.40	3
9	福　建	25.40	2	25	黑龙江	22.27	3
10	内蒙古	25.09	2	25	新　疆	22.27	3
10	山　东	25.09	2	27	云　南	21.64	4
10	山　西	25.09	2	28	青　海	21.33	4
13	河　南	24.46	2	29	吉　林	20.39	4
14	广　东	24.15	2	30	湖　北	20.07	4
15	天　津	23.84	3	30	宁　夏	20.07	4
16	上　海	23.52	3				

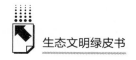

这说明，GDP 并不是协调发展的决定因素，走协调发展道路，可能更多地由政治意愿所决定。比如，湖南就因为大力推动两型社会综合试验区建设而显著提高了协调程度。不同类型的省份，都可以在提高协调程度方面大有作为。

（五）各省生态文明建设类型分析

根据最新评价结果，课题组采用聚类分析方法，将各省生态文明建设划分为六大类型：均衡发展型、社会发达型、生态优势型、相对均衡型、环境优势型和低度均衡型。本报告纳入评价的 31 个省份，其所属类型及发展策略见表 9。

表 9　中国省域生态文明建设类型及发展策略

类型	省份	特征	策略
均衡发展型	海南、北京、浙江、重庆、福建	生态活力、环境质量、社会发展、协调程度等四个方面均处于较高水平。	采取"继续保持优势，重点突破短板"的生态文明建设策略。
社会发达型	广东、内蒙古、上海、天津、江苏、山东	社会发展水平全国领先，协调程度也相对靠前。	采取"生态修复，经济反哺"的生态文明建设策略。
生态优势型	辽宁、江西、黑龙江、四川、吉林	生态活力全国领先，而环境质量、社会发展、协调程度处于全国平均水平。	采取"生态领头，全面发展"的生态文明建设策略。
相对均衡型	湖南、青海、新疆、山西、陕西、湖北	没有突出的短板，但也无明显优势，各二级指标得分处于相对平均的水平。	采取"齐头并进，抓住优势"的生态文明建设策略。
环境优势型	西藏、广西、云南、贵州	自然环境良好，其他方面的表现相对较差。	采取"走进旅游，运出产品"建设策略。
低度均衡型	甘肃、安徽、河南、宁夏、河北	生态活力、环境质量、社会发展、协调程度等全面垫底。	采取"弥补短板，协调提升"的生态文明建设策略。

（六）生态文明建设发展趋势分析

1. 全国生态文明整体水平连年上升

近年来，我国把生态文明建设放到现代化建设的突出位置，生态环境治理体系不断完善，全国生态文明水平保持连年上升的良好态势。2011～2012年度，我国整体生态文明建设进步指数为 2.92%，表明我国朝着美丽中国的目标又迈进了一步。

2011～2012年度，生态活力、环境质量、社会发展、协调程度都有所进步，但各方面进步尚不均衡（见图1）。

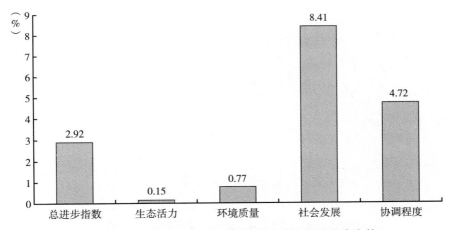

图1　2011～2012年生态文明建设核心考察领域进步态势

具体分析显示，社会发展仍是推动我国整体生态文明建设进步的主要因素，绝对协调发展能力也稳步提升，而生态活力和环境质量的改善较小，变化幅度都在1%以内，这也是人们对生态文明建设水平取得进步感受不明显的根源所在。

我国生态文明建设的任务还很艰巨，所幸的是，我国生态文明建设步伐在加快。

首先，生态文明制度建设不断加快，新修订的环保法已出台，最严格的耕地保护制度、水资源管理制度、环境保护制度也相继出台；最高人民法院设立环境资源审判庭并联合最高人民检察院出台《关于办理环境污染刑事案件适用法律若干问题的解释》，强化了环境司法力度。

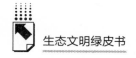

其次，国土空间开发更加绿色，已经开展的生态省（市、县）创建和最近出台的生态文明先行示范区建设，也是对区域发展的重新部署。

最后，经济发展方式在加快转变。我国经济结构绿色转变在不断提速，近年来通过不断强化节能减排，加快淘汰过剩产能、落后产能和过载产能，正是为了腾出更大的资源环境空间发展绿色产业。

2. 绝大多数省份生态文明水平不断提高

2011～2012年度，各省区整体生态文明建设年度进步指数分析显示，全国多数省份整体生态文明建设水平有所提升，仅吉林、西藏、上海、天津等4个省份生态文明建设水平下滑（见图2）。

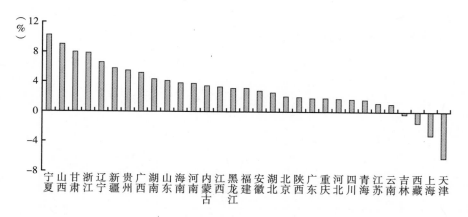

图2 2011～2012年各省生态文明建设进步态势

2011～2012年整体生态文明建设水平提高幅度最大的是宁夏，达10.23%，山西次之，提高9%，它们均得益于环境质量的显著改善和社会发展、协调程度的大幅提高。甘肃、浙江、辽宁、新疆整体生态文明建设水平明显提高，是源于社会发展和协调程度的提升。贵州、广西整体生态文明建设水平进步幅度也在5%以上，是由于它们的社会发展水平快速提高，环境质量和协调程度也有所改进。

在下降的省份中，天津下降幅度最大，达6.21%，主要是由于环境质量和协调程度都相对于其他省份大幅下滑。上海、吉林也是由于环境质量、协调程度下降，导致整体生态文明建设水平走低。西藏则是由于上年度协调程度大幅提高，而本年度有所回落，导致整体生态文明建设水平出现波动。

各省区在推进生态文明建设方面也多有创举。

首先，各省区不同程度地加快生态文明建设制度创新。北京、河北、广东探索编制自然资源资产负债表，建立领导干部自然资源资产离任审计制度；河北、山西、辽宁、江苏、福建、江西、山东、河南、湖北、湖南、贵州、云南、青海等省份探索建立生态补偿机制。

其次，生态文明建设规划陆续出台。例如，青海省制订的《青海省生态文明制度建设总体方案》、贵州省的《贵州省生态文明先行示范区建设实施方案》等等。

最后，各省区采取实际行动开展生态文明试点建设。2013 年 12 月，六部委印发《生态文明先行示范区建设方案（试行）》后，各地高度重视并积极组织申报第一批生态文明先行示范区，最终 31 个省区的 57 个县入选，生态文明建设大范围启动。

生态文明建设进步，最终依赖全民参与。近些年来，无论是民众要求环保信息公开（如北京一位律师向国家环保部提交申请，希望公开"全国土壤污染状况调查数据"），还是民间积极响应并倡导"光盘行动"，低碳生活，都充分反映出，在生态文明建设中，民众在积极作为。

总体来看，我国生态文明建设不光有空前热情，更有法律制度保障；不光有国家政策，更有民间百姓参与；不光有十年行动计划，更有百年长远打算。因此，我们有足够信心和理由相信，我国生态文明建设水平能够逐步提高。

（七）生态文明建设的国际比较

为准确把握我国生态文明建设现状，课题组尝试开展中国生态文明建设国际比较。一方面，有利于看清中国生态文明建设所处的阶段、前进的方向和着力点；另一方面，也有助于认清形势，摆正心态，防止在生态文明建设中取得一定成绩后骄傲自满。

受统计制度的影响，不同国家在统计领域、统计方式和统计口径上有明显差别，很难设置一套评价体系来评价各国生态文明建设情况，但我们可以选择一些统计口径一致的指标来进行单项指标比较，以窥斑见豹。为此，我们选择了 16 个重要指标，在 105 个国家中进行比较，其比较结果见表 10。

表 10　中国生态文明建设国际比较结果

	二级指标	三级指标	中国三级指标数据	国际排名	等级
中国生态文明建设国际比较	生态活力	森林覆盖率	20.36%	64	3
		自然保护区的有效保护	14.93%	51	2
		生物多样性效益指数	66.61	6	1
	环境质量	环境空气质量	82.44 微克/立方米	95	4
		化肥施用超标量	121.15 千克/公顷	96	4
		农药施用强度	14.45 千克/公顷	100	4
	社会发展	人均 GDP	3344.54 美元（2005 年不变价）	66	3
		服务业附加值占 GDP 比例	44.64%	92	4
		城镇化率	51.27%	76	3
		人均教育经费投入	139.83 美元（2005 年不变价）	62	3
		每千人医院床位	3.50 张/千人	37	2
		农村人口获得改善水源比例	84.90%	77	3
	协调程度	淡水抽取量占内部资源的比重	26.26%	73	3
		获得经过改善的卫生设施的人口比重	65.3%	79	3
		能源消耗变化效应	−2.67 千克石油当量/公顷	105	4
		二氧化碳排放变化效应	−7.27 千克/公顷	105	4

数据来源：《中国统计年鉴》、第八次全国森林资源清查数据、世界银行世界发展指标。

　　总体来看，我国除了生物多样性效益指数排名靠前（排名第 6 位）以外，其他选取的指标均处于中等靠后位置，尤其是环境空气质量、化肥施用超标量、农药施用强度、能源消耗变化效应、二氧化碳排放变化效应等指标排名垫底，需要引起高度重视。

三　省域生态文明建设发展趋势与政策建议

（一）各省生态文明建设的发展趋势

　　从上述评价结果来看，2011～2012 年度，我国整体生态文明建设呈上升趋势，年度进步指数为 2.92% 。除了受社会发展强力推动以外，特别值得一提的是，反映资源能源消耗与生态、环境承载能力关系的绝对协调发展能力，年度提升 4.72% 。

然而，评价结果尤其是国际比较也表明，我国的生态文明水平与发达国家相比还有很大差距，全国整体的环境质量形势依然严峻，部分地区生态文明建设短板明显，总体来说经济社会发展的生态环境代价过高。

可喜的是，党的十八大以来，各地纷纷按照中央的部署，在党委和政府的工作中突出生态文明建设的内容，着力完成生态文明建设的关键指标，解决各自面临的突出问题，不断探索生态文明制度创新，保障生态建设、环境治理、节能减排等工程稳步推进。我们认为，在当前和今后一段时间，各地生态文明建设将呈现以下发展趋势。

1. 更加重视和加强顶层设计

生态文明建设需要统一的规划。十八大召开时各地已基本完成并发布各项"十二五"规划，虽然已经尽可能地贯彻落实科学发展观，但很多方面与十八大对生态文明的新要求还有差距。因此，在"十二五"的最后阶段，各地将在努力确保规划目标实现的同时，按照中央的有关要求，做好"十三五"规划的论证和编制工作。

各地的新规划将把生态文明建设放在更加突出的地位，充分融入其他"四个建设"中去，同时将加强顶层设计，按照十八届三中全会的要求，"紧紧围绕建设美丽中国深化生态文明体制改革，加快建立生态文明制度，健全国土空间开发、资源节约利用、生态环境保护的体制机制，推动形成人与自然和谐发展现代化建设新格局"。

这其中尤其要以生态文明为统领，解决各项规划政出多门、相互冲突、权责不清等问题，要做到生态规划先行。结合各地陆续发布的主体功能区规划，准确估算当地的生态、环境承载能力，严格划定生态红线，明确生态健康、环境良好、资源永续的生态文明具体目标，发挥人民民主和协商民主机制作用，审慎制定多规合一的、具有长远效力和法定效力的地方发展规划。

2. 更加注重因地制宜、扬长补短

生态文明建设不搞一刀切。中央已经认识到，生态文明建设要实事求是，

不能搞一刀切，也不能从一个模子里倒出来。各地生态文明建设应当因地制宜，百花齐放，按照中央的主体功能定位，发挥优势，补足短板，探索适合自己的生态文明模式，走出各具特色的生态文明道路。

在本年度的评价中，各有 5 个省份分属均衡发展型和低度均衡型。但即使是均衡发展型的省份，也有自己的短板和软肋。例如，北京的空气质量在各省中处于靠后位置，广东和海南的农药施用强度及化肥施用超标量居高不下，重庆市的能源消耗变化效应不尽如人意，而新秀福建的四个二级指标均处于第二等级。

而处于低度均衡的省份也各有值得肯定的地方，如甘肃在自然保护、化肥施用、环保投入和能源消耗变化效应等方面表现不俗，安徽的能源消耗变化效应、河南的二氧化硫排放变化效应名列前茅，宁夏的农药施用强度全国最低，河北在建成区绿化覆盖率和能源消耗变化效应方面也居于上游。

同属生态优势型的东北三省，具有良好的生态活力，但辽宁的环境质量不佳，黑龙江的协调程度较差，而吉林的环境质量和协调程度都不尽如人意。

广西、云南、贵州等地区，生态、环境状况良好，但社会发展水平以及协调发展能力还有待提高。

因此，各地区应抢抓生态文明建设机遇，一方面继续保持和发挥现有的优势，另一方面要对症下药，尽快弥补"短板"，实现全面均衡的协调发展。

3. 更加重视协调程度的好转

生态文明建设关键在于协调。经济社会的发展并不能直接带来生态、环境的改善，不科学的发展方式对于增加人类福祉无益，甚至引发经济增长与生态、环境改善的冲突，这也是导致当前全球范围内生态、环境、资源形势严峻的主要根源。

因此，我们"不能躺在环境库兹涅茨曲线上等拐点"，而是要真正探索一条在生态、环境承载能力范围内谋求发展的绿色发展之路，实现人与自然和谐双赢的协调发展。前文已经证明，协调发展并不由 GDP 决定，各个省份都大有可为。

（二）推进生态文明建设的政策建议

1. 确立"生态立国"战略

在生态文明建设中，生态为体，资源、环境为用，体之不存，则用无可用。在我国，资源节约和环境保护已被确立为基本国策，国家也正致力于建设资源节约型和环境友好型社会。但我们认为，生态威胁是人类文明致命且根本的威胁，生态安全是国家安全的基础和底线。因此，在两型社会之上，我们更要致力于建设生态健康型社会。这就需要在国家层面，树立"生态立国"理念，推进"生态立国"进程；在地方层面，则要树立"生态立省"理念，推进"生态立省"进程。

所谓生态立国或生态立省，是指国家或地区在制定大政方针时，坚持生态优先，依据自身的生态、环境承载能力，走绿色发展、低碳发展、循环发展之路，实现生态健康、环境良好、资源永续的发展目标。

1999年，海南省人大作出《关于建设生态省的决定》，在全国率先开展生态省建设。2000年，国务院颁发《全国生态环境保护纲要》，要求大力推进生态省、生态市、生态县和环境优美乡镇的建设，即以区域可持续发展为目标，把区域经济发展、社会进步、环境保护三者有机结合起来，总体规划，合理布局，统一推进。截止到目前，全国已有17个省（自治区、直辖市）开展了生态省建设，制定并实施了生态省建设规划纲要。福建、天津两地还制定了专门的生态省（市）建设"十二五"规划。大部分省份是在2007年前启动生态省建设的，河南于2012年、湖北于2014年宣布加入这个行列。相信还会有更多的省份加入进来。

与此同时，一些省份提出了"生态立省（区）"的发展战略，把生态建设放在更加突出的位置，有的是为了保持和更好地发挥自己的生态优势，有的则是为了争取更多的国家投入以改善当地的生态和民生。与有着严格准入门槛的生态省（区）建设不同，"生态立省（区）"是一个更加灵活、更切合实际的战略目标。

有意思的是，开展生态省（区）建设和提出"生态立省（区）"战略的省份涵盖了本评价报告所得出的六种类型，既有各方面均衡发展的海南、浙江、福建等省，也有一直处于靠后位置的安徽、河北等省（见表11）。由此可见，"生态立省（区）"不应该只是某一两个地方领导人或部门的主观愿望，而应当是本地区人民意愿的反映，需要地方党委倡导提议，地方人大立法确认，政府部门贯彻实施，人民群众和有关部门密切监督，确保其落地生根，开花结果。

表11　生态省（区）分布状况

类型	2012年省份	生态省（区、市）	生态立省（区）
均衡发展型	海南、北京、浙江、重庆、福建	海南、浙江、福建	海南、浙江、福建
社会发达型	广东、内蒙古、上海、天津、江苏、山东	天津、江苏、山东	广东
生态优势型	辽宁、江西、黑龙江、四川、吉林	辽宁、黑龙江、四川、吉林	江西、辽宁
相对均衡型	湖南、青海、新疆、山西、陕西、湖北	湖北	青海、新疆、山西（生态兴省）、陕西、湖北
环境优势型	西藏、广西、云南、贵州	广西、云南	贵州、广西
低度均衡型	甘肃、安徽、河南、宁夏、河北	安徽、河南、河北	河北（2012）

2. 落实主体功能区划

生态文明建设需要首先优化国土空间布局，这就需要制定和落实适合区域承载能力、开发密度和发展潜力的主体功能区规划。

编制全国主体功能区规划是我国"十一五"规划提出的一项重要举措。2006年，国务院办公厅发布《关于开展全国主体功能区划规划编制工作的通知》（国办发〔2006〕85号），开始启动这项工作。2007年国务院又下发《国务院关于编制全国主体功能区规划的意见》（国发〔2007〕21号）。在2011年3月全国人大通过的"十二五"规划中，主体功能区正式上升为国家战略。同年6月8号，《全国主体功能区规划》正式发布。此前，国务院已于2010年12月将规划印发全国各省份和国务院有关部门，并要求尽快组织完成省级主体功能区规划编制工作，调整完善财政、投资、产业、土地、农业、人口、环境等相关规划和政策法规，建立健全绩效考核评价体系，全面做好规划实施的各项工作。

党的十八大报告把优化国土空间布局列为生态文明建设四大举措之首，此后各地加快出台主体功能区规划的步伐。各地应以全国和地方主体功能区规划的实施为契机，因地制宜，优化调整产业布局，形成人口、经济与生态、环境、资源相协调的国土空间开发格局。

对于资源能源消耗及污染物排放变化效应较高的区域，生态、环境承载能力较强，该类地区可以在生态、环境容量范围内进一步优化发展；对于资源能源消耗及污染物排放变化效应较低的区域，由于目前的资源能源消耗和污染物排放已经超出当地的生态、环境承载能力，长此以往将导致生态持续退化、环境愈发恶化，该类地区则须尽快转变传统发展模式，坚持底线思维，积极调整转移产业布局，在生态、环境承载能力范围内适度开发，以维护我国整体生态安全。

3. 确保经济、生态双赢

贫穷不是生态文明，"开宝马喝污水"也不是生态文明。然而，在现实当中，在各个省份，都还存在这两种情况。经济快速发展的地区不时暴露出曾经埋下的环境隐患，地表水貌似干净了，地下水却遭到严重污染；工业园看似规范了，沙漠里却发现了排污池。经济落后的偏远地区，苦于人力、财力、物力和交通等的限制，往往守着绿水青山却仍捧着粗瓷大碗。因此，如何解决这些不均衡的问题，实现经济、社会、生态的全面、协调、可持续发展，是摆在各级地方政府面前的头等大事。

在工业方面，我国作为"世界工厂"的传统制造业赢利模式，依靠比拼不计成本的生态、环境和廉价的资源，导致我国经济社会发展的生态、环境压力较大。当务之急是要坚持走新型工业化道路，加强对传统产业的升级改造，力争从"制造业大国"过渡到"制造业强国"。同时，加快产业结构优化调整的步伐，逐步从"中国制造"向"中国创造"转变，从而不断提升我国整体国际竞争力。

在农业方面，当前我国农业面源污染问题日益突出，对水体环境、土地环境形成较大威胁，已成为我国环境污染的主要来源之一。化肥的长期过量施用会造成土壤板结、耕地质量退化、土地生产力下降；农药的滥用不仅加重了土地污染，其残留物的超标也会直接导致农产品质量安全隐患。因此，各地区应尽快转变传统农业规模小、层次低、粗放且分散的发展模式，加强农业科技创新，积极采用农业新技术，发展技术密集型农业，要更大力度地推进集约化经营，提高现代化、规模化农业生产的比例，调整农业生产结构，推进农业清洁生产，有效防治农业面源污染。

此外，在新一轮产业结构调整和推进新型城镇化过程当中，还要注意避免资本下乡和产业西进导致的污染扩散和环境成本转嫁的问题。

4. 健全生态文明制度

生态文明建设的顺利推进必须依靠制度保障。十八届三中全会提出，建设生态文明，必须建立系统完整的生态文明制度体系，用制度保护生态环境。要健全自然资源资产产权制度和用途管制制度，划定生态保护红线，实行资源有偿使用制度和生态补偿制度，改革生态环境保护管理体制。

改革开放以来，我国在生态、环境相关领域的法律制度建设取得了显著成效，但现有的法律制度仍无法适应当前生态文明建设的需要，相关法律制度还不健全，且处于"群龙无首"的状态，公民环境权尚未得到确认，面临侵权行为往往投诉无门。

在法律规范的执行过程中，受经济至上、区域部门保护主义等狭隘观念以及制度本身可操作性等诸多因素影响，部分已有制度难以落实。

因此，我国推进生态文明建设要尽快完善相关法律制度，加强制度执行力，保障环境正义，维护社会公平。

另外，要以水权交易、排污权交易等试点为突破口，尽快建立完善资源有偿使用、污染物排放付费的生态补偿机制，不断推动资源能源消耗和污染物排放的减量化。

关于生态补偿的研究探索早已有之，但实践层面仍缺乏公认的可操作性较强的规程，以水权交易、排污权交易为突破口，不断完善生态补偿制度，逐步将企业生产的生态、环境、资源等外部成本内部化，通过经济杠杆的调节作用，引导各地区节约利用资源能源，提高资源利用效率，优化能源消费结构，降低污染物排放，从而促进我国整体经济社会又好又快发展。

5. 完善数据统计发布

对生态文明建设的考核是否公正、合理，评价是否客观、科学，都依赖准确完善的数据支撑，相关权威部门应积极响应社会诉求，加强互动，及时健全生态文明建设相关数据的统计发布。

中国省域生态文明建设评价指标体系（ECCI），对我国生态文明建设状况的评价、分析，主要基于目前可获取的有限公开数据，而反映社会收入分配差异状况的基尼系数，国际社会普遍关注的二氧化碳排放等指标，由于没有数据支撑未能纳入评价；体现各地区水质情况的数据缺乏，评价分析中仅以主要河流水质代替；各省整体环境空气质量数据空缺，也只能暂时用省会城市环境空气质量"以点代面"，如此种种难免影响评价分析结果的科学性和准确性。

　　建议国家相关部门积极面对，加强与社会互动，及时统计发布相关数据，搭建公众参与、监督生态文明建设的平台。

第二部分
ECCI 的理论与分析

Theoretical Framework and Analytical Methodology of ECCI

G.1

第一章

ECCI 2014 设计与算法[*]

推进生态文明建设，迫切需要考核评价予以导向。本年度，中国省域生态文明建设评价指标体系（ECCI 2014）再次对指标及评价分析算法进行调整，尤其在协调程度方面，将以往与经济发展比较而言的相对协调指标，改进为以生态、环境变化为依据，综合考虑我国资源能源消耗及污染物排放与生态、环境承载能力关系的绝对协调指标，以更合理、更客观地评价分析各省域的生态文明建设状况。

现有的与生态文明相关的考核评价指标体系大致可分为考核和评价两类，考核多用于行政机关上级对下级的要求，以引导推进相关工作；而评价则侧重

---

* 执笔人：吴明红，男，博士，硕士生导师。

评价分析生态文明的建设情况，检验工作成效。ECCI 2014 通过对我国生态文明建设状况的量化评价，并展开分析，评估生态文明发展态势，探寻生态文明建设规律及主要驱动因素，希望为决策者和社会明确生态文明建设的重点和方向，制定科学合理的政策提供理论依据与实践建言。

一　ECCI 2014 设计

课题组认为，生态文明是人与自然和谐双赢的文明。面对生态系统退化、环境污染严重、资源约束趋紧的严峻形势，生态文明建设需要反思传统工业化的弊端，不断转变思想观念，通过调整相应的政策法规，引导全社会形成节约资源和保护生态、环境的产业结构、生产方式、生活方式，发展绿色科技，在增进社会福祉的同时，实现生态健康、环境良好、资源可持续利用，确保中华民族的永续发展。

正如文明一般包含器物、行为、制度、观念四个层次，生态文明也不例外。生态文明建设是一场涉及生产、生活方式、思维方式和价值观念的根本性变革，因此，对生态文明建设进行量化评价存在较大难度，尤其是制度和观念层面，缺乏权威数据的支撑。不过，制度和观念层面的建设，理应在器物和行为层面上体现出来。ECCI 2014 继续坚持从器物和行为层面，分生态活力、环境质量、社会发展、协调程度四个核心考察领域，依据科学性、权威性、导向性和定量化的原则选取具体指标，来定量评价和分析各省域的生态文明建设状况。

（一）ECCI 2014 的改进

本年度，ECCI 2014 的四个核心考察领域生态活力、环境质量、社会发展、协调程度均进行了指标调整，其中环境质量和协调程度的三级指标改进较大。

生态活力方面，森林作为最重要的陆地生态系统，具有巨大的生态功能，为更客观地评价森林在生态文明建设中的作用，ECCI 2014 在考察森林面积外首次增加了森林质量指标。

环境质量方面，由于我国 30 多年来快速发展积累的环境问题不断凸显，雾霾天气呈现普遍、频发态势，农药、化肥过量不合理施用导致的农业面源污染问题日益突出，环境质量考察领域对环境空气质量以及评估农药、化肥施用

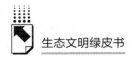

对环境影响的指标进行了改进和完善。

社会发展方面，由于人均预期寿命指标数据更新周期较长，因此，将其调整为同样能够反映地区医疗卫生服务水平且数据更新及时的每千人口医疗机构床位数指标。

协调程度方面，原有的三级指标，单位 GDP 化学需氧量排放量、单位 GDP 氨氮排放量、单位 GDP 能耗、单位 GDP 水耗和单位 GDP 二氧化硫排放量等都是与经济发展比较而言的相对协调指标，大部分省份上述各指标的数据都在下降，但全国整体的资源能源消耗量和污染物排放量依然巨大，能源消费总量仍在不断攀升，能源消费结构不尽合理，生态、环境负荷持续加剧。因此，将这些指标调整为反映资源能源消耗及污染物排放与生态、环境承载能力关系的绝对协调指标，并不一味强调资源能源消耗及污染物排放量的大量削减，而是以生态、环境的变化为依据，如未导致生态、环境的恶化，即表示在生态、环境承载能力范围以内，资源能源的消耗及污染物排放则为合理诉求，体现降低资源能源消耗总量、优化能源消费结构、减少污染物排放、改善生态、环境质量的政策导向。

根据 ECCI 指标的改进，及时更新评价分析算法，形成了中国省域生态文明建设评价指标体系（ECCI 2014）（见表1）。

表 1 生态文明建设评价指标体系（ECCI 2014）

一级指标	二级指标	三级指标	指标解释	指标性质
生态文明指数（ECI 2014）	生态活力	森林覆盖率	森林覆盖率	正指标
		森林质量	森林蓄积量/森林面积	正指标
		建成区绿化覆盖率	建成区绿化覆盖率	正指标
		自然保护区的有效保护	自然保护区占辖区面积比重	正指标
		湿地面积占国土面积比重	湿地面积占国土面积比重	正指标
	环境质量	地表水体质量	优于Ⅲ类水质河长比例	正指标
		环境空气质量	城市空气质量综合指数	逆指标
		水土流失率	水土流失面积/土地调查面积	逆指标
		化肥施用超标量	化肥施用量/农作物总播种面积－国际公认安全使用上限值	逆指标
		农药施用强度	农药施用量/农作物总播种面积	逆指标

续表

一级指标	二级指标	三级指标	指标解释	指标性质
生态文明指数（ECI 2014）	社会发展	人均 GDP	人均地区生产总值	正指标
		服务业产值占 GDP 比例	第三产业产值占地区 GDP 比例	正指标
		城镇化率	城镇人口比重	正指标
		人均教育经费投入	各地区教育经费/地区总人口	正指标
		每千人口医疗机构床位数	每千人口医院（卫生院）床位	正指标
		农村改水率	农村用自来水人口的比例	正指标
	协调程度	环境污染治理投资占 GDP 比重	环境污染治理投资占 GDP 比重	正指标
		工业固体废物综合利用率	工业固体废物综合利用量/工业固体废物产生量	正指标
		城市生活垃圾无害化率	城市生活垃圾无害化率	正指标
		COD 排放变化效应	（上年度化学需氧量排放量 － 本年度化学需氧量排放量）/未达Ⅲ类水质河流长度	正指标
		氨氮排放变化效应	（上年度氨氮排放量 － 本年度氨氮排放量）/未达Ⅲ类水质河流长度	正指标
		能源消耗变化效应	（上年度能源消费总量 － 本年度能源消费总量）/（空气质量综合指数×辖区面积）	正指标
		二氧化硫排放变化效应	（上年度二氧化硫排放总量 － 本年度二氧化硫排放总量）/（空气质量综合指数×辖区面积）	正指标

　　生态活力在沿用原有三级指标外，增加了对森林质量的考察。森林被誉为"地球之肺"，是地球上最大的陆地生态系统，在维系全球生态平衡、调节气候、保持水土、净化空气等方面都发挥着重要作用。森林覆盖率只反映了森林面积占区域土地总面积的比例，而同样面积的森林，由于林分结构、密度、质量的不同，所能发挥的生态效益却是天壤之别。对建成区绿化、自然保护区、湿地的评价也存在类似问题，当前只关注了它们的规模、面积，而没有考虑其质量。因此，根据数据的可得性，本年度首先选取反映森林生态、环境优劣和资源丰富程度的单位面积森林蓄积量数据，来代表森林质量，纳入生态活力的

评估范围。

环境质量二级指标中，增加了化肥施用超标量三级指标，同时对环境空气质量、农药施用强度指标进行了调整。此前，环境空气质量指标使用的数据是各省会城市空气质量达到二级以上天数占全年比重。近年来，由于雾霾天气呈现普遍、频发的态势，雾霾问题成为重大民生问题，为适应经济社会发展和环境保护的新要求，2012年国务院发布了第三次修订后的《环境空气质量标准》，将细颗粒物（PM2.5）和臭氧（O_3）等指标纳入监测范围，在各地区分期、分批实施。2013年开始，中国环境监测总站逐月发布京津冀、长三角、珠三角区域及直辖市、省会城市和计划单列市空气质量报告，公布第一阶段实施新空气质量标准的74个城市的环境空气质量综合指数。综合考虑了PM2.5等六项污染物污染程度的环境空气质量综合指数，描述了城市环境空气质量综合状况，能更好地响应社会的热点关切。因此，环境空气质量三级指标的数据，由空气质量达到二级以上天数占全年比重调整为环境空气质量综合指数，但目前没有反映各省整体情况的数据，仍以省会城市的数据代替全省数据。

伴随着我国农业的连年丰收，农业面源污染日益加剧，其中一个重要原因就是农药、化肥的过量不合理施用。化肥的长期过量施用会造成土壤板结、耕地退化、土地生产力下降；农药的滥用不仅加重了土地污染，其残留物的超标也会直接导致农产品质量安全隐患。目前，我国农药施用量已达国际平均水平的2.5倍，单位面积化肥施用量也远高于国际公认的安全使用上限（225千克/公顷），农业生产中农药、化肥的利用效率较低。因此，本年度增加了化肥施用超标量指标，与农药施用强度指标一起，评估农药、化肥施用对环境的影响。在以往年份，农药施用强度指标的数据采用了农药施用量与耕地面积的比值，由于地理环境、气候条件的差异，各地区农作物生长周期不同，对于多茬种植的地区，反复施用了农药、化肥，导致单位耕地面积的施用强度偏高。为确保评价结果更科学、公平，故本年度化肥施用超标量和农药施用强度都采用了施用量与农作物总播种面积的比值。

社会发展类指标中，人均预期寿命指标调整为每千人口医疗机构床位数。人均预期寿命作为衡量经济社会发展与医疗卫生服务水平的重要指标，反映了地区社会生活质量的高低，但是其统计周期较长，每10年才更新发布一次，数据及时性较差。由国家卫生和计划生育委员会统计的各地区每千人口医院和卫生院床位数，也能反映当地的公共医疗卫生服务、保障能力，且每年均有数据更新。因此，本年度将人均预期寿命三级指标调整为每千人口医疗机构床位数。

生态文明建设的关键在于实现协调发展。本年度协调程度的三级指标进行了较大调整，原有指标仅保留环境污染治理投资占 GDP 比重、工业固体废物综合利用率、城市生活垃圾无害化率 3 项。单位 GDP 化学需氧量排放量、单位 GDP 氨氮排放量、单位 GDP 能耗、单位 GDP 二氧化硫排放量等指标均是与地区生产总值比较的相对值，并未真正反映资源能源消耗和污染物排放与生态、环境承载能力的关系，因此，本年度把它们替换为更合理的 COD 排放变化效应、氨氮排放变化效应、能源消耗变化效应和二氧化硫排放变化效应指标。

化学需氧量和氨氮作为我国当前最主要的水体污染物，也是国家在"十二五"规划中明确提出要重点控制的约束性指标。全国多数省份的化学需氧量和氨氮排放量都得到初步控制，呈逐年降低态势，但绝对排放总量仍然巨大。此次设计的指标 COD 排放变化效应、氨氮排放变化效应，不仅强调减排的现实要求，还综合考虑了反映生态、环境对水体污染物排放承载能力的水体质量情况。根据数据的可得性，指标数据分别采用年度 COD 排放减少量、氨氮排放减少量与未达Ⅲ类水质河流长度的比值，体现加大减排力度、改善水体质量的政策导向。

我国从"十一五"规划正式提出"节能减排"以来，单位国内生产总值能源消耗不断下降，但全国的能源消费总量依然在不断攀升，尤其是我国能源消费结构以煤炭为主的状况还将持续，且比重维持在 65% 以上，消耗过程中会排放大量的二氧化硫等空气污染物。因此，能源消耗变化效应和二氧化硫排放变化效应指标的设置与水体污染物指标一样，综合考虑了能源消耗与二氧化硫排放减量化的迫切需求，和反映生态、环境对空气污染物排放承载能力的空气质量状况。鉴于数据的可得性，指标数据分别使用年度能源消费减少量、二氧化硫排放减少量与空气质量综合指数和辖区面积的比值，反映降低能源消耗总量、优化能源消费结构、改善辖区空气质量的政策导向。毕竟

"节能减排"只是手段，目的是要实现生态、环境的健康良好和资源能源的永续利用。

由于缺乏权威数据支撑，反映居民收入分配差异状况的基尼系数、二氧化碳排放量等重要指标仍未能纳入 ECCI 2014。现有的指标，如自然保护区的有效保护，其设置初衷是要考察生物多样性的保护情况，但国家并没有发布相关的数据，ECCI 只能暂时采用自然保护区占辖区面积比重来代替；地表水体质量仅考虑了国家重点监控的主要河流水质状况，而湖泊、水库等重要水体的水质，以及形势日益严峻的地下水资源量和水质情况，由于缺少按省级行政区统计的数据，均未纳入评价的范围；环境空气质量虽然采用了最新发布的城市空气质量综合指数，但第一阶段按照新的空气质量标准只监测了京津冀、长三角、珠三角区域及直辖市、省会城市和计划单列市等 74 个城市，尚未覆盖全国所有地级以上城市，也没有各省份整体空气质量的数据，因此，ECCI 2014 依然只能使用各省会城市的空气质量综合指数来代替全省的环境空气质量。待相关权威数据完善后，再及时调整指标，使 ECCI 更科学、合理。

（二）ECCI 2014 的特色

生态文明建设的目标是要在保持经济社会发展的同时，实现生态健康、环境良好和资源永续，因此，加强生态建设，实施环境保护，调整资源的开发、利用方式，推进社会全面均衡发展，构成了当前生态文明建设的主要任务。基于上述理解，为更好地促进我国生态文明建设，ECCI 2014 的指标设计区分了生态、环境和资源的含义，明确社会发展也是生态文明建设的应有之义，突出生态文明建设的关键在于实现协调发展。

1. 生态、环境和资源的区分

ECCI 2014 对生态、环境和资源进行区分，体现生态文明建设需要生态建设与环境保护并重的政策导向。

生态是各种生命支撑系统、各种生物之间物质循环、能量流动和信息交流形成的统一整体，人类及其活动只是生态系统的一个有机组成部分。而环境是相对于某一主体来说的，指围绕某一主体，并会对该主体产生影响的所有周围事物，对于人类而言，环境是指生态系统中直接支撑人类生存的物质条件。资源则是随着人类经济社会的发展和科学技术的进步而从环境中衍生出来的，支撑人类生产和生活的能源和材料，资源的种类和数量都受制于人类所掌握并能加以利用的技术条件。

表面看来，良好的环境和可持续利用的资源在直接维系着人类的生存与发展，因此，环境危机、资源危机更容易引起人们的关注和重视，且环境污染的治理相对容易，目前全球范围内都存在局部环境质量状况改善而整体生态保护形势严峻的现象。其实，生态系统具有更基础、更重要的地位和作用，环境和资源都依赖生态系统的支撑，离开了生态，环境和资源都必然成为无源之水、无本之木。要真正从根本上解决环境危机，一方面，需要加大环境污染治理的力度，削减环境污染物的排放；另一方面，还需要加强生态保护与建设，提升生态承载能力，扩大环境容量。应对资源危机也一样，在节约、合理利用资源，开发新型资源的同时，仍须增强生态系统活力，提升资源丰度，实现资源的增量。

2. 社会发展是生态文明建设的应有之义

生态文明建设不是要否定经济发展，殷实富裕但环境污染、生态退化不行，山清水秀但贫穷落后也不行。实践证明，脱离生态和环境保护搞经济发展是竭泽而渔，离开经济社会发展抓生态、环境修复是缘木求鱼。我国正处于并将长期处于社会主义初级阶段，由于地理环境、人口分布、资源禀赋等差异，地区间发展尚不均衡，城乡发展差距突出，教育、医疗、卫生等基本社会公共服务保障体系仍亟待完善，只有发展才是解决上述问题的根本之道，因此，发展是生态文明建设的应有之义。发展的目的是要为人民谋福祉，而我国自改革开放以来，经济社会发展虽然取得了举世瞩目的成就，但也付出了过大的资源、环境、生态的代价，资源约束趋紧、环境污染严重、生态系统退化成为制约经济社会持续发展的瓶颈。所以，迫切需要转变经济发展方式，摒弃传统的"先发展、后治理"的发展道路，调整优化经济结构，在保护中发展，在发展中保护，推动全社会实现科学、均衡、协调发展。基于此政策导向，ECCI 2014 继续设立了社会发展核心考察领域。

3. 突出生态文明建设的协调本质

在传统发展模式下，经济社会取得快速发展的同时也引发了生态危机、环

境危机和资源危机，发展陷入瓶颈、不可持续。而这一系列危机爆发的根源，就在于人类对资源的开发和利用方式不合理。一方面，人们不断从生态系统中攫取大量的资源，无节制地滥用、消耗，造成了生态、环境的退化，资源日趋枯竭；另一方面，由于传统工业文明线性的资源利用方式，资源无论是被加工成产品，还是在加工过程中被转变成废料，其最终的归宿都是以废物的形式排放到生态、环境中，导致生态被破坏、环境被污染。因此，生态文明建设在实施生态建设、环境保护，增强生态系统活力、提升环境承载能力的同时，还尤其需要改变传统的资源开发、利用方式。

合理的资源开发利用方式，能够确保资源消耗与污染物排放都在生态、环境的承载能力范围内，这样的发展就是协调发展。为反映生态文明建设关键在于实现协调发展的政策导向，ECCI 2014 在协调程度二级指标中，设置工业固体废物综合利用率、能源消耗变化效应等指标，倡导资源的节约、循环利用，通过开源节流，提高资源利用效率，减少对生态、环境的资源索取；此外，选取城市生活垃圾无害化率、COD 排放变化效应、氨氮排放变化效应、能源消耗变化效应和二氧化硫排放变化效应等指标，体现以生态、环境容量为依据，量入为出地开发、利用资源能源，优化能源消费结构，降低污染物排放的导向。只有实现了协调，经济社会的发展才可持续，才能达到人与自然的和谐双赢，这也是生态文明建设的目的所在。

（三）ECCI 2014 指标解释和数据来源

本年度，经改进、完善后的 ECCI 2014 共包括 4 项二级指标和 23 项三级指标，各三级指标的具体含义、计算公式与数据来源如下。

1. 生态活力考察领域

（1）森林覆盖率：指以行政区域为单位的森林面积占区域土地总面积的比例。国家"十二五"规划提出，积极应对气候变化，推进植树造林，森林覆盖率提高到 21.66%。

计算公式：森林覆盖率 = 森林面积 ÷ 土地总面积 × 100%。

数据来源：国家林业局《第七次全国森林资源清查主要结果（2004 ~ 2008）》、国家统计局《中国统计年鉴》。

（2）森林质量：指行政区域内单位森林面积上存在的林木树干部分的总材积，即单位森林面积的蓄积量。它是反映一个地区森林资源的丰富程度，衡量森林生态环境优劣的重要依据。国家"十二五"规划提出了需要重点落实的约束性指标，森林蓄积量增加 6 亿立方米。

计算公式：森林质量 = 森林蓄积量 ÷ 森林面积。

数据来源：国家林业局《第七次全国森林资源清查主要结果（2004 ~ 2008）》、国家统计局《中国统计年鉴》。

（3）建成区绿化覆盖率：指行政区域内，在城市建成区中乔木、灌木、草坪等所有植被的垂直投影面积占建成区总面积的比例。

计算公式：建成区绿化覆盖率 = 建成区的绿化覆盖面积 ÷ 建成区总面积 × 100% 。

数据来源：住房和城乡建设部《中国城市建设统计年鉴》、国家统计局《中国统计年鉴》。

（4）自然保护区的有效保护：指行政区域内自然保护区面积占行政区域土地总面积的比重。即为保护自然环境和自然资源，促进国民经济的持续发展，经各级人民政府批准，划分出来进行特殊保护和管理的陆地和水体的面积占辖区土地总面积的比重。

计算公式：自然保护区的有效保护 = 自然保护区面积 ÷ 土地总面积 × 100% 。

数据来源：国家统计局《中国统计年鉴》。

（5）湿地面积占国土面积比重：指行政区域内湿地面积占辖区土地总面积的比重。

计算公式：湿地面积占国土面积比重 = 湿地面积 ÷ 辖区土地总面积 × 100% 。

数据来源：国家林业局《中国首次湿地调查（1995 ~ 2003）资料》、国家统计局《中国统计年鉴》。

2. 环境质量考察领域

（1）地表水体质量：当前，湖泊、水库等重要水体的水质和地下水资源量和水质情况，没有采用省级行政区统计发布的数据。因此，本指标暂时采用

行政区域内Ⅰ~Ⅲ类水质的河流长度占评价总河长的比例来代替。

计算公式：地表水体质量 = Ⅰ~Ⅲ类水质河长 ÷ 评价总河长 × 100%。

数据来源：水利部《中国水资源公报》。

（2）环境空气质量：2013年以来，中国环境监测总站开始逐月发布，第一阶段实施新的《环境空气质量标准》的京津冀、长三角、珠三角区域及直辖市、省会城市和计划单列市等74个城市的环境空气质量综合指数（环境空气质量综合指数计算方法见图1）。它综合考虑了SO_2、NO_2、PM10、PM2.5、CO、O_3等六项污染物的污染程度，反映城市环境空气质量综合状况，但由于新标准的监测尚未覆盖全国所有地级以上城市，也没有各省整体空气质量的数据，因此，本指标暂时使用省会城市的环境空气质量综合指数代表全省的环境空气质量。

（a）计算各污染物的统计量浓度值

统计各城市的SO_2、NO_2、PM10、PM2.5的月均浓度，并统计一氧化碳（CO）日均值的第95百分位数以及臭氧（O_3）日最大8小时值的第90百分位数。

（b）计算各污染物的单项指数

污染物i的单项指数I_i按（式1）计算：

$$I_i = \frac{C_i}{S_i} \qquad\qquad (式1)$$

式中：C_i——污染物i的浓度值，当i为SO_2、NO_2、PM10及PM2.5时，C_i为月均值，当i为CO和O_3时，C_i为特定百分位数浓度值；

S_i——污染物i的年均值二级标准（当i为CO时，为日均值二级标准；当i为O_3时，为8小时均值二级标准）。

（c）计算环境空气质量综合指数I_{smm}

环境空气质量综合指数的计算需涵盖全部六项污染物，计算方法如（式2）所示：

$$I_{smm} = \sum_i I_i \qquad\qquad (式2)$$

式中：I_{smm}——环境空气质量综合指数；

I_i——污染物i的单项指数，i包括全部六项指标。

图1　环境空气质量综合指数计算过程*

*引自中国环境监测总站《京津冀、长三角、珠三角区域及直辖市、省会城市和计划单列市空气质量报告》。

计算公式：环境空气质量 = 环境空气质量综合指数。

数据来源：中国环境监测总站《京津冀、长三角、珠三角区域及直辖市、省会城市和计划单列市空气质量报告》。

（3）水土流失率：指行政区域内水土流失面积占辖区土地总面积的比例。

计算公式：水土流失率 = 水土流失面积 ÷ 土地调查面积 × 100%。

数据来源：国家统计局《中国统计年鉴》。

（4）化肥施用超标量：指行政区域内单位农作物播种面积的化肥施用量超过国际公认的安全使用上限的量。它是国家"十二五"规划需要重点落实的约束性指标，提出耕地保有量保持在 18.18 亿亩，但对于化肥、农药的过量不合理施用所导致的土壤板结、酸化等耕地质量退化问题尚未引起足够警觉，因此，本年度增设该指标。

计算公式：化肥施用超标量 = 化肥施用量 ÷ 农作物总播种面积 − 国际公认的化肥安全使用上限（225 千克/公顷）。

数据来源：国家统计局《中国统计年鉴》、环境保护部《中国环境统计年鉴》。

（5）农药施用强度：指行政区域内单位农作物播种面积的农药施用量。现阶段，由于农药的过量不合理施用所导致的土地污染和农产品质量安全隐患有愈演愈烈之势，值得全社会高度重视。

计算公式：农药施用强度 = 农药施用量 ÷ 农作物总播种面积。

数据来源：国家统计局《中国统计年鉴》、环境保护部《中国环境统计年鉴》。

3. 社会发展考察领域

（1）人均 GDP：指行政区域内实现的生产总值与辖区内常住人口的比值。

计算公式：人均 GDP = 国内生产总值 ÷ 辖区常住人口总数。

数据来源：国家统计局《中国统计年鉴》。

（2）服务业产值占 GDP 比例：指行政区域内第三产业生产总值占该区域实现生产总值的比例。国家"十二五"规划明确提出，要营造有利于服务业发展的环境，推动服务业大发展。

计算公式：服务业产值占 GDP 比例 = 第三产业生产总值 ÷ 地区生产总

值×100%。

数据来源：国家统计局《中国统计年鉴》。

（3）城镇化率：指行政区域内居住在城镇范围内的全部常住人口占辖区内常住人口的比例。国家"十二五"规划也提出，要积极稳妥地推进城镇化，加强城镇化管理，不断提升城镇化的质量和水平，目前我国的城镇化还有较大发展空间。

计算公式：城镇化率＝居住在城镇范围内的常住人口数量÷辖区常住人口总数×100%。

数据来源：国家统计局《中国统计年鉴》。

（4）人均教育经费投入：指行政区域内国家财政性教育经费、民办学校中举办者投入、社会捐赠经费、事业收入以及其他教育经费的总额与辖区内常住人口的比值。国家"十二五"规划明确提出，要健全以政府投入为主、多渠道筹集教育经费的体制，2012年财政性教育经费支出占国内生产总值比例达到4%。

计算公式：人均教育经费投入＝各项教育经费投入总额÷辖区常住人口总数。

数据来源：国家统计局《中国统计年鉴》。

（5）每千人口医疗机构床位数：指行政区域内医院和卫生院床位数与辖区常住人口数量的比值。国家"十二五"规划提出，要不断完善公共医疗卫生服务体系。

计算公式：每千人口医疗机构床位数＝医院和卫生院床位数÷辖区常住人口总数×1000。

数据来源：国家统计局《中国统计年鉴》。

（6）农村改水率：指行政区域内使用自来水的农村人口数量占辖区内农村人口总数的比例。国家"十二五"规划提出，要加快实施农村饮水安全工程，改善农村生产生活条件。

计算公式：农村改水率＝使用自来水的农村人口数量÷辖区内农村人口总数×100%。

数据来源：国家卫生和计划生育委员会、环境保护部《中国环境统计年鉴》。

4. 协调程度考察领域

（1）环境污染治理投资占 GDP 比重：指行政区域内，工业新老污染源治理工程投资、当年完成环保验收项目环保投资以及城镇环境基础设施建设投入的资金占地区生产总值的比重，反映各地对生态、环境的投入力度。

计算公式：环境污染治理投资占 GDP 比重＝环境污染治理投资总额÷国内生产总值×100％。

数据来源：住房和城乡建设部、环境保护部《中国环境统计年鉴》。

（2）工业固体废物综合利用率：指行政区域内，企业通过回收、加工、循环、交换等方式，从固体废物中提取或者使其转化为可以利用的资源、能源和其他原材料的固体废物量占固体废物产生量的比例。国家"十二五"规划提出，要推行循环型生产方式，大力发展循环经济。

计算公式：工业固体废物综合利用率＝工业固体废物综合利用量÷工业固体废物产生量×100％。

数据来源：国家统计局《中国统计年鉴》。

（3）城市生活垃圾无害化率：指行政区域内，生活垃圾无害化处理量与生活垃圾产生量的比率。由于统计上生活垃圾产生量不易取得，可用清运量代替。国家"十二五"规划提出，要提高城镇生活垃圾处理能力，城市生活垃圾无害化处理率达到80％。

计算公式：城市生活垃圾无害化率＝生活垃圾无害化处理量÷生活垃圾产生量×100％。

数据来源：国家统计局《中国统计年鉴》。

（4）COD 排放变化效应：指行政区域内，本年度化学需氧量排放量比上年度的减少量，与辖区内未达到Ⅲ类以上水质河流长度的比值。该指标的设置并不绝对苛求各地务必大量削减化学需氧量排放量，而是以水体质量的变化为依据，如未引起水体质量恶化，则继续排放就为合理诉求，体现降低化学需氧量排放量，改善水体质量，在生态、环境承载能力范围内有条件排放的政策导向。它是国家"十二五"规划提出的需要重点控制的约束性指标，化学需氧量排放减少8％。

计算公式：COD排放变化效应＝（上年度化学需氧量排放量－本年度化学需氧量排放量）÷未达到Ⅲ类以上水质河流长度。

数据来源：水利部《中国水资源公报》、国家统计局《中国统计年鉴》。

（5）氨氮排放变化效应：指行政区域内，本年度氨氮排放量比上年度的减少量，与辖区内未达到Ⅲ类以上水质河流长度的比值。本指标的设立并不绝对否定各地的氨氮排放，而是以水体质量的变化情况为依据，如未导致水体质量的恶化，即表明排放量在生态、环境容量之内，继续排放则为合理诉求，体现降低氨氮排放量，改善水体质量，在生态、环境承载能力范围内有条件排放的政策导向。它是国家"十二五"规划提出的重点控制的约束性指标，氨氮排放需要减少10%。

计算公式：氨氮排放变化效应＝（上年度氨氮排放量－本年度氨氮排放量）÷未达到Ⅲ类以上水质河流长度。

数据来源：水利部《中国水资源公报》、国家统计局《中国统计年鉴》。

（6）能源消耗变化效应：指行政区域内，本年度消费各种能源的总量比上年度的减少量，与辖区面积和空气质量综合指数的比值。该指标并不一味强求各地降低能源消费总量，而是以空气质量变化为依据，如未导致空气质量退化，则表明当前能源消耗排放的大气污染物在生态、环境容量内，为合理消耗。反映降低能源消耗量，优化能源消费结构，改善空气质量，在生态、环境承载能力范围内有条件使用化石能源，尤其要控制煤炭消费量的政策导向。国家"十二五"规划提出，要加强资源节约和管理，推进能源多元清洁发展，单位国内生产总值能源消耗降低16%，非化石能源占一次能源消费比重达到11.4%。

计算公式：能源消耗变化效应＝（上年度能源消费总量－本年度能源消费总量）÷（空气质量综合指数×辖区土地总面积）。

数据来源：中国环境监测总站《京津冀、长三角、珠三角区域及直辖市、省会城市和计划单列市空气质量报告》、国家统计局《中国统计年鉴》。

（7）二氧化硫排放变化效应：指行政区域内，本年度排入大气的二氧化硫质量比上年度的减少量，与辖区面积和空气质量综合指数的比值。本指标并不绝对强调要减少二氧化硫等大气污染物排放量，而是以空气质量变化情况为依据，如未引起空气质量恶化，则经济社会发展导致的二氧化硫等大气污染物排放量正常上升即为合理诉求，体现降低二氧化硫等大气污染物排放量，改善空气质量，在生态、环境承载能力范围内有条件排放的政策导向。它是国家"十二五"规划提出的需要重点落实的约束性指标，单位国内生产总值二氧化碳排放降低17%，氮氧化物排放削减10%，二氧化硫排放减少8%。

计算公式：二氧化硫排放变化效应 = （上年度二氧化硫排放量 − 本年度二氧化硫排放量）÷（空气质量综合指数 × 辖区土地总面积）。

数据来源：中国环境监测总站《京津冀、长三角、珠三角区域及直辖市、省会城市和计划单列市空气质量报告》、国家统计局《中国统计年鉴》。

二 ECCI 2014 算法及分析方法

由于生态文明建设是一个渐进过程，ECCI 2014 各项指标目标值的确定尚有困难，因此，本年度评价方法仍采用相对评价法，继续开展类型分析、相关性分析和进步指数分析，并根据三级指标的调整，丰富了进步指数的计算方法。

（一）相对评价的算法

ECCI 2014 采用的相对评价算法，首先，根据三级指标选取情况，明确正指标和逆指标；然后，采用统一的 Z 分数（标准分数）方式，对三级指标进行无量纲化，赋予等级分；最后，对各指标得分加权求和，实现对各省域生态文明建设状况的量化评价。

1. 数据标准化

对三级指标数据无量纲化，采用了统一的 Z 分数（标准分数）处理方式，避免数据过度离散可能导致的误差。

首先，计算出三级指标原始数据的平均值与标准差。

然后，剔除大于2.5倍标准差以上的数据，确保最后留下的数据标准差在2.5以内（ $-2.5 < \partial < 2.5$ ，2.5个标准差包括整体数据的96%）。

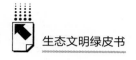

2. 计算临界值

根据标准分数计算规则，以标准分数 -2，-1，0，1，2 为临界点，计算组内临界值。

3. 赋予等级分，构建连续型随机变量

按照临界值，给各三级指标赋予 1~6 分的等级分。小于标准分数 -2 临界值的数据，赋 1 分；标准分数 -2 与 -1 临界值之间的数据，赋 2 分；标准分数 -1 与 0 临界值之间的数据，赋 3 分；标准分数 0 与 1 临界值之间的数据，赋予 4 分；标准分数 1 与 2 临界值之间的数据，赋 5 分；最后，大于标准分数 2 临界值以上的数据，赋 6 分。构建成符合正态分布的连续型数据结构。

4. 计算三级指标等级分数

将三级指标原始数据转换为等级分数。其中，等级分 1 分出现的概率约为 2%，2 分出现的概率约为 14%，3 分出现的概率约为 34%，4 分出现的概率约为 34%，5 分出现的概率约为 14%，6 分出现的概率约为 2%。

5. 对指标体系赋权

ECCI 2014 四项二级指标的权重，在广泛征求专家意见的基础上进行了调整，其中，生态活力和协调程度赋予最高的权重，环境质量次之，最后是社会发展，生态活力、环境质量、社会发展、协调程度的权重分别为 30%、25%、15%、30%。环境直接支撑着人类社会的生存与发展，而生态系统范围更大、具有更基础性的地位和作用，且全球范围内都存在局部环境质量状况改善而整体生态保护形势严峻的现象，因此，对生态活力赋予更高的权重。社会发展是生态文明建设的应有之义，但当今社会普遍强调经济发展，大有唯 GDP 论英雄之势，且不科学的发展正是导致生态、环境、资源危机的根源所在，故社会发展二级指标权重较以往略有降低。生态文明建设的关键就是要实现协调发展，因此，协调程度也被赋予较高权重。

三级指标权重的确定采用德尔菲法（Delphi Method）。选取 50 余位生态文明相关研究领域的专家，对其发放加权咨询表，让专家根据自身认识的各指标重要性，分别赋予 5、4、3、2、1 的权重分，最后经统计整理得出各三级指标的权重分和权重。各级指标权重分配见表 2。

表 2　生态文明建设评价指标体系（ECCI 2014）权重分配表

一级指标	二级指标	二级指标权重（%）	三级指标	三级指标权重分	三级指标权重（%）
生态文明指数（ECI 2014）	生态活力	30	森林覆盖率	4	8.57
			森林质量	2	4.29
			建成区绿化覆盖率	2	4.29
			自然保护区的有效保护	4	8.57
			湿地面积占国土面积比重	2	4.29
	环境质量	25	地表水体质量	4	6.67
			环境空气质量	5	8.33
			水土流失率	2	3.33
			化肥施用超标量	2	3.33
			农药施用强度	2	3.33
	社会发展	15	人均 GDP	5	4.69
			服务业产值占 GDP 比例	4	3.75
			城镇化率	2	1.88
			人均教育经费投入	2	1.88
			每千人口医疗机构床位数	2	1.88
			农村改水率	1	0.94
	协调程度	30	环境污染治理投资占 GDP 比重	3	4.09
			工业固体废物综合利用率	2	2.73
			城市生活垃圾无害化率	4	5.45
			COD 排放变化效应	2	2.73
			氨氮排放变化效应	2	2.73
			能源消耗变化效应	5	6.82
			二氧化硫排放变化效应	4	5.45

6. 逆指标确定

根据各指标解释和具体含义，结合专家咨询意见，ECCI 2014 中环境空气质量、水土流失率、化肥施用超标量、农药施用强度等 4 项指标为逆指标，其余 19 项为正指标。正指标的原始数据越大，等级分得分越高；逆指标原始数据越小，等级分得分越高。

7. 特殊值处理

全国统一发布的数据中，存在个别地区数据缺失的情况，ECCI 2014 评价时采取赋予平均等级分的办法处理。例如，西藏的农村改水率、城市生活垃圾

无害化率、能源消费总量等数据缺失，相应指标等级分直接赋 3.5 分。

部分指标由于个别省份原始数据极大或极小，导致整个指标数据序列离散度较大，由此计算出的标准差和平均值可能出现偏化，为真实表现数据的分布特性，平衡数据整体，直接剔除这种极端值，在等级分赋值时赋予最高（最低）6 分（1 分）。例如，森林质量指标，西藏达 153.52 立方米/公顷，而宁夏仅为 9.63 立方米/公顷，西藏该指标的等级分就直接赋 6 分；农药施用强度指标，海南高达 46.38 千克/公顷，宁夏为 2.21 千克/公顷，海南该指标等级分就直接赋予 1 分。

8. 计算 ECI、GECI 得分

根据各指标所得等级分，按权重加权求和，可计算出二级指标评价得分。所有二级指标得分再次加权求和，即获得反映各省整体生态文明建设状况的生态文明指数（ECI 2014）。为侧重从生态、环境以及协调发展的角度考察各省域生态文明建设情况，课题组去掉社会发展二级指标得分，计算了各省的绿色生态文明指数（GECI 2014）。

（二）ECCI 2014 分析方法

为克服相对评价算法的不足，课题组继续根据三级指标原始数据和评价结果，进行了类型分析、相关性分析和年度进步指数分析，并根据指标的调整，丰富了进步指数的算法。

1. 整体性聚类分析

评价结果显示，各省份不仅 ECI 得分差异明显，即使得分相近的省份，其生态活力、环境质量、社会发展、协调程度各方面的建设情况也不尽一致，表明它们处在不同的生态文明建设阶段、属于不同的生态文明建设类型。为帮助各省域定位生态文明建设类型，明确优势与不足，课题组根据最新数据及评价结果，按照各省生态活力、环境质量、社会发展、协调程度二级指标得分等级及二级指标的相互关系，采用聚类分析方法，将全国 31 个省级行政区（未包括港澳台）划分为均衡发展型、社会发达型、生态优势型、相对均衡型、环境优势型、低度均衡型等六种生态文明建设类型。

2. 相关性分析

ECCI 2014 采用多指标综合评价法，指标间相互影响、联系密切。为探寻生态文明建设的主要驱动因素和下一步生态文明建设的重点，本年度继续采用皮尔逊（Pearson）积差相关，并选择可信度较高的双尾（又称为双侧检验，Two-tailed）检验方法，利用 SPSS 软件对最新数据展开相关性分析。由于指标的调整，人均 GDP 三级指标对 ECI 2014 的影响下降，相关性不再显著，故本年度不再单独进行控制人均 GDP 的偏相关分析。

3. 年度进步指数分析

为切实反映各省年度的生态文明建设成效和变化情况，课题组根据三级指标原始数据进行年度生态文明建设进步指数分析。由于 ECCI 2014 的指标调整，化肥施用超标量、COD 排放变化效应、氨氮排放变化效应、能源消耗变化效应、二氧化硫排放变化效应等 5 项三级指标采用了与其他指标不同的年度进步率算法。

首先，化肥施用超标量指标，根据其指标计算公式，为单位播种面积化肥施用强度减去国际公认的化肥安全使用上限（225 千克/公顷），如果继续沿用往年的逆指标年度进步率算法，分子分母均减去 225，由此计算出来的进步率可能与现实不符。因此，化肥施用超标量的年度进步率，使用上年度单位播种面积化肥施用量的超标率（与国际公认的化肥安全使用上限比较）减去本年度化肥施用超标率。

其次，COD 排放变化效应和氨氮排放变化效应指标本身已有年度变化的含义，计算年度进步率则直接使用它们的绝对量数据，具体算法为：COD 排放变化效应进步率，采用上年度化学需氧量排放量与Ⅰ~Ⅲ类水质河长的比值除以本年度化学需氧量排放量与Ⅰ~Ⅲ类水质河长的比值，减去 1，乘以 100%。氨氮排放变化效应进步率，采用上年度氨氮排放量与Ⅰ~Ⅲ类水质河长的比值除以本年度氨氮排放量与Ⅰ~Ⅲ类水质河长的比值，减去 1，乘以 100%。

同样，能源消耗变化效应、二氧化硫排放变化效应指标也有年度变化的含义，且空气质量综合指数为新发布数据，上年度没有数据，因此，计算年度进步率时，能源消耗、二氧化硫排放都使用了绝对量，空气质量采用达到二级以

上天数占全年比重数据，具体年度进步率算法：

$$能源消耗变化效应进步率 =$$

$$\left(\frac{\dfrac{上年度能源消费总量}{上年度空气质量达到二级以上天数占全年比重 \times 辖区土地总面积}}{\dfrac{本年度能源消费总量}{本年度空气质量达到二级以上天数占全年比重 \times 辖区土地总面积}} - 1 \right) \times 100\%$$

$$二氧化硫排放变化效应进步率 =$$

$$\left(\frac{\dfrac{上年度二氧化硫排放量}{上年度空气质量达到二级以上天数占全年比重 \times 辖区土地总面积}}{\dfrac{本年度二氧化硫排放量}{本年度空气质量达到二级以上天数占全年比重 \times 辖区土地总面积}} - 1 \right) \times 100\%$$

其余三级指标年度进步率算法与往年一致，正指标年度进步率为本年度数据除以上年度数据（逆指标用上年度数据除以本年度数据），减去 1，乘以 100%。由三级指标年度进步率加权求和，计算出各二级指标的年度进步指数和整体生态文明建设进步指数。最终的进步指数计算结果，数据为正值表明生态文明建设有进步，反之则表示退步。

第二章
国际比较[*]

当前，不论是发达国家还是发展中国家，都同样面临协调生态建设、环境保护、资源利用和经济社会发展关系的问题。生态文明建设正是解决这个问题的必由之路。生态文明虽然是一个有中国特色的词汇，但却是 20 世纪 60 年代兴起的环境保护运动、70 年代末萌芽的可持续发展思想、80 年代提出的生态现代化理论的推进和延伸，是世界绿色发展的必然趋势。

受到生态禀赋、发展水平等要素的影响，各国生态文明建设的基础并不相同。在中国将生态文明确立为建设小康社会的目标之时，一些国家早已率先走在了生态文明建设的道路上，也有一些国家在发展中未能兼顾生态文明建设。通过定量分析进行国际比较，可以帮助中国明确现阶段生态文明建设所处的国际地位和追赶目标。

一　ECCI 2014 国际版

在 ECCI 2014 的基础上，本部分初步尝试构建了 ECCI 2014 国际版，对105 个国家生态文明建设的相对排位和水平进行了整体比较。在前几版《中国省域生态文明建设评价报告》的国际比较中，都是对中国生态文明建设的相关领域作单个指标的比较，好似盲人摸象，难以勾勒全貌。整体比较弥补了上述不足，可以提供更深入的分析参考。

ECCI 2014 国际版的二级指标的框架和权重，以及 ECI 得分的计算方式与ECCI 2014 一致（详见表 1）。在三级指标方面，国际版的区别主要如下。

---

[*]　执笔人：攀阳程，女，博士。

1. 指标精简

ECCI 2014 的三级指标共 23 个，ECCI 2014 国际版的指标为 16 个。因国际比较数据普遍难以获取，加之国内外统计制度的差异，不少国内指标找不到相应的国际数据，只能忍痛割爱，以指标平衡覆盖考察领域为原则，或以相近指标替代，或新增一些指标。4 个二级指标领域中，生态活力、环境质量领域各有 3 个指标，社会发展领域的指标个数仍为 6 个，协调程度领域为 4 个。三级指标的权重也根据指标的变化进行了调整。

2. 指标新增

在生态活力领域新增"生物多样性效益指数"，在协调程度领域新增"淡水抽取量占内部资源的比重"指标。"生物多样性效益指数"的添加使得对生态活力的衡量更为全面。而在协调程度领域，因反映水资源利用与污染状况的指标"COD 排放变化效应"的国际比较数据无法获取，故以"淡水抽取量占内部资源的比重"指标来考察水资源利用的状况。

3. 指标置换

受制于数据的可得性，ECCI 2014 社会发展领域的"服务业产值占 GDP 比例"以"服务业附加值占 GDP 比例"替换。"农村改水率"以"农村人口获得改善水源比例"替换，两者都可以衡量农村社会发展的状况，只是前者以使用自来水的农村人口比例来考察，后者以获得改善饮用水源的农村人口比例作为标尺。

协调程度领域的"城市生活垃圾无害化率"以"获得经过改善的卫生设施的人口比重"置换。因为"城市生活垃圾无害化率"的国际数据详情显示，许多发展中国家虽已实现城市生活垃圾 100% 的无害化处理，但处理方式仍然是填埋，资源化利用率其实不高，而部分发达国家整体无害化处理率虽未达到 100%，但资源化利用率高，更符合环境友好、资源节约的精神。如果对该数据进行简单的国际比较，是有失偏颇的。而"获得经过改善的卫生设施的人口比重"数据可以直接反映在人体代谢物卫生处理方面的努力，反映了人与自然的最基本协调，故以之替换。此外，以"二氧化碳排放变化效应"指标置换了"二氧化硫排放变化效应"指标，更为精准地考察经济社会发展过程中温室气体排放变化产生的影响。

4. 指标微调

根据统计口径的不同，对一些指标的内容进行了调整。"环境空气质量"以各国颗粒物（PM10）浓度来进行考察，数据直接来自世界银行。"化肥施用超标量"和"农药施用强度"都是以单位耕地面积的强度来计算的，有别于国内各省份以播种面积计算的数据。"能源消耗变化效应"指标中，能源消耗的单位使用的是千吨石油当量。

在样本数量方面，为维护国际比较数据的完整性和可比性，在数据整理和计算过程中剔除了数据缺失较多的国家和地区，最终得到的样本数为 105 个。

对于缺失值的处理，首先以相近年份的指标代替；没有本国可替代数据的，用该组数据平均值代替，如比利时的耕地面积化肥施用超标量、卢森堡的耕地面积农药施用强度、卡塔尔和以色列的服务业附加值占 GDP 比例、新西兰和意大利的获得经过改善的卫生设施人口比重以及布隆迪的能源消耗变化效应。

受限于数据的可获得性、方法论等因素，ECCI 2014 国际版仍有待改进和完善。ECCI 2014 国际版的工具价值在于，为我们判断中国生态文明建设的形势提供了国际视野。

表 1　ECCI 国际版

	二级指标	三级指标	权重分	权重（%）	指标解释	数据质量	指标性质
生态文明指数（ECI）	生态活力	森林覆盖率	4	10.00	森林覆盖率	2011 年	正指标
		自然保护区的有效保护	4	10.00	自然保护区占辖区面积比重	2012 年	正指标
		生物多样性效益指数[①]	4	10.00	相对生物多样性潜力	2008 年	正指标
	环境质量	环境空气质量	5	13.88	颗粒物(PM10)浓度	2011 年	逆指标
		耕地面积化肥施用超标量	2	5.56	化肥施用量/耕地面积 - 225 千克/公顷	2010 年	逆指标

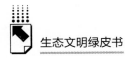

续表

二级指标	三级指标	权重分	权重（%）	指标解释	数据质量	指标性质
环境质量	耕地面积农药施用强度	2	5.56	农药施用量/耕地面积	2010 年	逆指标
社会发展	人均 GDP	5	4.69	人均地区生产总值	2012 年	正指标
	服务业附加值占 GDP 比例	4	3.75	服务业附加值占 GDP 比例	2012 年	正指标
	城镇化率	2	1.88	城镇人口比重	2012 年	正指标
	每千人口医疗机构床位数	2	1.88	每千人医院床位	2012 年	正指标
	人均教育经费投入	2	1.88	各国公共教育经费/地区总人口	2011 年	正指标
	农村人口获得改善水源比例	1	0.94	农村获得改善水源人口占总人口比重	2012 年	正指标
协调程度	淡水抽取量占内部资源的比重	2	4.00	水源总抽取量/可再生水资源总量	2011 年	逆指标
	获得经过改善的卫生设施的人口比例	4	8.00	获得经过改善的卫生设施的人口比重	2012 年	正指标
	能源消耗变化效应	5	10.00	（上年度能源消耗总量 – 本年度能源消耗总量）/（PM10 浓度×国土面积）	2011 年	正指标
	二氧化碳排放变化效应	4	8.00	（上年度二氧化碳排放总量 – 本年度二氧化碳排放总量）/（PM10 浓度×国土面积）	2010 年	正指标

（一级指标列左侧合并单元格：生态文明指数（ECI））

注：①生物多样性效益指数是出自世界银行《世界发展指标》的一个综合指标，是根据各个国家的代表性物种及其生存受威胁的状况，还有物种栖息地种类的多样性等得到的。该指标的数值已经经过规范化处理，阈值是 0～100，0 代表无生物多样性潜力，100 表示生物多样性潜力最大。

资料来源：《中国统计年鉴 2013》、世界银行《世界发展指标》（2014）、联合国粮农组织统计数据库、经济合作与发展组织环境指标数据。

二 从国际比较看中国生态文明建设

各国生态文明指数排名见表2。

表2 各国生态文明指数（ECI 2014 国际版）

排名	国别	ECI 得分	排名	国别	ECI 得分	排名	国别	ECI 得分
1	澳大利亚	68.70	36	印度尼西亚	58.49	71	塔吉克斯坦	53.99
2	美国	68.67	37	新加坡	58.31	72	叙利亚	53.93
3	芬兰	68.15	38	阿根廷	58.30	73	以色列	53.78
4	日本	67.04	39	拉脱维亚	58.23	74	玻利维亚	53.38
5	卢森堡	66.31	40	南非	58.21	75	泰国	53.34
6	英国	66.26	41	保加利亚	57.91	76	摩洛哥	52.54
8	德国	66.00	42	巴巴多斯	57.78	77	黎巴嫩	52.51
8	瑞士	66.00	43	纳米比亚	57.61	78	乌克兰	52.08
9	加拿大	65.68	44	比利时	57.56	79	土耳其	51.59
10	法国	64.85	45	匈牙利	57.49	80	阿尔巴尼亚	51.48
11	瑞典	64.52	46	哥伦比亚	57.41	81	多哥	51.26
12	葡萄牙	64.45	47	厄瓜多尔	57.39	82	萨尔瓦多	51.22
13	西班牙	64.30	48	安哥拉	57.36	83	哈萨克斯坦	50.96
14	挪威	63.82	49	喀麦隆	57.25	84	埃塞俄比亚	50.05
15	奥地利	63.74	50	亚美尼亚	56.79	85	阿曼	50.02
16	新西兰	63.45	51	莫桑比克	56.79	86	吉尔吉斯斯坦	50.00
17	不丹	63.26	52	立陶宛	56.55	87	津巴布韦	49.89
18	斯洛伐克	62.88	53	墨西哥	56.33	88	塞内加尔	49.46
19	爱尔兰	62.40	54	哥斯达黎加	56.18	89	伊朗	48.91
20	丹麦	62.33	55	赞比亚	56.10	90	冈比亚	48.38
21	刚果（布）	61.97	56	巴拿马	55.93	91	尼泊尔	48.37
22	巴西	61.73	57	牙买加	55.90	92	摩尔多瓦	48.19
23	冰岛	61.66	58	刚果（金）	55.75	93	马耳他	47.98
24	希腊	61.57	59	危地马拉	55.41	94	印度	47.7
25	俄罗斯	61.18	60	马来西亚	55.34	95	约旦	47.63
26	斐济	61.18	61	智利	55.24	96	突尼斯	47.53
27	爱沙尼亚	61.11	62	坦桑尼亚	55.13	97	肯尼亚	47.01
28	斯洛文尼亚	61.04	63	毛里求斯	54.69	98	也门共和国	47.00
29	荷兰	60.98	64	乌拉圭	54.62	99	卡塔尔	46.98
30	伯利兹	60.62	65	沙特阿拉伯	54.55	100	越南	45.75
31	克罗地亚	60.01	66	尼加拉瓜	54.53	101	埃及	45.04
32	意大利	59.78	67	布隆迪	54.32	102	加纳	44.99
33	捷克	59.58	68	大韩民国	54.24	103	孟加拉国	43.43
34	科特迪瓦	58.78	69	斯里兰卡	54.06	104	中国	42.75
35	塞浦路斯	58.59	70	巴拉圭	54.00	105	巴基斯坦	42.16

注：＊ECI 国际版满分为96分，最低分为16分。根据 ECI 得分，排名第1~17位的国家处于第一等级，排名第18~53位的国家处于第二等级，排名第54~88位的国家处于第三等级，其余处于第四等级。

中国的排位并不令人满意，从具体指标可以看到原因。二级指标显示，中国环境质量领域和协调程度领域的得分在105个国家中都排在最后，生态活力领域排名较为靠前，社会发展领域处于中等水平（见表3、图1）。

表3 中国生态文明建设国际比较二级指标情况汇总

二级指标	得分	排名	等级
生态活力（满分为28.8分）	19.2	27	2
环境质量（满分为24分）	8.00	105	4
社会发展（满分为14.4分）	6.91	72	3
协调程度（满分为28.8分）	8.64	105	4

具体看环境质量领域，指标反映的空气污染、土壤污染、农业面源污染，以及指标未能反映的水污染、重金属污染、水土流失等问题，都是中国现在普遍存在且较为严重的环境问题。以空气质量为例，2012年超过20个省会城市的PM10年均值高于国际比较中2011年全国82.44微克/立方米的水平（见表4）。公众近年来日益关注的PM2.5造成的空气污染，也尚未呈现逆转趋势。在土壤污染方面，化肥和农药的不当和过量施用都难逃其责，同时还为食品安全埋下了隐患。

在协调程度领域，中国的能源消耗总量和温室气体排放总量仍不断上扬，外加空气质量较差，经济发展、资源消耗和环境保护之间的关系仍然紧张，与协调顺畅还有相当距离。要解决上述问题，就要推进中国发展转型，走可持续发展的道路，在经济上要调整经济结构，扩大服务业等资源消耗少的行业发展。而中国目前的经济结构仍然不能令人满意，这也体现在服务业附加值占GDP比例指标上，中国的世界相对排名也十分靠后（见表4）。

可以看到，4个二级指标领域中，只有生态活力领域的得分超过了各国的平均值（见图1）。这主要得益于中国生物多样性潜力相对较高，以及自然保护区建设、植树造林等生态保护工作的持续推进。社会发展得分虽未及平均水平，但至少也处于中等水平，各三级指标仍有较大提升空间。

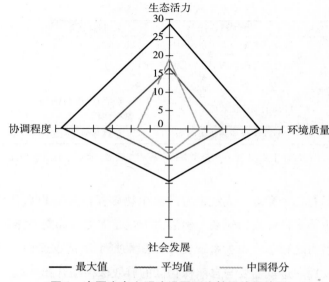

图1 中国生态文明建设国际比较评价雷达图

表4 中国生态文明建设国际比较评价结果

二级指标		三级指标	指标数据	排名	等级
生态文明指数（ECI）	生态活力	森林覆盖率	21.63%	63	3
		自然保护区的有效保护	14.93%	51	2
		生物多样性效益指数	66.61	6	1
	环境质量	环境空气质量	82.44 微克/立方米	95	4
		耕地面积化肥施用超标量	121.15 千克/公顷	96	4
		耕地面积农药施用强度	14.45 千克/公顷	100	4
	社会发展	人均 GDP	3344.54 美元（2005年不变价＊）	66	3
		服务业附加值占 GDP 比例	44.64%	92	4
		城镇化率	51.27%	76	3
		人均教育经费投入	139.83 美元（2005年不变价）	62	3
		每千人口医疗机构床位数	3.50 张	37	2
		农村人口获得改善水源比例	84.90%	77	3

＊ 该指标数据直接来自世界银行《世界发展指标》（http://data.worldbank.org.cn/indicator/NY.GDP.PCAP.KD）。世界银行对人均 GDP 的计算方法是：国内生产总值除以年中人口数。不变价即不变价格，又称可比价格和固定价格，是剔除了价格变动因素的标准价格，便于更精确地比较不同年份的数据，尤其是 GDP 的增长率。GDP 的 2005 年不变价美元指的是，各国国内生产总值数据是基于2005 年官方汇率从国内货币换算成美元而得。现价美元则是采用单一年份官方汇率从世界各国货币换算得出。

一级指标	二级指标	三级指标	指标数据	排名	等级
生态文明指数（ECI）	协调程度	淡水抽取量占内部资源的比重	26.26%	73	3
		获得经过改善的卫生设施的人口比重	65.3%	79	3
		能源消耗变化效应	-2.67 千克石油当量/公顷	105	4
		二氧化碳排放变化效应	-7.27 千克/公顷	105	4

数据来源：《中国统计年鉴》、第八次全国森林资源清查数据、世界银行《世界发展指标》。

三级指标有几个亮点。成绩最好的是生物多样性效益指数，排名第 6 位。这显示中国生物多样性潜力较高。但潜力毕竟是潜力，如果不能较好地对生态进行保护，潜力之根基将失去系统支撑；如果野生动植物保护工作没有做好，潜力也无处发挥。这就需要与自然保护区的有效保护结合起来。自然保护区占国土面积的比例目前相对来说还是中上水平，保量的同时保质，应该是自然保护区未来发展的要求。此外，每千人口医疗机构床位数中国排名第 37 位，表明中国的医疗条件已经逐步改善。

三 国际比较对中国的启示

从表 2 看，ECI 得分靠前的国家，都是高收入国家。排名前十位的国家人均 GDP 达到 43791.65 美元（2005 年不变价），是中国的 13 倍。这意味着这些已经完成工业化的国家应对生态、环境、资源问题的能力更强。显然，这些国家可用于维护环境健康、生态安全方面的资金基础更为雄厚，也对这些领域进行了大量投资。

与这些排名靠前的国家相比，中国的情况很不相同。中国还处于工业化进程中，人口总量庞大，生态系统面临巨大压力，社会发展需要资金投入的领域很多，生态环境保护获得的投入相对有限。相对于发展中频频出现的环境问题，有限的资金还不足以马上建立起大规模的污染控制系统，环境基础设施建设仍然任务艰巨。

中国在生态建设、环境保护、资源利用和经济发展的关系上，正处于一种尴尬的局面之中。经济增长消耗了大量的资源，排放了大量的污染物，致使环境遭到破坏，进而侵蚀了生态系统。但生态系统的修复，环境污染的控制，资源的节约利用又不可能以经济增长的暂停为条件。对整个社会来说，经济增长是民生福祉改善的前提，是国家发展的动力，提供了最根本的物质基础。对整个生态系统来说，放弃经济增长实质上是一种消极应对生态危机的做法，因为这样会使生态环境保护失去资金来源，让生态修复、环境净化的紧迫任务仅依赖生态系统的自我调节功能。应该将生态建设、环境保护和资源合理利用与经济增长相结合，而不是对立起来。

粗放的经济增长模式是造成当前生态建设、环境保护、资源利用和经济发展对立关系的症结。打破高投入、高消耗、高排放、高污染的旧经济增长模式，建立生态、环境、资源压力与经济发展脱钩的新经济增长模式已成为必须。在旧模式中，经济增长对资源消耗依赖程度过高，造成生态、环境恶化同步甚至快于经济增长。新模式则通过经济结构调整等途经，降低能源使用密度、减少废物排放、减小环境负面影响，减少经济增长对资源消耗的依赖。首先逐步实现在生态环境压力增加较少、资源消耗速度较慢的情况下经济的较快增长，即相对脱钩；进而实现生态环境压力不增大、资源消耗不增加甚至下降的情况下经济的持续增长，即绝对脱钩。

经济增长模式的转型即是发展道路的转型。这正是中国生态文明建设整体水平提升的核心问题。现在国内有很多地方仍然延续着旧的经济增长模式，很大程度上是因为中国在国际分工中大量承担了"世界工厂"的角色，以物料消耗大的行业主导发展而造成的。故而发展道路的转型要求"中国制造"应尽可能地转变为"中国创造"，缩减劳动密集型、资源消耗型行业的规模，将人力资源的较量从数量转向质量，将中国变为"世界创意工厂"。这又要求中国在科研、教育、文化领域必须具备强大的软实力。因为这些领域的发展水平，决定了中国在国际分工中的位置高低，影响了产业结构的布局。所以，将生态文明建设放在突出地位，融入经济建设、政治建设、文化建设、社会建设各方面和全过程的"五位一体"顶层设计，最基础的，是要解决软实力的问题。软实力有质的提升，才能推动经济增长方式的转型，从而改变经济社会发展与生态、环境、资源之间的紧张关系，实现中华民族的永续发展。

第三章

生态文明建设类型[*]

中国省域生态文明建设评价指标体系（ECCI 2014）采用多指标综合评价法，通过一级、二级和三级指标，综合评定各省的生态文明建设状况。其结果实际反映的是各类指标自身的表现，没有体现不同省域同类数据相比较的情况，评价结论角度较为单一，尚不能充分反映指标的全部信息。从类型学角度切入，则可为生态文明建设带来新的思路。课题组从维度和类型两个方面对各省域生态文明建设情况进行量化评价，纵横相交，两者相互促进、相互补充，使评价分析结果更为科学和系统。

为此，课题组主要根据各省份二级指标得分，同时兼顾各省的自然环境、经济社会发展、主体功能区定位等方面，将全国 31 个省（直辖市、自治区，未包含港澳台地区）划分为六个不同的生态文明建设类型，为各省明确下一步生态建设的重点和方向，有针对性地确立有效的措施和办法提供参考。

一　类型分析方法

由于总共只有 31 个（省份）样本的数据，难以严格按照聚类分析①方法来划分，而是参照聚类分析方法的原理，从描述统计的角度进行分类。具体做法如下。

首先，将 2012 年各省生态文明建设 4 个二级指标得分，按照"平均值 ±

---

*　执笔人：金灿灿，男，博士，硕士生导师。

①　关于不能使用聚类分析的原因，除了样本量较小之外，还因为聚类分析的重要目的是降维和减少因素，使用 4 个二级指标分数聚类的结果应该小于等于 3 类。实际上，各省生态文明建设水平差异很大，几乎不可能用 3 个类别说明情况。

（一个）标准差"的方法，划分为从高到低的4个等级，即指标得分大于"平均值＋标准差"的省份为第一等级，得分介于平均值到"平均值＋标准差"的省份为第二等级，得分在"平均值－标准差"到平均值的省份为第三等级，得分小于"平均值－标准差"的省份是第四等级（见表1）。

表1　四个二级指标得分及等级

地区	生态活力	地区	环境质量	地区	社会发展	地区	协调程度
黑龙江	33.51	西藏	27.98	北京	20.05	浙江	28.54
四川	32.53	贵州	25.68	上海	19.19	重庆	28.23
辽宁	30.56	海南	25.30	天津	18.33	湖南	27.29
江西	30.56	云南	24.15	浙江	17.47	广西	27.29
吉林	29.57	湖南	23.77	江苏	16.60	辽宁	26.97
海南	28.59	广西	23.77	广东	15.31	海南	26.66
广东	27.60	青海	23.38	辽宁	15.09	北京	26.66
云南	27.60	重庆	21.47	山东	15.09	江西	26.66
北京	26.61	江西	21.47	内蒙古	14.88	福建	25.40
重庆	26.61	福建	21.08	福建	14.45	内蒙古	25.09
西藏	26.61	新疆	21.08	重庆	13.80	山东	25.09
浙江	25.63	黑龙江	20.32	吉林	12.94	山西	25.09
福建	25.63	四川	20.32	海南	12.72	河南	24.46
内蒙古	25.63	浙江	19.93	宁夏	12.72	广东	24.15
广西	24.64	安徽	19.93	新疆	12.51	天津	23.84
山东	24.64	广东	19.17	陕西	12.51	上海	23.52
湖北	24.64	上海	19.17	黑龙江	12.08	陕西	23.52
湖南	23.66	甘肃	19.17	青海	11.86	安徽	23.52
青海	23.66	北京	18.78	湖北	11.86	四川	23.21
天津	23.66	内蒙古	18.78	西藏	11.54	甘肃	23.21
山西	23.66	辽宁	18.02	山西	11.43	贵州	22.90
陕西	23.66	吉林	18.02	湖南	11.21	江苏	22.58
甘肃	23.66	湖北	18.02	四川	11.00	河北	22.58
江苏	22.67	江苏	17.25	贵州	10.57	西藏	22.40
新疆	22.67	陕西	16.87	云南	10.13	黑龙江	22.27
贵州	21.69	宁夏	16.87	河北	10.13	新疆	22.27
安徽	21.69	山西	16.48	江西	9.92	云南	21.64
河南	21.69	河南	16.10	甘肃	9.92	青海	21.33
上海	20.70	天津	13.80	广西	9.70	吉林	20.39
宁夏	19.71	河北	13.42	河南	9.70	湖北	20.07
河北	19.71	山东	11.88	安徽	9.27	宁夏	20.07

说明：▨ 覆盖的省份，为第一等级，▦ 为第二等级，□ 为第三等级，▩ 为第四等级。

其次，对各省份4项二级指标赋予相应等级分。等级分的计算采用了反向计分方式，即处于第一等级获得4分等级分，第二等级得3分，第三等级得2分，第四等级则得1分（见表2）。

表2　各省四个二级指标等级分

地区	类型	地区	类型	地区	类型	地区	类型
海　南	3424	四　川	4322	吉　林	4221	陕　西	2222
北　京	3244	福　建	3333	贵　州	1422	甘　肃	2212
浙　江	3344	广　东	3233	青　海	2321	湖　北	2221
辽　宁	4234	湖　南	2424	天　津	2142	安　徽	1312
重　庆	3334	广　西	2414	江　苏	2242	河　南	1213
江　西	4314	内蒙古	3233	新　疆	2322	宁　夏	1221
西　藏	3422	云　南	3421	山　东	2133	河　北	1122
黑龙江	4322	上　海	1242	山　西	2223		

　　说明：类型栏中的数字，分别表示该省生态活力、环境质量、社会发展、协调程度四项二级指标所得等级分。比如，海南为3424，表示海南的生态活力等级分为3分，环境质量等级分为4分，社会发展等级分为2分，协调程度等级分为4分。

从各省四个二级指标等级分来看，只有黑龙江和四川同为4322，广东和内蒙古同为3233，其他省份的二级指标等级分各不相同，这说明目前我国各省生态文明建设状况表现多样。针对这种局面，只能通过进一步归纳各省份生态文明建设的相似之处来粗略地划分。

划分原则是：以各省的指标等级分为基础，同时兼顾各省二级指标分的原始名次，综合考虑划分类型。这四个二级指标中，生态活力和环境质量两指标可以综合反映各省的生态环境状况；社会发展和协调程度二级指标则可以显示经济社会发展情况。总体来看，部分省份经济社会发展水平和生态环境质量均较好；有些省份经济社会发展水平不错，但生态环境较差；有些省份生态活力或者环境质量较好，但经济社会发展水平不尽如人意；有些省份经济社会发展水平和生态环境质量均一般；也还有少数省份的经济社会发展水平和生态环境质量均欠佳。

最后，根据各省份生态文明建设的这些不同特点，归纳出我国六大生态文明建设类型，即均衡发展型、社会发达型、生态优势型、相对均衡型、环境优势型和低度均衡型（见表3）。

表3 各省所属的生态文明建设类型

总排名	均衡发展型	社会发达型	生态优势型	相对均衡型	环境优势型	低度均衡型
1	海南					
2	北京					
3	浙江					
4			辽宁			
5		重庆				
6			江西			
7					西藏	
8			黑龙江			
9			四川			
10	福建					
11		广东				
12				湖南		
13					广西	
14		内蒙古				
15					云南	
16		上海				
17			吉林			
18					贵州	
19				青海		
20		天津				
21		江苏				
22				新疆		
23		山东				
24				山西		
25				陕西		
26						甘肃
27				湖北		
28						安徽
29						河南
30						宁夏
31						河北

说明：▨ 覆盖的省份表示该省的生态文明类型相对上年发生了变化。

需要说明的是，各二级指标得分是由其下属三级指标得分加权求和所得，三级指标分则是通过 Z 分数转换而来的相对分数①。确立各省份二级指标等级分的方法在一定程度上又缩小了各二级指标得分之间的差距，因此各省份的二级指标等级分在反映各省份间真实差距时不是那么灵敏②。所以，通过这种方式确定生态文明建设类型，只是大致的划分，其主要目的是希望为各省份把握生态文明建设特点、制定相应办法和策略提供参考。

下面将对各生态文明建设类型的特点和建设策略展开分析。

二　2012 年六大类型

1. 均衡发展型的特点及建设策略

在 2011 年海南、北京和重庆的基础上，2012 年均衡发展型省份又新增了浙江和福建。相对于 2011 年，新增的两个均衡发展型省份有着类似变化。浙江的环境质量由 2011 年的全国并列第 29 位跃升到第 14 位，环境质量得到极大改善。这和浙江省在几年前发布的《浙江省循环经济发展纲要》《关于进一步完善生态补偿机制的若干意见》和《浙江省排污权有偿使用和交易试点工作暂行办法》等政策措施得到较好的宣传贯彻和执行是分不开的。福建省的环境质量排名也由原来的并列第 15 位上升到第 10 位，进入第二等级。环境建设方面，福建省尤其是福州市重视空气和水环境的治理③。在国家支持福建建设生态文明先行示范区④的背景下，未来可能还有更好的发展。

总体而言，均衡发展型省份的生态文明建设的整体表现相对突出，生态文明建设的各方面排位都非常靠前，且发展较为均衡（见图 1）。

虽然这 5 个省份的地理位置和经济社会发展水平有所差别，但它们经过持续努力，基于自身实际走出了各有特色的绿色发展道路，进入了协调发展的阶

---

① 具体过程参见第一章 "ECCI 2014 设计与算法"。
② 这也是划分类型时还需要考虑二级指标原始得分的原因。
③ http://www.chinaacc.com/new/184_900_201212/04so702163663.shtml.
④ 见 2014 年 4 月 9 日发布的《国务院关于支持福建省深入实施生态省战略　加快生态文明先行示范区建设的若干意见》。

段，基本实现了经济社会、生态环境各方面的均衡发展。数据显示，尽管北京的环境质量稍差（排名并列全国第 19 位），海南的社会发展水平相对较差（并列全国第 13 位），它们其他各方面均表现不错，处于全国第一等级或第二等级水平。

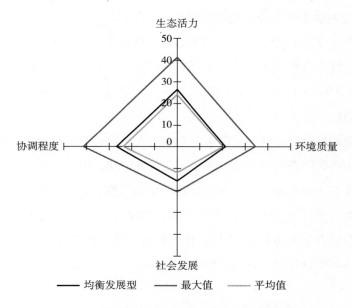

图 1　均衡发展型省份的二级指标得分雷达图

需要注意的是，均衡发展型的省份各方面排名虽相对靠前，但仍有不少省份存在短板。按照木桶原理，桶能装多少水由最低的那块板决定，因此各省需要着重改变其不足之处，采取"全面建设，重点突破"的生态文明建设策略。在已经取得显著成绩的基础上，保持良好发展势头，重点解决各自较为突出的问题，克服生态文明建设的相对劣势。比如，北京空气质量在各省中处于靠后位置，工业废气废渣的治理非常紧迫。海南省的农药施用强度全国最高，化肥施用超标量居全国第三位，因此高效合理和可持续地发展种植业是该省应着力解决的问题；重庆市人均 GDP 相对较低，其产业结构有待进一步升级优化；福建省的四个指标均处于第二等级，还须进一步加大全方位建设生态文明的力度；等等。这都需要引起高度关注，进行重点攻关。

其实各省成为均衡发展型的路径是不太一样的。比如，本年度新增的两个省份是在良好的社会经济发展基础上加大环保投入，由此迈入了均衡型行列。而2011年的新增省份重庆则是依靠生态环境促进了社会经济发展。这些均衡发展型省份的成长路径各有不同，重要的是抓住区域优势，促进全面和谐发展。

2. 社会发达型的特点及建设策略

2012年，虽然广东、山东、内蒙古的社会发展和协调程度处于第二等级，但与第一等级的省份相差不大（广东、山东、内蒙古的社会发展水平排名分列全国第6、7、9位），因此，广东、山东、内蒙古与上海、天津、江苏一起，被划为社会发达型。

该类型的特点是，社会发展水平全国领先，协调程度也较好；属于该类型的地区或为传统经济强省，或资源丰富且发展较快，但由于经济的快速和长期发展，给生态环境带来较大负担，导致环境质量相对较差，生态活力也仅居中游或中下游水平（见图2）。以上海为例，2012年，其社会发展水平仅次于北京，但生态活力全国排名第29位，环境质量并列排在第16位，社会发展水平高和生态环境质量低的特点同样鲜明。

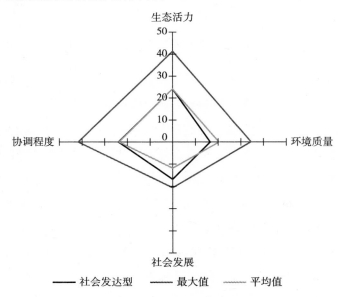

图2　社会发达型省份的二级指标得分雷达图

社会发达型省份的整体经济社会发展水平在全国均属前列，而且发展模式正面临"质变"。随着产业结构的升级换代，新技术、新方法的普遍应用，这些省份单位产值的资源消耗量有了较为显著的下降。照此趋势，生态活力和环境质量将会有较大的改善。不过应该看到，这些省份的人口众多，对环境资源的消耗总量巨大，而且破坏环境容易，修复环境很难，因此可以预期的是，在今后很长的一段时间内，生态活力和环境质量的提升仍是其艰巨的任务。由此对社会发达型省份的生态文明建设策略可归纳为"协调发展，改善环境"。具体来说，在进一步发展经济的同时，需要调整产业结构，发展低碳经济，应用绿色科技，如上海的生活垃圾无害化处理，LED 灯作为景观灯，地铁的变频空调再造、太阳能利用技术等①都是环保新技术。利用这些新技术减轻经济发展对生态环境的超负荷压力，并且要加大社会经济对生态环境的反哺力度，实现环境与经济协同一致，大力开发和发展绿色经济。

3. 生态优势型的特点及建设策略

所谓生态优势型，就是生态活力全国领先，均处于第一等级，而环境质量、社会发展、协调程度处于平均水平（除辽宁的协调程度较好）（见图3）。

与 2010 年和 2011 年一样，2012 年的生态优势型包括东北三省吉林、黑龙江、辽宁和四川、江西等 5 个省份。以四川为例，2012 年，它的生态活力仅次于黑龙江，为全国第 2 位，属第一等级，而环境质量仅并列排在第 12 位，社会发展排在第 23 位，协调程度排在第 19 位，表现一般。

生态优势型省份具有相对良好的生态自然资源条件，往往是自然景观聚集地和生态旅游目的地，但其生态环境尚未转化为经济优势。东北三省老工业基地的产业更新换代相对迟缓，经济建设不见明显起色。四川、江西多山地丘陵，交通不便，以农业为主，工业、服务业的发展相对滞后。这些省份的当务之急是将生态优势向经济优势转化，在不加重生态和环境负担的同时，大力发展经济。在这个过程中，需要注意发展经济要有规划，不能盲目破坏式地发展。经济建设可能对环境造成一定负担，但要把影响控制在最低水平，走新型产业化道路，选取"无（少）污染大效益"的相关产业，尤其避免

---

① http：//www.wmsh.gov.cn/xinwen/201205/t20120508_ 97097. htm.

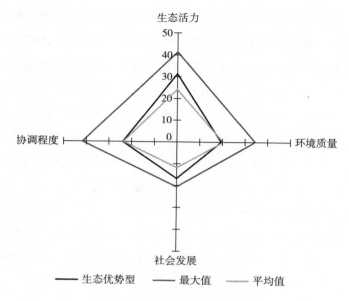

图3 生态优势型省份的二级指标得分雷达图

"先发展，再治理"的老路，这是发达国家和我国经济发达省份的经验教训。在加快经济发展的同时，社会事业也要抓紧，提升教育、医疗卫生水平，关注社会的全面发展。由此，给这些省份生态文明建设的建议是"保持优势，绿色发展"。

4. 相对均衡型的特点及建设策略

相对均衡型省份的特点是没有突出的短板，但也无明显优势，各二级指标分数处于相对平均的水平（见图4）。虽然湖南的环境质量和协调程度得分相对较高，但其生态活力和社会发展较差。生态活力与环境质量综合反映生态环境状况，社会发展和协调程度共同影响经济社会发展情况，因此生态环境和经济社会发展的三级指标内部相互补齐、实现平均化，这样生态环境和经济社会发展状况都应该处在中等水平，由此将湖南划到相对均衡型。根据2012年的数据，湖南、湖北、陕西、山西、青海和新疆等6个省份属于相对均衡型，其中青海和新疆是新加入的省份。

从二级指标等级分来看，这些省份很少有哪个二级指标排名全国第一等级，但也很少有处于第四等级的（青海和湖北的协调程度为第四等级，湖南的环境质量和协调程度为第一等级），基本上都处于第二等级和第三等级，各项指标也相对均衡。以新疆为例，2012 年，新疆的生态活力、环境质量、社会发展和协调程度分别为第三、二、三、三等级，分列（或并列）全国第 24 位、第 10 位、第 15 位、第 25 位。

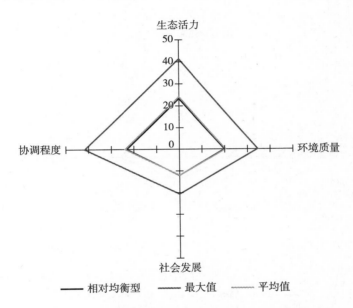

图 4　相对均衡型省份的二级指标得分雷达图

相对均衡型省份的生态文明建设策略是"形成特色，重点突破"。这些省份生态文明的各个方面都有一定的基础，但并不突出，所以需要从整体上关注各个方面的发展，保持协调均衡。同时，各省份需要抓住优势，打造特色，在立足优势产业的前提下，以优势产业带动整体发展。例如，新疆的农业种植业和风能产业，湖北的电子信息业、新技术与新医药行业，山西的煤化工业，陕西的高新技术产业都是本地区可利用的特色产业，以此引领和带动其他行业的协调发展。

5. 环境优势型的特点及建设策略

西藏、广西、云南、贵州这 4 个西南地区的省份，属于环境优势型。它们的特点是自然环境良好，空气、水体和土地环境质量均排在第一等级，但其他方面的表现相对较差（见图 5）。

以贵州为例，2012 年贵州的环境质量排名全国第二（第 1 名为西藏），但由于受自身地理和气候等条件限制，生态活力仅排名第 26 位，比较脆弱；受作为生态涵养区的生态功能区划和社会历史因素影响，社会发展和协调程度水平相对较低，分列全国第 24 位和第 21 位。

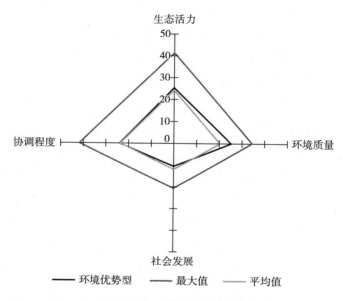

图5　环境优势型省份的二级指标得分雷达图

划为环境优势型的省份大都地处西南，交通不便，植被丰茂，人口相对较少，人为的破坏污染较少。由于地理环境和位置的影响，这些省份的社会经济发展相对受限，却保持了良好的环境，是全国生态环境的领先省份。它们面临的问题是如何将环境质量优势转化为生产力，将社会经济发展上去，同时大力提升民众物质生活和社会服务水平，同样也要避免"先污染后治理"的老路。发展森林产业、旅游业是这些省份的一条出路，除了这些产业本身的经济效益之外，更要考虑如何把这些产业的推动力转换到其他产业中。例如，通过旅游业、旅游文化产业等优势产业的收入加快交通运输业的发展，将该地区的原生态产品、林产品以及人文产品输送出去。所以这些省份的生态文明建设策略应该是"立足优势，发展经济"。

6. 低度均衡型的特点及建设策略

低度均衡型的特点是各二级指标都比较落后，基本处于全国第三或第四等级，没有任何一方面的指标处于第一等级，这样的省份包括甘肃、安徽、河南、宁夏和河北等省份（见图6）。

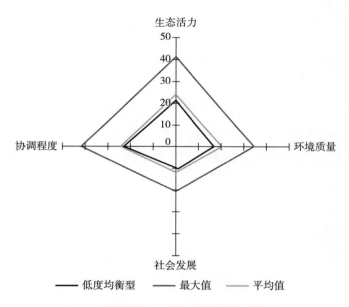

图6　低度均衡型省份的二级指标得分雷达图

属于低度均衡型的省份大多处于西北、华北和中部地区。其中有的是农业大省，工业和服务业产值较低；有的是因为地理或历史原因，其生态涵养力低下；还有的是资源大省，走的是粗放式发展道路。这些省份都有其明显的短板和劣势。能源资源开采和农业生产对生态环境影响较大。由于经济结构和地理环境的影响，社会经济发展和协调水平又相对滞后，这些区域的生态文明建设还有很大的上升空间。

很难期望这些省份在短时间内实现生态文明的全面改善，因此其生态文明建设策略是"加强合作，协同提升"。这些省份的短板比较明显，如河北的生态活力和环境质量分别排在倒数第一位和倒数第二位，很大原因是该省产业主要集中在污染较重的钢铁、玻璃等行业，生态环境的负担很重。同时由于"重工业多，服务业少，大路货多，深加工少"的产业格局，留在地方的税费收入较少，当地的社会服务水平偏低。因此，河北需要调整产业结构，弥补生态短板，起码要减少污染，加大治理力度，让生态环境不再恶化，向积极方面转变。甘肃、宁夏等地则是因为地理因素，干旱少雨，无法发展特色产业，这些省份的发展定位应更多放在生态环境维护上，"防风固沙，减少水土流失"，向生态要效益，同时也可以发展特色旅游。

三 类型变动分析

相比 2011 年，2012 年我国仍保持六大生态文明建设类型的基本格局。但是，由于各省份生态文明三级指标内容的少部分调整，年度进步率也各不相同，因此导致一些省份的二级指标排名、所属等级和生态文明建设类型发生了变化。

具体来说，广东和内蒙古分别由均衡发展型和相对均衡型变为社会发达型，浙江和福建由社会发达型变成均衡发展型，青海和新疆分别由环境优势型和低度均衡型变成相对均衡型，广西和贵州分别由相对均衡型和低度均衡型变为环境优势型，河北由相对均衡型变为低度均衡型（见表4）。

表4　2008～2012 年生态文明建设类型对比

生态文明建设类型	社会发达型	均衡发展型	生态优势型	相对均衡型	环境优势型	低度均衡型	年度类型变动省份
2012 年所属省（市、区）	**广东、内蒙古**、上海、天津、江苏、山东	海南、北京、**浙江**、重庆、**福建**	辽宁、江西、黑龙江、四川、吉林	湖南、**青海、新疆**、山西、陕西、湖北	西藏、**广西**、云南、**贵州**	甘肃、安徽、河南、宁夏、**河北**	**广东、内蒙古、浙江、福建、青海、新疆、广西、贵州、河北**
2012 年省份数目	6	5	5	6	4	5	
2011 年所属省（市、区）	浙江、天津、上海、江苏、福建、山东	海南、广东、北京、**重庆**	四川、吉林、黑龙江、辽宁、江西	广西、湖南、湖北、内蒙古、陕西、山西、河北	云南、西藏、**青海**	甘肃、宁夏、河南、新疆、安徽、**贵州**	**重庆、山西、青海、贵州**

续表

生态文明建设类型	社会发达型	均衡发展型	生态优势型	相对均衡型	环境优势型	低度均衡型	年度类型变动省份
2011 年省份数目	6	4	5	7	3	6	4
2010 年所属省（市、区）	浙江、天津、上海、江苏、福建、山东	海南、广东、北京	四川、吉林、黑龙江、辽宁、江西	重庆、广西、湖北、内蒙古、陕西、湖南、河北	云南、西藏、贵州	青海、山西、甘肃、新疆、安徽、宁夏、河南	福建、广西、河北、安徽
2010 年省份数目	6	3	5	7	3	7	4
2009 年所属省（市、区）	浙江、天津、上海、江苏、山东	海南、北京、广东	四川、黑龙江、吉林、辽宁、江西	重庆、福建、内蒙古、湖北、陕西、湖南、安徽	广西、西藏、云南、贵州	青海、甘肃、新疆、宁夏、河北、山西、河南	山东、北京、黑龙江、辽宁、重庆、福建、内蒙古、云南、贵州、青海、河南
2009 年省份数目	5	3	5	7	4	7	11
2008 年所属省（市、区）	北京、浙江、上海、天津、江苏	海南、广东、福建、重庆	四川、吉林、江西	辽宁、黑龙江、湖南、云南、山东、陕西、安徽、湖北、河南	广西、西藏、青海	内蒙古、河北、宁夏、贵州、新疆、山西、甘肃	（注：评价起始年，无变动情况）
2008 年省份数目	5	4	3	9	3	7	

说明：加粗的省份表示该省的生态文明类型相对上年发生了变化。

广东社会发展水平排名全国第 6 位，但环境质量只排在并列第 16 位，处于第三等级，环境质量不尽如人意，生态活力也由 2011 年的并列第 4 位下滑到了第 7 位，所以由均衡发展型变为社会发达型。内蒙古社会发展水平排名由 2011 年的全国第 11 位上升到全国第 9 位，协调程度由第 12 位上升到第 10 位，社会经济方面有了不小的进步，从 2011 年的相对均衡型跨入了社会发达型。

2011 年，浙江和福建的社会发展和协调程度好于生态活力和环境质量，被归入社会发达型。随着两省重视生态建设，着力提高环境质量，生态环境方面的指标有了很大变化，2012 年，浙江的环境质量由全国并列第 29 位迅速上升到并列第 14 位，福建的环境质量得分也从并列第 16 位上升到并列第 10 位，同时其余三个指标或基本稳定或略有上升，由此跨入了均衡发展型的行列。

青海 2011 年环境质量排在全国第 2 位，但 2012 年却降到第 7 位，处于第二等级，社会发展由全国第 27 位上升到并列第 18 位，几个指标间的差异相对缩小。因此，与其他省份相比的外部环境质量优势以及与本省其他指标相比的内部环境质量优势都不明显，由环境优势型变为相对均衡型。新疆的生态活力和协调程度由 2011 年的第四等级变为 2012 年的第三等级，进步不小。同时环境质量和社会发展保持第二等级和第三等级不变，由低度均衡型变成相对均衡型。

在发生变化的省份中，广西比较特殊。生态活力由 2011 年的第 10 位下降到并列第 15 位，社会发展由并列第 23 位下降到并列第 29 位，处于第四等级。协调程度由并列第 17 位上升到并列第 3 位。虽然协调程度排名靠前，但社会发展是经济建设的根本，离开了社会发展去谈协调程度没有太大意义，因此将其归到环境优势型。贵州的环境质量由 2011 年的并列第 4 位上升到第 2 位，进入第一等级。但社会发展由第 19 位下降到第 24 位，协调程度由第 28 位上升到第 21 位。环境质量与社会发展的差距扩大，成为环境优势型。

相比 2011 年，河北变成了低度均衡型，因为生态活力和环境质量两指标都处于倒数第一、二位，社会发展和协调程度也在第三等级的末端，后两个指标下降幅度很大。河北省的总体发展形势不容乐观。

四 基本结论

第一，2012 年，我国生态文明建设类型仍可划分为六大类型：均衡发展型、社会发达型、生态优势型、相对均衡型、环境优势型和低度均衡型，但出现一些非典型的趋势。例如，湖南和广西两省环境质量和协调程度明显好于生态活力和社会发展的情况，也在一定程度上反映出四个指标虽然可分别归于社会经济建设和生态环境两类，但两类指标内部仍有差异。

第二，各类型的不同特点和表现具有相对性。生态文明指标体系建构的过程中采用了相对评价法，所以对生态文明建设类型的评价也是相对的。具体来说，可能有一些省份由上年的均衡发展型变为社会发达型，或由相对均衡型下滑到低度均衡型。当然，不排除这些省份在生态文明建设过程中存在不够重视的问题，但类型变化更可能的原因是其他省份的各项指标相对上年有了较大提高，而某些省份进步幅度较小或者原有基础较差，造成这些省份的各方面排名相对靠后，被划分到低度发展的类型。这样，生态文明建设类型反映的是该省各项指标的相对位置强弱，因此，即使是排位靠后的省份也不宜妄自菲薄，而靠前的省份也不宜盲目乐观。

第三，各省的生态文明建设及类型转变应立足于自我比较。由于生态文明评价的相对性，各省的生态文明建设应首先立足于相对于前一年具体指标或某些方面是否有提高，这才是应该关注的根本。某省建设类型的好转、提升在某些时候可能并不完全是自身建设的结果，而是因为其他地区落后，使得该省的名次有了相对上升。因此，在自我提升的基础上，再检视与其他地区的比较优势或劣势，才有实际意义。

第四，针对生态文明类型提出建设策略，是希望各省着眼于自身实际，明确持续发展方向。策略本身具有可修正性。

提出生态文明类型的最终目的是要实现各方面的全面协调发展，达到和谐共赢的局面。按照目前对生态文明建设的六大分类，各类型省份均有自己的优点和短板，均衡发展型省份也并非没有劣势。因此，各省份需要根据自身的特点，寻找适合本省长期持续发展的合理模式，或及时补足短板，或大力发挥优势，或整体协调前进，以打造生态文明建设长效模式。同时，社会进步和时代发展会不断提出新的问题，生态文明建设的内容也可能发生改变，建设策略本身需要顺时顺势地进行调整和修正。变化是必然的，发展是永恒的，生态文明建设任重而道远。

第四章
相关性分析*

生态文明建设评价体系复杂，指标众多，包含了 4 个二级指标和 23 个三级指标，各项内容之间存在千丝万缕的联系，相互影响，相互作用。本章将重点分析各指标及其表征的生态文明建设内容之间的关系，以期就生态文明建设的可能影响因子，获得一些推论性的结论。

在统计方法上，与前几个版本的省域生态文明建设评价报告类似，2014年版仍选用皮尔逊（Pearson）积差相关，并采用双尾检验的方法，对 2012 年的数据作相关性分析。

在上年的相关性分析中，鉴于人均 GDP 指标与社会发展类三级指标、社会发展和协调程度二级指标以及生态文明指数均具有高度正相关性，因而采用了偏相关分析方法，在控制人均 GDP 指标的影响后，探讨各二级指标和其余三级指标对于"生态文明指数"（ECI）的独立影响和作用。但在本年度的分析中，人均 GDP 与 ECI 等多个指标的相关性已不再显著，因此不再单独作控制人均 GDP 的偏相关分析。

本年度的相关性分析与前几年有较多相似之处，但同时也出现了许多新情况。我们将重点分析新情况，相似方面可参考前几个版本的中国省域生态文明建设评价报告。

一 各二级指标与 ECI 相关性分析

从整体来看，2012 年各省份 ECI 得分与"绿色生态文明指数"（GECI）

---

* 执笔人：杨智辉，男，博士，硕士生导师。

得分依然呈高度正相关①，达到 0.907。

　　由于生态文明建设评价指标体系 ECCI 2014 有较大创新，各二级指标和三级指标的权重也有所调整，加之各省份生态文明建设状况有所变化，本年度各二级指标及部分三级指标与 ECI 的相关性变化显著。

　　2012 年，ECI 得分与各二级指标的相关性，由高到低排列分别是：生态活力、协调程度、环境质量和社会发展。其中，生态活力、协调程度、环境质量与 ECI 高度正相关，社会发展与 ECI 不显著正相关（见表 1）。

表 1　2012 年 ECI、GECI 与二级指标相关性

	生态活力	环境质量	社会发展	协调程度
ECI	0.711 **	0.560 **	0.343	0.601 **
GECI	0.751 **	0.735 **	− 0.084	0.529 **

　　注：** 表示 $p < 0.01$；* 表示 $p < 0.05$。以下同。

　　回顾历年 ECI 得分与各二级指标的相关数据（见表 2），我们可以看到，本年度的相关性分析结果有显著变化。

表 2　2008 ~ 2012 年 ECI 与二级指标的相关性

与 ECI 的相关性	生态活力	环境质量	社会发展	协调程度
2008 年	0.672 **	0.215	0.674 **	0.771 **
2009 年	0.678 **	− 0.106	0.779 **	0.826 **
2010 年	0.554 **	− 0.035	0.771 **	0.814 **
2011 年	0.525 **	0.110	0.774 **	0.809 **
2012 年	0.711 **	0.560 **	0.343	0.601 **

　　第一，生态活力与 ECI 的相关性，2012 年首次超越协调程度，在四个二级指标中排名第一。2008 ~ 2011 年的四年数据当中，都是协调程度排名第一，生态活力排名第三。这一方面显示，经过调整的 ECCI 生态活力二级指标，增加了对森林质量的考察，对生态活力的考察更全面了，也更凸显了生态活力在

_____

① 高度相关，是指在采用双尾检验时，相关性在 0.01 水平上显著；显著相关，则指相关性在 0.05 水平上显著；相关性不显著或无显著相关，即指相关性在 0.05 水平上不显著。

生态文明建设中的作用；另一方面也说明，保护森林、加强绿化、设立自然保护区等生态修复措施对生态文明建设的长效作用开始显现。生态活力与 ECI 的相关性拟合趋势线为上升直线，说明生态活力对生态文明建设的影响非常大，而且非常直接（见图 1）。

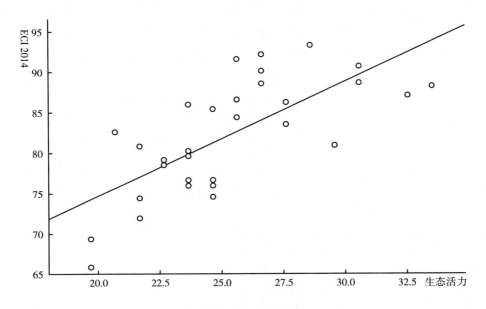

图 1　2012 年生态活力与 ECI 相关性

　　第二，环境质量本年度首次与 ECI 呈高度正相关。环境质量历年数据与 ECI 的相关性都不显著，甚至在 2009 年和 2010 年呈负相关。引起这一变化的主要原因可能是：一方面，由于本年度指标体系的调整，采用中国环境监测总站发布的省会城市"环境空气质量综合指数"，而不是以前的"好于二级天气天数占全年比例"来表征环境空气质量，同时新增了"化肥施用超标量"这个指标，对环境质量的评价比以前更加真实；另一方面，本年度指标体系的权重有所调整，环境质量的比重由 20% 提高到了 25%，环境质量较好的海南、云南、湖南、广西、重庆、江西、福建、新疆、黑龙江、四川等省份，其 ECI 得分表现都相对不错，从而凸显了环境治理对于生态文明建设的重要意义。环境质量与 ECI 的相关性拟合趋势线变为上升直线，也说明了这一点（见图 2）。

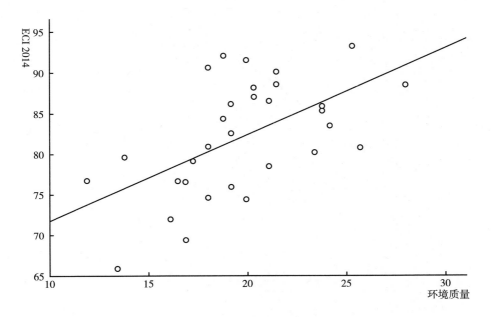

图2　2012 年环境质量与 ECI 相关性

　　第三，社会发展本年度首次与 ECI 相关性不显著。社会发展历年数据与 ECI 都是高度相关，多数年份数据在 0.70 以上，但在本年度的数据中，社会发展与 ECI 相关性已经不再显著。这同样主要是指标体系及权重调整的缘故：社会发展二级指标的权重从 20% 下降到 15%；上年协调程度类的单位 GDP 化学需氧量排放量、单位 GDP 氨氮排放量、单位 GDP 能耗、单位 GDP 二氧化硫排放量指标，是相对于经济成本而言的相对协调指标，本年度被置换成相对于生态环境承载能力的绝对协调指标，如 COD 排放变化效应、氨氮排放变化效应、能源消耗变化效应、二氧化硫排放变化效应；此外，还删除了单位 GDP 水耗指标。上年的上述 5 项协调程度类指标，都与人均 GDP 三级指标及社会发展二级指标高度正相关，本年度的变化使得人均 GDP 和社会发展指标对 ECI 的影响下降。

　　不再显著的正相关关系，揭示了社会发展与生态文明建设之间的真实关系：一方面，社会发展仍是生态文明建设的基础；另一方面，当社会发展到一定程度以后，它对生态文明建设的促进作用开始减弱（见图3）。北京、上海、天津、浙江、江苏等社会发展水平较高的省份，更应该注重生态建设、环境治理、资源节约对于生态文明建设的促进作用。

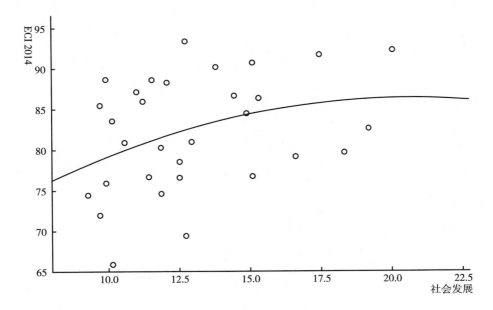

图3　2012年社会发展与ECI相关性

第四，协调程度与ECI的相关性，仍保持高度正相关，但相关度首次居生态活力之后，排名第二。这种变化，同样是受到指标体系及权重调整的影响。这种调整后的绝对协调程度指标，仍然与ECI高度正相关，再次说明协调发展对生态文明建设影响巨大（见图4）。

总之，四个二级指标与ECI的相关性分析结果显示，一方面，调整指标和权重后的指标体系，能够更加真实地反映各省的生态活力、环境质量、社会发展和协调程度；另一方面，也更真切地反映了这四个方面对生态文明建设的影响，即各省生态文明建设应更多地依靠生态活力的提高、环境质量的改善、协调发展能力的提升，对社会发展的依赖程度，随着经济社会发展水平的提高而不断下降。

生态活力、环境质量和协调程度与GECI得分高度正相关，而GECI与社会发展呈不显著负相关，相关系数为 - 0.084，接近零相关（见表1）。GECI与环境质量高度正相关，一如既往地揭示了其绿色生态文明指数的含义。同时，GECI与社会发展接近零相关，说明其几乎不受社会发展的影响，进一步证实了GECI的"绿色"内涵。

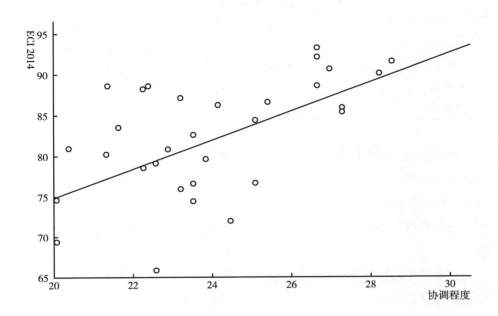

图4 2012 年协调程度与 ECI 相关性

二 二级指标相关性分析

ECCI 各项二级指标，是对生态文明建设的生态建设、环境治理、社会进步、协调发展等领域的反映。这些领域，本身又包括一些具体建设方面。那么，到底是哪些因素影响了各省在生态文明建设中的表现？分析各省各二级指标的相关性，将有利于揭示影响生态文明建设主要领域的关键因素。

（一）二级指标相互之间的相关性

2012 年，各项二级指标之间的相关性均不显著（见表3）。这也表明 ECI 的四个二级指标之间保持了较好的独立性，能够更好地代表各自方面的内容。

表3 2012年二级指标之间的相关性

	生态活力	环境质量	社会发展	协调程度
生态活力	1			
环境质量	0.258	1		
社会发展	0.008	-0.314	1	
协调程度	0.203	0.113	0.241	1

在以往的二级指标分析当中，我们发现"社会发展"与"协调程度"指标高度正相关（见表4）。原因在于二者都受到经济发展水平（特别是人均GDP）的重要影响，因此难以避免会呈高度正相关。同时，因为"社会发展"和"协调程度"指标具有不同含义，也不能相互替代，所以二者都有必要保留。

在本年度的数据分析结果中，我们看到，社会发展与协调程度之间的相关性已不再显著。这与上文中提到的社会发展和人均GDP指标在ECCI中权重的下降有重要关系，同时，也是本年度协调程度指标改进的结果，即这一指标由过去"相对于经济成本的协调"转变为"相对于生态环境承载能力的绝对协调"。

表4 2008~2012年社会发展与协调程度的相关性

	社会发展
2008年协调程度	0.625 **
2009年协调程度	0.662 **
2010年协调程度	0.649 **
2011年协调程度	0.655 **
2012年协调程度	0.241

同时，在二级指标的各项相关系数中，环境质量与社会发展呈现为不显著负相关，这与往年的情况类似，表明社会发展与环境保护之间还存在一定的矛盾，部分地区社会经济的发展在一定程度上还是以牺牲环境为代价。

环境质量与调整后的协调程度的相关系数，由往年的不显著负相关变为本年度的不显著正相关。这说明反映相对于生态环境承载能力的绝对协调程度与环境质量是一致关系，而且二者的正相关关系也传递出积极的信号，从全国层面来看，节能减排、资源循环利用，积极促进了环境质量的好转。

（二）各二级指标内部的相关性

与往年相关性分析类似，各二级指标与自身包含的三级指标之间多数存在显著相关性，这表明各三级指标具有较好的指标性和代表性。

同时，2012 年仍有 10 项指标与各自所属的二级指标之间关联度不显著，它们分别是：建成区绿化覆盖率、自然保护区的有效保护、湿地面积占国土面积比重、水土流失率、农药施用强度、每千人口医疗机构床位数、环境污染治理投资占 GDP 比重、工业固体废物综合利用率、能源消耗变化效应和二氧化硫排放变化效应。与 2011 年相比多出了每千人口医疗机构床位数、工业固体废物综合利用率、能源消耗变化效应和二氧化硫排放变化效应这 4 项，其中，每千人口医疗机构床位数、能源消耗变化效应和二氧化硫排放变化效应这三项是本年度新增加或修改过的指标。

诚如前几版生态文明建设评价报告所述，这些指标的相关性不显著，各有各的原因，并不意味着这些指标所代表的方面对于生态文明建设各个领域不重要或者无关系，具体内容将在各个指标的讨论中说明。

1. 生态活力相关性分析

与往年类似，2012 年生态活力除了与森林覆盖率和森林质量显著正相关外，与其他三项指标的相关性仍不显著。各项三级指标之间的相关性，也与往年类似，本年度新进入指标体系的森林质量与自然保护区的有效保护呈高度正相关（见表 5）。

表 5　生态活力各三级指标相关性

	森林覆盖率（%）	森林质量（立方米/公顷）	建成区绿化覆盖率（%）	自然保护区的有效保护（%）	湿地面积占国土面积比重（%）
森林覆盖率（%）	1				
森林质量（立方米/公顷）	0.182	1			
建成区绿化覆盖率（%）	0.446 *	− 0.312	1		

续表

	森林覆盖率（%）	森林质量（立方米/公顷）	建成区绿化覆盖率（%）	自然保护区的有效保护（%）	湿地面积占国土面积比重（%）
自然保护区的有效保护（%）	− 0.374 *	0.507 **	− 0.541 **	1	
湿地面积占国土面积比重（%）	− 0.240	− 0.235	0.041	− 0.155	1
生态活力	0.542 **	0.538 **	0.178	0.289	− 0.182

2008～2012年连续5年，生态活力与森林覆盖率之间呈高度正相关，同时，本年度新加入的森林质量指标也与生态活力呈高度正相关，这进一步充分体现了森林对于提高生态活力、保障生态健康和安全的关键作用。

2. 环境质量相关性分析

环境质量的5个三级指标中有1个指标（地表水体质量）与环境质量高度正相关，1个指标（环境空气质量）与环境质量高度负相关，1个指标（化肥施用超标量）与环境质量负相关显著（见表6）。环境空气质量和化肥施用超标量都是逆指标，因此，可以看出这些指标都支持了环境质量二级指标的有效性。

表6 环境质量各三级指标的相关性

	地表水体质量（%）	环境空气质量	水土流失率（%）	农药施用强度（千克/公顷）	化肥施用超标量（千克/公顷）
地表水体质量（%）	1				
环境空气质量	− 0.410 *	1			
水土流失率（%）	− 0.090	0.208	1		
农药施用强度（千克/公顷）	0.233	0.360 *	− 0.488 **	1	
化肥施用超标量（千克/公顷）	− 0.111	0.167	− 0.307	0.466 **	1
环境质量	0.758 **	− 0.786 **	− 0.135	0.109	− 0.416 *

环境空气质量由2010年的不显著相关变为2011年的显著相关，再变为2012年的高度负相关，表明空气质量对环境质量的影响已经越来越明显，同时，这也是对本年度环境空气质量指标调整的一个肯定。同时，在环境质量的

5 个三级指标中排名第一且高度负相关的结果表明，环境空气质量已经成为影响环境质量的首要因素，注重提升环境空气质量，已成为保护生态环境各项举措中最为重要的内容之一。

本年度新加入的化肥施用超标量与环境质量负相关显著，这一结果表明我国目前化肥的过度使用已经成为破坏环境的一个重要因素，需要引起充分重视。适当施用化肥是现代农业的重要保障，但过度施用化肥则既不能达到显著增产的效果，同时也对水体、土壤造成了破坏。

农药施用强度与环境质量的相关性与 2011 年结果类似，表现为不显著相关。考虑到农药的施用对于环境的副作用是经年累积的，因此，不能忽视其长期以来对我国土壤、水体和食品安全的负面影响。

3. 社会发展相关性分析

2012 年社会发展相关性分析与前三年的情况非常类似。

2012 年，社会发展各三级指标除了本年度新增的每千人口医疗机构床位数这个指标外，其余均与社会发展二级指标高度正相关，相关度由高到低排列分别为人均 GDP、城镇化率、农村改水率、人均教育经费投入、服务业产值占 GDP 比例。除了每千人口医疗机构床位数与其他三级指标相关性不显著外，其他各三级指标之间，均显著正相关（见表 7）。

表 7　社会发展各三级指标相关性

	人均 GDP（元）	服务业产值占 GDP 比例（%）	城镇化率（%）	人均教育经费投入（元/人）	每千人口医疗机构床位数（张）	农村改水率（%）
人均 GDP（元）	1					
服务业产值占 GDP 比例（%）	0.553 **	1				
城镇化率（%）	0.925 **	0.530 **	1			
人均教育经费投入（元/人）	0.683 **	0.726 **	0.579 **	1		
每千人口医疗机构床位数（张）	0.069	−0.154	0.121	−0.013	1	
农村改水率（%）	0.704 **	0.567 **	0.685 **	0.635 **	0.095	1
社会发展	0.944 **	0.667 **	0.878 **	0.746 **	0.108	0.778 **

社会发展二级指标与各三级指标之间的相关性与前几年类似，具体分析可参见 2013 年版生态文明建设评价报告的详细分析。

本年度新增加的每千人口医疗机构床位数指标，与社会发展二级指标和其他三级指标相关性都不显著，可能是因为各地都较为重视医疗事业的发展，医疗机构床位数受社会经济发展影响的程度不大。例如，从具体数据当中我们可以看到，全国各省市当中，人均 GDP 排名前三位的天津（93173 元）、北京（87475 元）、上海（85373 元），其每千人口医疗机构床位数分别为 3.46 张、4.48 张、3.79 张；而人均 GDP 排名最后三位的贵州（19710 元）、甘肃（21978元）、云南（22195 元），其每千人口医疗机构床位数分别为 3.73 张、3.85 张、3.94 张；除北京每千人口医疗机构床位数相对高一些外，其余各省市差异则很小，甚至出现人均 GDP 排名靠后的每千人口医疗机构床位数反而更多一些。

虽然每千人口医疗机构床位数与社会发展二级指标及其他三级指标相关性不显著，但是医疗是民生的重要组成部分，是反映一个地区社会发展水平的直接指标，而且该指标能够每年更新，实时反映各省份的进展和变化，因此，有必要将其作为三级指标纳入社会发展当中。

4. 协调程度相关性分析

在协调程度相关性分析中，城市生活垃圾无害化率和氨氮排放变化效应与协调程度高度正相关；COD 排放变化效应与协调程度正相关显著；环境污染治理投资占 GDP 比重、工业固体废物综合利用率、能源消耗变化效应、二氧化硫排放变化效应四项指标则与协调程度相关性不显著（见表8）。

表8　协调程度各三级指标相关性

	环境污染治理投资占 GDP 比重(%)	工业固体废物综合利用率(%)	城市生活垃圾无害化率(%)	COD 排放变化效应（吨/千米）	氨氮排放变化效应（吨/千米）	能源消耗变化效应（千克标准煤/公顷）	二氧化硫排放变化效应（千克/公顷）
环境污染治理投资占 GDP 比重(%)	1						
工业固体废物综合利用率(%)	−0.211	1					
城市生活垃圾无害化率(%)	−0.103	0.239	1				

续表

	环境污染治理投资占 GDP 比重(%)	工业固体废物综合利用率(%)	城市生活垃圾无害化率(%)	COD 排放变化效应(吨/千米)	氨氮排放变化效应(吨/千米)	能源消耗变化效应(千克标准煤/公顷)	二氧化硫排放变化效应(千克/公顷)
COD 排放变化效应（吨/千米）	-0.323	-0.331	0.247	1			
氨氮排放变化效应（吨/千米）	-0.312	-0.254	0.305	0.965 **	1		
能源消耗变化效应（千克标准煤/公顷）	0.172	-0.571 **	-0.315	0.093	-0.004	1	
二氧化硫排放变化效应（千克/公顷）	-0.265	0.481 **	0.145	-0.139	0.049	-0.382 *	1
协调程度	0.101	0.194	0.599 **	0.358 *	0.401 **	-0.030	0.096

三　三级指标相关性分析

为了进一步分析生态文明建设中哪些因素起到了关键性影响作用，我们再次进行了三级指标与 ECI 的相关性分析。

分析发现，2012 年，有 5 项三级指标与 ECI 高度相关，3 项与 ECI 显著相关，同时有 15 项指标与 ECI 相关性不显著。

（一）三级指标与 ECI 的相关性分析

1. 8 项三级指标与 ECI 显著相关

2012 年，共有 8 项三级指标与 ECI 达到显著相关，按相关度由高到低的顺序排列，它们分别是环境空气质量、森林覆盖率、氨氮排放变化效应、COD 排放变化效应、地表水体质量、农药施用强度、服务业产值占 GDP 比例、水土流失率（见表 9）。

表 9　2012 年与 ECI 显著相关的三级指标

相关度排名	三级指标	与 ECI 相关度	所属二级指标
1	环境空气质量	- 0.568 **	环境质量
2	森林覆盖率(%)	0.567 **	生态活力
3	氨氮排放变化效应(吨/千米)	0.524 **	协调程度
4	COD 排放变化效应(吨/千米)	0.501 **	协调程度
5	地表水体质量(%)	0.498 **	环境质量
6	农药施用强度(千克/公顷)	0.395 *	环境质量
7	服务业产值占 GDP 比例(%)	0.393 *	社会发展
8	水土流失率(%)	- 0.334 *	环境质量

在与 ECI 显著相关的 8 项三级指标中，包括环境质量类 4 项，协调程度类 2 项，生态活力类 1 项，社会发展类 1 项。

在环境质量方面：5 个三级指标中有 4 个与 ECI 显著相关。这一结果与往年差异巨大。在往年，环境质量二级指标及其各三级指标与 ECI 指数相关不显著，甚至是负相关。但在本年度的相关分析中，除了化肥施用超标量这一个三级指标外，其余无论是环境质量二级指标还是其他 4 个三级指标，都与 ECI 显著相关。

这一变化除了与本年度将环境质量的权重由 20% 提高到 25% 有关以外，另一个原因是环境质量在生态文明建设中变得更加重要，其对生态文明的作用，由过去的借助对协调程度和生态活力的间接作用，转变为直接作用。

尤其是环境空气质量这一指标，由 2010 年的不显著相关，到 2011 年的显著相关，再到 2012 年的高度相关，且在各三级指标中排名第一。这充分说明，在当前的生态文明建设中，改善大气质量的重要性和紧迫性。全国 31 个省会城市当中，除了海口、福州等少数城市空气质量达标以外，绝大部分城市都处在一定程度的空气污染当中，空气污染治理任重而道远。

农药施用强度（千克/公顷）是一个逆指标，但与 ECI 却正相关显著（0.395 *），似乎表明农药施用强度越高的省份，其生态文明建设质量反而越好。

究其原因，深入分析会发现：农药施用强度最高的四个省份分别为海南、浙江、福建、广东，其农药施用强度分别为 46.38、27.05、25.56、24.60（千克/公顷），其 ECI 排名分别为第 1、3、10、11 位，排名均靠前；同时可以看出这些省份都是沿海省份，自然条件相对优越，社会经济发展水平除海南外也都相对靠前。此外，由于气候温润，病虫害也相对较多，农药施用量也更大。

农药施用强度最低的四个省份分别为宁夏、贵州、陕西、青海，其农药施用强度分别为 2.21、2.79、3.06、3.26（千克/公顷），其 ECI 排名分别为第 30、18、25、19 位，排名均靠后；同时也可以看出这些省份都是西部省份，自然条件相对恶劣，社会经济发展水平也相对较低。

这也就出现了生态文明建设质量越好的省份，其农药施用强度反而越高的情况。

此外，本年度新增加的化肥施用超标量与 ECI 相关性不显著，接近零相关（-0.064）。其原因在于，各地因气候环境及农业现代化程度不同，在化肥施用上存在巨大差异，而这种差异与生态文明的程度关系不大。例如，化肥施用超标量最高的四个省份广东、海南、福建、陕西（超标量分别为305.02千克/公顷、307.74千克/公顷、309.07千克/公顷、340.80千克/公顷），其 ECI 的排名分别为第 11、1、10、25 位；化肥施用超标量最低的四个省份青海、贵州、黑龙江、西藏（超标量分别为 -57.19千克/公顷、-35.58千克/公顷、-28.64千克/公顷、-20.45千克/公顷），其 ECI 排名分别为第 19、18、8、7 位。

虽然化肥施用超标量与 ECI 几乎是零相关系数，但这并不意味着化肥施用超标量就不应该纳入 ECCI 当中。我国化肥施用的平均强度是国际标准的 2.5~3 倍，过度施用化肥不仅会造成水体富营养化，还会造成土壤板结酸化，从而造成土壤污染。土壤污染与水体污染和空气污染不同，具有一定的时间滞后性，在污染发生时不容易被人们发现，在治理上也更需时日。因此，有必要将化肥施用超标量这一指标也纳入 ECCI 当中。

在协调程度方面，7 项指标中只有氨氮排放变化效应和 COD 排放变化效应这两项与 ECI 显著相关。与往年相比，显著相关的指标大幅度减少。究其原因，主要是本年度协调程度指标体系与算法的改进和调整造成的。之前的协调程度是一种相对协调，是相对于经济发展总量的协调，而未考虑该地区的生态环境总体承受能力；本年度的协调程度是一种绝对协调，是从地区生态环境承载能力考虑的一种协调。

氨氮排放变化效应和 COD 排放变化效应这两个指标，是本年度新改进的指标。氨氮排放和 COD 排放都与省域境内环境水体的质量有关，都会对地表水体产生污染。在后面三级指标之间的相关性分析中也可以看到，氨氮排放变化效应和 COD 排放变化效应都与地表水体质量高度相关。这表明，在当前环境下，在协调程度方面应更加重视氨氮的排放控制和 COD 的排放控制。同时，还应该看到，环境质量落后的省份，尤其是地表水体质量较差的省份，可以从氨氮排放变化效应和 COD 排放变化效应这两个方面入手，切实提高协调发展能力，促进生态文明建设整体水平的提升。

在生态活力当中，森林覆盖率这一指标与 ECI 高度相关。森林覆盖率在历年相关性分析中都与 ECI 相关或偏相关显著。森林是陆地生态系统最为有力的保障，在我国生态安全和生态文明建设中具有基础性地位。

与前几年不同的是，社会发展的 6 项三级指标中，只有服务业产值占 GDP 比例与 ECI 显著相关，而在往年的分析中，社会发展的 6 项指标都与 ECI 显著相关。这一显著变化除了与本年度将社会发展比重由 20% 调整为 15% 有关外，更直接的原因可能在于，当经济社会发展到一定程度后，以人均 GDP 为代表的社会发展程度在生态文明指标体系中的重要性逐步降低。在这一阶段对生态文明起更直接作用的，变为环境质量这一关键因素。

2. 15 项三级指标与 ECI 相关性不显著

由于种种原因，2012 年有 15 项三级指标与 ECI 相关性不显著（见表 10）。具体不显著的原因在上文及过去几版的评价报告中已有提及，在此不再赘述。

表 10   2012 年与 ECI 相关不显著的三级指标

所属二级指标	三级指标	与 ECI 相关度
生态活力	森林质量（立方米/公顷）	0.299
	建成区绿化覆盖率（%）	0.254
	自然保护区的有效保护（%）	0.177
	湿地面积占国土面积比重（%）	0.023
环境质量	化肥施用超标量（千克/公顷）	-0.064
社会发展	人均 GDP（元）	0.192
	城镇化率（%）	0.236
	人均教育经费投入（元/人）	0.284
	每千人口医疗机构床位数（张）	-0.131
	农村改水率（%）	0.130

续表

所属二级指标	三级指标	与 ECI 相关度
协调程度	环境污染治理投资占 GDP 比重(%)	− 0.123
	工业固体废物综合利用率(%)	− 0.046
	城市生活垃圾无害化率(%)	0.303
	能源消耗变化效应(千克标准煤/公顷)	0.023
	二氧化硫排放变化效应(千克/公顷)	− 0.077

（二）个别三级指标相关性分析

1. 人均 GDP 与 ECI 相关性分析

2005～2011 年的 7 年间，受指标体系设置本身等多种因素影响，人均 GDP 与社会发展、协调程度二级指标及 ECI 都呈高度正相关。为了探讨各二级指标和其余三级指标对于"生态文明指数"（ECI）的独立影响和作用，上年采用了偏相关分析方法，在控制人均 GDP 指标的影响后，结果显示环境质量二级指标由相关不显著变为高度正相关。

本年度人均 GDP 与 ECI 的相关系数呈不显著正相关，仅为 0.192，在 23 项三级指标中排名第 14 位（见表 11）。同时，即使在控制了人均 GDP 的影响后，ECI 与各指标之间的相关系数也不再出现显著性变化。因此，在本年度的相关分析中，将不再进行控制人均 GDP 影响的偏相关分析。

人均 GDP 与 ECI 的相关性由高度正相关下降为不显著正相关，这一结果与社会发展和 ECI 的相关性变化是一致的。这也充分表明，在本年度的 ECCI 中，人均 GDP 及相关经济发展指标已经不再像往年一样在众指标中占据重要位置。

这种变化可能是指标体系和权重调整导致的：一是由于本年度指标体系（ECCI）权重的调整，与人均 GDP 密切相关的社会发展二级指标权重由过去的 20% 下降为 15%，人均 GDP 等社会经济发展指标比重下降，导致其与 ECI 相关程度降低；二是因为单位 GDP 能耗、单位 GDP 水耗、单位 GDP 二氧化硫排放量、单位 GDP 氨氮排放量等指标被置换或剔除，从而使人均 GDP 指标的隐性影响降低。另外，也有可能是由于当前经济发展增速逐渐放缓，各地也逐

步不再"唯 GDP 论英雄",开始考虑诸如社会经济与生态、环境的协调发展模式,因而人均 GDP 对整体生态文明建设事业的影响确实降低了。

表11　2005～2012 年人均 GDP 与 ECI 的相关度

	与 ECI 相关度	相关度在三级指标中的排名
2005 年人均 GDP	0.645 **	5
2006 年人均 GDP	0.686 **	3
2007 年人均 GDP	0.522 **	8
2008 年人均 GDP	0.529 **	9
2009 年人均 GDP	0.729 **	3
2010 年人均 GDP	0.692 **	3
2011 年人均 GDP	0.718 **	1
2012 年人均 GDP	0.192	14

2. COD 排放变化效应和氨氮排放变化效应与地表水体质量的相关性分析

在协调程度的各项指标中,有两项是与水体质量关系密切的:COD 排放变化效应和氨氮排放变化效应。COD 和氨氮的排放都需要地表水体进行分解,都会对地表水体造成污染,因此 COD 和氨氮的减排对水体质量的提升至关重要。相关分析的结果也正好证明了这一点,结果显示:COD 排放变化效应和氨氮排放变化效应与地表水体质量都显著正相关,同时还与环境质量高度正相关。由此可见,COD 排放变化效应和氨氮排放变化效应这两个三级指标,不仅在其自身所属的协调程度中发挥作用,同时,也会在较大程度上影响环境质量和地表水体质量,这也提示我们 COD 和氨氮的减排工作任重而道远(见表12)。

表12　地表水体质量与 COD 排放变化效应和氨氮排放变化效应的相关性

与水体质量相关的协调程度三级指标	地表水体质量(%)	环境质量
COD 排放变化效应(吨/千米)	0.448 *	0.491 **
氨氮排放变化效应(吨/千米)	0.383 *	0.483 **

3. 能源消耗变化效应和二氧化硫排放变化效应与社会发展各指标的相关性分析

能源消耗变化效应与社会发展各指标的相关性分析显示:能源消耗变化效

应与社会发展二级指标高度负相关，同时与人均 GDP、城镇化率、人均教育经费投入、农村改水率高度负相关，与服务业产值占 GDP 比例显著负相关。这一结果表明，社会经济越发达的地区对能源的需求越强烈，节能的压力也越大。社会越发展，经济越发达，人们对于能源的需求也会相应提高，这一点是可以理解的。但随着我国及世界能源越来越紧张，发展社会经济更需要探索出节能环保的道路。

二氧化硫排放变化效应与社会发展各指标的相关性分析显示：二氧化硫排放变化效应与社会发展二级指标高度正相关，同时与人均 GDP、城镇化率高度正相关，与服务业产值占 GDP 比例和农村改水率显著正相关。这一结果正好与能源消耗变化效应相反。这表明，社会经济发展对能源的需求目前尚处在上升期，但在二氧化硫的减排方面做得很好。社会越发展、经济越发达的地区对于二氧化硫的排放要求也更加严格，在这方面的投入也更多，因此，能够在能源消耗不断上升的同时，有效实现二氧化硫的相对减排（见表 13）。

表 13　能源消耗变化效应和二氧化硫排放变化效应与社会发展各指标的相关性

社会发展各指标	能源消耗变化效应 （千克标准煤/公顷）	二氧化硫排放变化效应 （千克/公顷）
人均 GDP（元）	− 0.652 **	0.522 **
服务业产值占 GDP 比例（%）	− 0.388 *	0.380 *
城镇化率（%）	− 0.601 **	0.563 **
人均教育经费投入（元/人）	− 0.513 **	0.278
每千人口医疗机构床位数（张）	0.220	− 0.027
农村改水率（%）	− 0.469 **	0.403 *
社会发展	− 0.544 **	0.497 **

四　相关性分析结论

（一）由于指标体系及权重调整，相关性发生了较大变化

生态活力增加了对森林质量的考察，评价更全面真实了，生态活力与 ECI

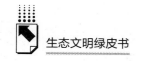

的相关系数也更高了，在四个二级指标中排名第一。

环境质量二级指标有四个变化：一是用空气质量综合指数代替好于二级天气占全年天数比例，考虑了 6 个方面的空气质量；二是基于播种面积而不是耕地面积考察农药施用强度，考虑了各地播种季的差异性；三是增加了化肥施用超标量，这是一个绝对指标，考虑了环境承载能力；四是提高了环境质量的权重，从上年的 20% 提高到 25%。这些变化，使得对环境质量二级指标的考察更加全面、公平、科学、合理，评价结果也更真实了。环境质量二级指标与 ECI 开始变得显著正相关，而且大家普遍感觉环境质量较好的省份，其环境质量得分和 ECI 得分均有所提高。

协调程度二级指标变化最大：首先是评价思路变了，从以往资源消耗和污染物排放相对于经济发展水平的相对协调，变为本年度相对于环境承载能力的绝对协调；其次是指标相应变了，由单位 GDP 能耗、单位 GDP 水耗、单位 GDP 二氧化硫排放量、单位 GDP 氨氮排放量等指标，调整为能源消耗变化效应、二氧化硫排放变化效应、氨氮排放变化效应、COD 排放变化效应等复合指标，排除了各省 GDP 总量和人均 GDP 的影响，重点考察资源消耗和污染物排放相对于生态环境承载能力的绝对协调程度，浙江、重庆、湖南、广西、辽宁、海南、北京、江西、福建等省份跃居协调程度前列，不像往年主要由经济社会发展水平高的省份占据协调程度榜单前列，评价结果更客观真实了。

（二）相关性的变化反过来证明调整后的指标体系更加合理

各二级指标与 ECI 的相关性由高到低依次为生态活力、协调程度、环境质量、社会发展，显示了这几方面建设项目对生态文明建设程度不同的促进作用。

人均 GDP 与 ECI 的相关性不再显著，协调程度与社会发展的相关性也不再显著，说明修改后的协调程度和生态文明建设评价指标体系不是"GDP 决定论"。

（三）剔除指标体系调整可能带来的影响，仍能透过相关性分析结果得出一些规律性的认识

（1）本年度新加入的森林质量指标与生态活力呈高度正相关，进一步充

分体现了森林对于提高生态活力、保障生态健康和安全的关键作用。本年度新加入的化肥施用超标量与环境质量负相关显著，这表明我国目前化肥的过度施用已经成为破坏环境的一个重要方面，需要引起充分重视。

（2）环境空气质量由 2010 年的不显著相关变为 2011 年的显著相关，再变为 2012 年的高度相关，表明空气质量对环境质量的影响已经越来越明显，同时，这也是本年度对环境空气质量指标算法调整的一个肯定。

（3）在往年的分析中，社会发展的 6 项指标都与 ECI 显著相关，但在本年度的相关分析中，社会发展的 6 项三级指标中只有"服务业产值占 GDP 比例"与 ECI 显著相关。这表明，以人均 GDP 为代表的社会经济发展程度在生态文明指标体系中的重要性正在逐步降低，当社会经济发展到一定程度之后，人均 GDP 等经济发展指标在生态文明建设中的作用不再像之前那么直接和迅速，其对生态文明的贡献变得更加缓慢和温和。

（4）协调程度中的两个指标 COD 排放变化效应和氨氮排放变化效应与地表水体质量都显著正相关，同时还与环境质量高度正相关。由此可见，COD 排放变化效应和氨氮排放变化效应这两个三级指标不仅在其自身所属的协调程度中发挥作用，同时，也会在较大程度上影响环境质量和地表水体质量。这也提示我们，COD 和氨氮的减排工作任重而道远。

（5）能源消耗变化效应与社会发展二级指标及其 4 个三级指标高度负相关。这一结果表明，社会经济越发达的地区对能源的需求越强烈，节能的压力也越大。社会越发展，经济越发达，人们对于能源的需求也会相应提高，这一点是可以理解的。但我国及全世界能源越来越紧张的现状要求，在社会经济发展的过程中，更需要探索出节能环保的发展道路。

五　政策建议

目前，我国经济发展排位靠前省份的生态文明建设已进入一个转折期，从过去主要由经济发展驱动转变为由生态活力提升与环境质量改善驱动。这一变化已经在全国的大数据中得到了体现，同时，还需要进一步引起政府和社会各

界人士的重视。各级政府管理部门要进一步加快转变发展思路，尽快从过去主要以经济建设为中心的思路中解放出来，在保持经济平稳增长的同时，更加注重生态活力的提升和辖区环境质量的改善。而对于经济发展排位靠后且生态环境相对较好的省份来讲，则应在生态环境的承载能力内加速发展绿色经济，既要保持经济的快速增长，同时也要在现有条件下减少对生态环境的破坏。具体内容如下。

1. 重点要改善各地区的环境空气质量

环境空气质量近年来受到社会各界和政府的高度关注，已经成为影响生态文明建设的一个最具显示度的指标。我国各省会城市中只有海口、福州等少数城市空气质量达标。近年来，我国在经历了多次严重的雾霾天气之后，社会各界已经形成对于空气污染治理的基本看法，也出台了大量的法律法规，下一步重点是要加强执行和检查，将这些措施具体落到实处，切实解决这一影响民众生活质量的问题。

2. 在农药化肥的科学使用上有必要改变现有农业生产方式以及对粮食安全和耕地红线的认识

要推进农业集约化经营，加大现代化、规模化农业生产的比例，丰富农业从业者的专业知识，加大对农药等抽查监管的力度，从根本上改变过度依赖农药的生产方式。

同时要改变对粮食安全的认识，将耕地红线转变为农产品总量和质量红线。对于适合规模化农业生产的地区，要加大支持力度，更大幅度地推进现代化、集约化和科学化的农业生产方式，以更少的土地生产出更多更安全的农产品；对于不适合规模化农业生产的地区，则要减少此类污染重、产量和质量低的分散经营方式，做好劳动力转移等配套工作。

3. 进一步做好节能和 COD 及氨氮的减排工作

随着经济的快速增长，对能源消耗的需求也与日俱增，但能源总是有限的，环境的承载能力也是有限的。因此，未来的经济发展政策需要更多地支持绿色环保行业、低能耗行业。在实现经济增长的同时，相对减少对能源的依赖。

同时要减少 COD 和氨氮排放。COD 和氨氮排放是地表水体污染的主要来源，也是环境污染的重要源头。我国目前地表水体质量总体较差，这与COD和氨氮排放没有得到有效控制有着直接的关系。下一步要重点加强COD和氨氮排放的管理，切实保护好地表水体。同时，环境质量较差尤其是地表水体质量较差的省份，可以将减少COD和氨氮排放作为本省生态文明建设的主要驱动力量。

G.5

第五章

年度进步指数*

生态文明建设年度进步指数分析，能够检验一年来我国生态文明建设的成效和变化情况，将为切实推进我国生态文明建设提供实践指导。由于 ECCI 2014 指标的调整，协调程度综合反映了资源能源消耗及污染物排放与生态、环境承载能力的关系，因此，年度进步指数分析方法也进行了相应改进（具体算法见第一章"ECCI 2014 设计与算法"），计算结果为正值，表明生态文明建设状况有进步，反之则表示退步。

一　全国整体生态文明建设进步指数

近年来，我国把生态文明建设放到现代化建设的突出位置，生态环境治理体系不断完善，全国生态文明水平保持连年上升的良好态势，2011~2012 年度，我国整体生态文明建设进步指数为 2.92%，表明我国朝着美丽中国的目标又迈进了一步。

具体分析各核心考察领域进步态势，本年度，生态活力、环境质量、社会发展、协调程度都有所进步，但各方面进步尚不均衡（见图 1）。社会发展进步显著，仍是推动我国整体生态文明建设进步的主要因素；体现我国资源能源消耗及污染物排放与生态、环境承载能力关系的绝对协调发展能力稳步提升；而生态活力和环境质量的改善较小，进步指数都在 1% 以内（各领域进步指数见表 1），这也是人们对生态文明建设水平取得进步感受不明显的根源所在。去除社会发展进步的影响，仅考虑生态活力、环境质量和协调程度的绿色生态文明进步指数为 1.88%。随着经济社会的发展，生态、环境质量在人民群众

---

* 执笔人：吴明红，男，博士，硕士生导师。

生活幸福指数中的地位不断凸显，人民群众对生态、环境的要求会越来越高，因此，我国生态文明建设的任务还很艰巨，不能盲目乐观。

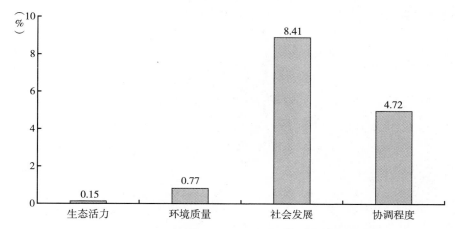

图1　2011～2012年生态文明建设核心考察领域进步态势

表1　2011～2012年全国生态文明建设进步指数

单位：%

	总进步指数	生态活力	环境质量	社会发展	协调程度
2011～2012年进步指数	2.92	0.15	0.77	8.41	4.72

　　生态活力的增强主要得益于建成区绿化覆盖率的提高。建成区绿化覆盖率是衡量城市人居环境质量和居民生活福利水平的重要指标之一，各地政府都高度重视城市园林绿化工作，截至2012年底，我国建成区绿化覆盖率达39.59%，保持了连续六年上升的态势，但离国外学者认可的良好城市环境的标准（50%）还有一定差距。本年度，自然保护区占辖区面积的比重基本保持稳定，并略有增加。由于森林资源清查和湿地调查所需周期较长，森林覆盖率、森林质量和湿地面积占国土面积比重等指标均没有更新发布数据，未及时反映相关方面的建设成效。

　　进步指数分析显示，环境质量的小幅进步源于地表水体质量的改善。由于湖泊、水库等重要水体水质和地下水资源量及水质状况缺乏以省级行政区为单位发布的数据，ECCI 2014中地表水体质量仅考虑了主要河流的水质情况。随着各地环境污染治理基础设施的不断完善，污染治理能力显著增强，主要河流Ⅰ～Ⅲ类水质河长比例明显提高，已达到67%。但综合考虑湖泊、水库等地表水域，全国地表水质总体为轻度污染。地下水质状况则更堪忧，水质较差和极差的监测点合计占 59.6%，且与上年比较水质变差的监测点超过变好的数量，表明地下水质有继续恶化的趋势①（见图 2、图 3）。

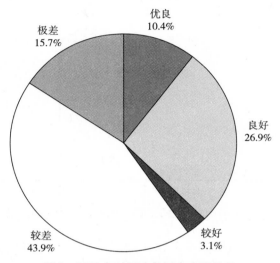

图 2　2013 年地下水监测点水质状况

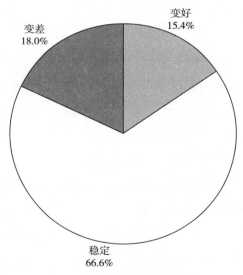

图 3　2013 年地下水水质年际变化

---

① 中华人民共和国环境保护部：《2013 年中国环境状况公报》。

环境空气质量指标数据，使用按照新标准监测京津冀、长三角、珠三角等重点区域及直辖市和省会城市等 74 个城市空气质量发布的城市空气质量综合指数，由于该数据为 2013 年度首次发布，没有上年度数据，根据三级指标进步率算法，本指标被认为没有进步也没有退步。但从 74 个城市的空气质量状况来看，我国大气污染形势非常严峻，PM2.5 是当前最主要的空气污染物（空气质量综合指数与 PM2.5 浓度的相关性，见表 2），因此，现阶段应对雾霾污染、改善空气质量的首要任务就是控制 PM2.5。

表 2　空气质量综合指数与 PM2.5 浓度相关性*

	年均 PM2.5 浓度（微克/立方米）
城市空气质量综合指数	0.954**

注：* 城市空气质量综合指数引自中国环境监测总站《京津冀、长三角、珠三角区域及直辖市、省会城市和计划单列市空气质量报告》。年均 PM2.5 浓度来自"绿色和平"组织根据环境保护部每日发布数据整理。

** Correlation is significant at the 0.01 level (2 – tailed).

土地质量方面，环境保护部、国土资源部联合开展的全国土壤污染状况调查结果显示，我国土壤环境状况总体不容乐观，土壤污染总超标率为 16.1%，其中耕地的土壤环境质量状况尤为严峻，点位超标率达 19.4%。导致耕地质量退化、污染加剧的一个重要原因就是农业生产中农药、化肥的过量不合理施用，化肥的长期过量施用将造成土壤板结、耕地退化、土地生产力下降；农药的滥用不仅会加重土地污染，其残留物超标也会造成农产品质量安全隐患。目前，我国农药施用量已达国际平均水平的 2.5 倍，单位播种面积化肥施用量也远高于国际公认的安全使用上限（225 千克/公顷），而且都呈连年攀升之势（见图 4、图 5），应引起全社会的高度警觉。

社会发展继续保持近年来高速增长的态势，该领域所有指标均有提高，但与上年度相比增速有所回落。随着我国综合国力的提升，各级政府对教育、医疗、卫生等社会基本公共服务的投入力度不断加大。《国家中长期教育改革和发展规划纲要（2010～2020 年）》明确提出，2012 年要实现国家财政性教育

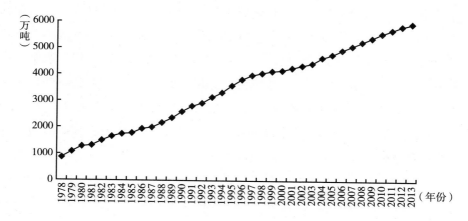

图4　1978～2013年全国化肥施用折纯量

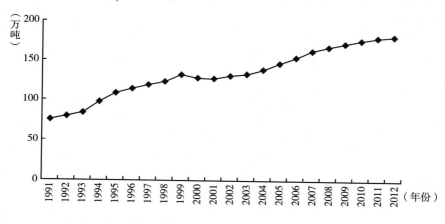

图5　1991～2012年全国农药施用量

经费支出占国内生产总值比例达到4%的目标，全国人均教育经费投入大幅提高，本年度增长达23.14%。

全社会公共医疗卫生服务保障能力显著增强，每千人口医院和卫生院床位数增加11.49%，而北京、上海、天津等大城市却逆势下降，主要是由于这些地区常住人口数量增长较快，配套的医疗卫生保障设施建设未能及时跟进，与求医人口向大城市的聚集效应叠加，导致大城市就医难问题短期内难以缓解，甚至有加剧的可能。

本年度，我国产业结构调整和城镇化建设稳步推进，全年第三产业产值占GDP比例为44.59%，离发达国家水平（普遍认为发达国家第三产业占地区生产总值比例应在70%以上）还有较大差距，产业结构调整优化任务艰巨；城镇化率为52.57%，不仅远低于欧美等发达国家水平，也低于世界平均水平，城镇化建设还存在很大的提升空间。

2011～2012年，全国整体协调发展能力稳步提升。本年度调整后的新指标能源消耗变化效应、二氧化硫排放变化效应，综合反映能源消耗与二氧化硫排放减量化和改善空气质量的政策导向。由于缺少代表全国整体环境空气质量的数据，根据三级指标进步率算法，该两项指标进步率为零，其余指标均有不同程度提高。

随着我国生态文明建设战略的全面实施，环境污染治理投入力度不断加大，对废弃物的综合循环利用能力明显提高，单位国内生产总值资源能源消耗量和主要污染物排放量都呈持续下降的良好态势，反映污染物排放与生态、环境承载能力关系的变化效应不断提升。但是我国的能源消费总量屡创新高，且能源消费结构以煤炭为主（见图6、图7），消耗过程中排放大量的空气污染物，成为当前影响人居环境的主要因素。减少大气污染、改善空气质量，应加快推进资源能源的节约利用，优化能源消费结构，增加清洁能源的使用比例。

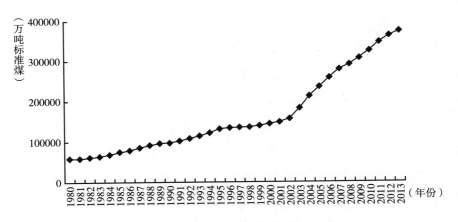

图6　1980～2013年全国能源消费总量

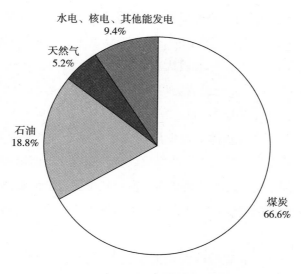

图 7　2012 年全国能源消费结构

二　省域生态文明建设进步指数

为准确定位各省域生态文明建设的优势与不足，找准生态文明建设的重点与方向，切实推动各省生态文明建设取得成效，课题组具体分析了各省域生态文明建设年度进步指数。

1. 整体进步指数分析

2011~2012 年，各省整体生态文明建设年度进步指数分析显示，全国多数省份整体生态文明建设水平有所提升，仅吉林、西藏、上海、天津等 4 个省份生态文明建设水平下滑（见图 8）。

其中，天津下降幅度最大，达 6.21%，主要是由于环境质量和协调程度都大幅下滑。上海、吉林也是环境质量、协调程度下降导致整体生态文明建设水平走低。西藏则是由于上年度协调程度大幅提高，而本年度有所回落，导致整体生态文明建设水平的波动。

本年度，整体生态文明建设水平提高幅度最大的是宁夏，达 10.23%，山西次之，提高 9%，它们均得益于环境质量的显著改善和社会发展、协调程度的大

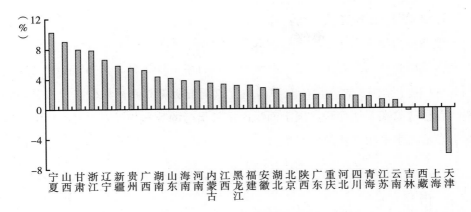

图8　2011～2012年各省生态文明建设进步态势

幅提高。甘肃、浙江、辽宁、新疆整体生态文明建设水平明显提高，是源于社会
发展和协调程度的提升。贵州、广西整体生态文明建设水平进步幅度也在5%以
上，是由于它们的社会发展水平快速提高，环境质量和协调程度也有所改进。其余
省份的进步幅度都在5%以内，各省整体生态文明建设年度进步指数及排名见表3。

表3　2011～2012年各省生态文明建设进步指数及排名

单位：%

排名	地区	生态文明建设进步指数	排名	地区	生态文明建设进步指数
1	宁　夏	10.23	17	安　徽	2.74
2	山　西	9.00	18	湖　北	2.51
3	甘　肃	7.98	19	北　京	2.01
4	浙　江	7.82	20	陕　西	1.94
5	辽　宁	6.58	21	广　东	1.81
6	新　疆	5.76	22	重　庆	1.79
7	贵　州	5.47	23	河　北	1.72
8	广　西	5.19	24	四　川	1.64
9	湖　南	4.32	25	青　海	1.56
10	山　东	4.06	26	江　苏	1.16
11	海　南	3.78	27	云　南	0.96
12	河　南	3.67	28	吉　林	-0.39
13	内蒙古	3.41	29	西　藏	-1.52
14	江　西	3.23	30	上　海	-3.20
15	黑龙江	3.11	31	天　津	-6.21
15	福　建	3.11			

2. 生态活力进步指数分析

生态活力年度进步指数分析显示，本年度，全国有 25 个省份生态活力有不同程度增强，其余 6 个省份生态活力水平有所下降，各省生态活力进步态势见图 9。由于全国森林资源清查和湿地资源调查所需时间周期较长，森林覆盖率、森林质量和湿地面积占国土面积比重等指标的数据均没有更新，因此，各省生态活力水平的变化幅度都不大。

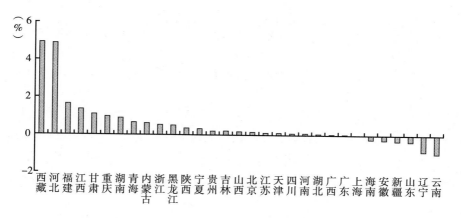

图 9 2011～2012 年各省生态活力进步态势

生态活力水平提高幅度最大的省份是西藏，为 4.96%，主要源于其建成区绿化覆盖率的显著提高。河北次之，生态活力提升 4.88%，是得益于自然保护区面积占辖区面积比重的明显提高。受益于自然保护区面积增加，生态活力进步的还有福建、江西等两省。生态活力水平提升幅度超过 1% 的还有甘肃，也是来源于建成区绿化覆盖率的提高。其余生态活力增强的省份，生态活力进步指数都在 1% 以内。

生态活力水平降低的省份，云南、辽宁、山东是由于自然保护区面积占辖区面积比重减少，新疆、安徽、海南则是建成区绿化覆盖率下降所致。各省生态活力年度进步指数及排名见表 4。

部分地区进入城镇化快速发展的时期，城市扩张过快而建成区绿化建设未能及时跟进，导致建成区绿化覆盖率回落。随着经济社会的发展，土地资源日趋紧张，部分自然保护区被迫让位于资源开发、农业生产或城市建设，这种自

表4 2011～2012年各省生态活力进步指数及排名

单位：%

排名	地区	生态活力进步指数	排名	地区	生态活力进步指数
1	西 藏	4.96	16	北 京	0.19
2	河 北	4.88	18	江 苏	0.16
3	福 建	1.67	19	天 津	0.14
4	江 西	1.38	20	四 川	0.11
5	甘 肃	1.11	21	河 南	0.10
6	重 庆	0.98	22	湖 北	0.08
7	湖 南	0.89	23	广 西	0.06
8	青 海	0.66	24	广 东	0.05
9	内蒙古	0.63	25	上 海	0.03
10	浙 江	0.55	26	海 南	-0.21
11	黑龙江	0.52	27	安 徽	-0.24
12	陕 西	0.37	28	新 疆	-0.30
13	宁 夏	0.35	29	山 东	-0.33
14	贵 州	0.23	30	辽 宁	-0.84
14	吉 林	0.23	31	云 南	-0.97
16	山 西	0.19			

然保护区遭受各方蚕食的现象应引起社会高度警惕，相关部门应进一步规范自然保护区规划调整程序，切实加强生物多样性的保护。

3. 环境质量进步指数分析

本年度，环境质量年度进步指数分析发现，全国环境质量改善向好的省份有20个，其余11个省环境质量有所退化。各省环境质量进步态势见图10。环境空气质量指标数据采用了首度发布的城市空气质量综合指数，没有上年度数据；水土流失率指标没有数据更新，因此，这两个指标进步率按零处理。

其中，宁夏环境质量改善幅度最大，达17.54%；紧随其后的是山西，提高10.43%，它们都是得益于地表水体质量的大幅提高。环境质量上升幅度在5%以上的还有贵州和广西，也源于地表水体质量的明显改善。其余环境质量进步的省份，提高幅度都在5%以内。

环境质量退化的省份，天津、上海的下降幅度较大，都超过11%，是由于地表水体质量下降所致。内蒙古的环境质量退步幅度也在5%以上，是由于

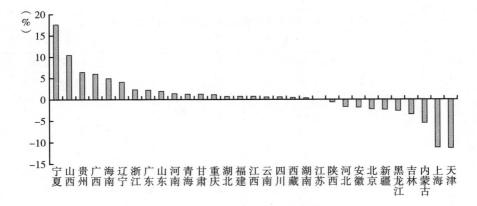

图10　2011～2012年各省环境质量进步态势

地表水体质量恶化，且化肥施用超标量和农药施用强度均有上升。其他8个环境质量退化的省份，退步幅度都没有超过5%。各省环境质量年度进步指数及排名见表5。

表5　2011～2012年各省环境质量进步指数及排名

单位：%

排名	地区	环境质量进步指数	排名	地区	环境质量进步指数
1	宁　夏	17.54	17	云　南	0.60
2	山　西	10.43	18	四　川	0.55
3	贵　州	6.30	19	西　藏	0.39
4	广　西	5.99	20	湖　南	0.25
5	海　南	4.90	21	江　苏	-0.14
6	辽　宁	4.07	22	陕　西	-0.70
7	浙　江	2.35	23	河　北	-1.77
8	广　东	2.13	24	安　徽	-1.83
9	山　东	1.90	25	北　京	-2.24
10	河　南	1.32	26	新　疆	-2.45
11	青　海	1.30	27	黑龙江	-2.62
12	甘　肃	1.17	28	吉　林	-3.49
13	重　庆	1.11	29	内蒙古	-5.52
14	湖　北	0.73	30	上　海	-11.14
15	福　建	0.68	31	天　津	-11.29
16	江　西	0.64			

目前，农药、化肥的过量不合理施用导致的农业面源污染已成为我国环境污染的主要来源之一，且大部分地区农药、化肥的施用量还在不断攀升。2011～2012年度，农药施用强度下降的省份不足一半，化肥施用超标量降低的省份则只有8个，而农药施用强度和化肥施用超标量双双下降的省份仅为7个。海南农药施用强度和化肥施用超标量的降低幅度均全国领先，但其基数也大，农药施用强度全国最高，化肥施用超标量列全国第3位。

4. 社会发展进步指数分析

社会发展年度进步指数分析显示，2011～2012年，全国所有省份社会发展水平均有不同程度的提高。各省社会发展进步态势见图11。

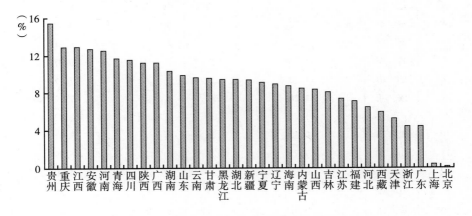

图11 2011～2012年各省社会发展进步态势

近年来，随着西部大开发战略和中部崛起计划的实施，中西部地区在经济社会领域取得较快发展，社会发展年度进步指数达10%以上的10个省份，均来自中西部地区，其中，贵州、重庆、青海、四川、陕西、广西属于西部大开发的实施范围，江西、安徽、河南、湖南等4省属于中部崛起计划的支持范围。北京和上海社会发展水平上升幅度较小，都在1%以内，它们作为现代化国际大都市，社会发展水平全国领先，起点相对较高，年度提高幅度较小，主要是由于常住人口快速扩张，而与之配套的医疗卫生保障设施建设未能及时到位，受指标每千人口医疗机构床位数下降影响。

《国家中长期教育改革和发展规划纲要（2010～2020年）》提出，2012年国家财政性教育经费支出占国内生产总值比例要达到 4% 的目标，各省人均教育经费投入显著增加，提升幅度都在 13% 以上，增长幅度最大的省份达44.82%。教育经费投入的提高成为促进社会发展水平上升的主要驱动因素。各省社会发展年度进步指数及排名见表 6。

表 6　2011～2012 年各省社会发展进步指数及排名

单位：%

排名	地区	社会发展进步指数	排名	地区	社会发展进步指数
1	贵　州	15.49	17	宁　夏	9.10
2	重　庆	12.96	18	辽　宁	8.92
3	江　西	12.95	19	海　南	8.69
4	安　徽	12.72	20	内蒙古	8.47
5	河　南	12.55	21	山　西	8.31
6	青　海	11.70	22	吉　林	8.07
7	四　川	11.60	23	江　苏	7.33
8	陕　西	11.28	24	福　建	7.12
9	广　西	11.26	25	河　北	6.42
10	湖　南	10.32	26	西　藏	5.91
11	山　东	9.91	27	天　津	5.19
12	云　南	9.60	28	浙　江	4.40
13	甘　肃	9.53	29	广　东	4.39
14	黑龙江	9.47	30	上　海	0.40
15	湖　北	9.44	31	北　京	0.13
16	新　疆	9.40			

5. 协调程度进步指数分析

本年度，协调程度领域新增设四个指标——COD 排放变化效应、氨氮排放变化效应、能源消耗变化效应和二氧化硫排放变化效应，综合考虑能源消耗和污染物排放与生态、环境承载能力的关系，与以往单纯考察单位地区生产总值能源消耗或污染物排放量比较，新的指标更加科学、严谨。年度进步指数分析显示，全国协调发展能力提高的省份有 22 个，其余 9 个省份协调发展能力有所下降。各省协调程度进步态势见图 12。

浙江协调发展能力提升幅度最大，达 21.36%，甘肃次之，提高 19.76%，

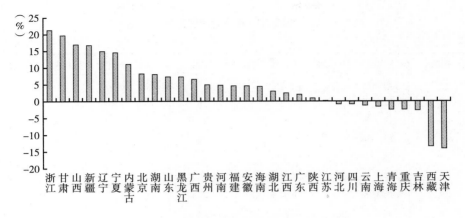

图 12　2011～2012 年各省协调程度进步态势

主要得益于环境污染治理投入力度的加大，COD、氨氮等水体污染物排放变化效应和二氧化硫等空气污染物排放变化效应的显著上升。山西和辽宁协调发展能力大幅提高，是源于环境污染治理投入力度的提高，工业固体废物综合循环利用和生活垃圾无害化处理能力的增强，以及 COD、氨氮等水体污染物排放变化效应和二氧化硫等空气污染物排放变化效应的明显进步。新疆协调发展能力增强 16.85%，是由于环境污染治理投入的增加和 COD、氨氮等水体污染物排放变化效应提高。宁夏协调程度进步较大，是得益于工业固体废物综合循环利用和生活垃圾无害化处理能力的提高，以及 COD、氨氮等水体污染物排放变化效应上升。协调发展能力提高幅度超过 10% 的还有内蒙古，源于其城市生活垃圾无害化处理能力的增强和 COD、氨氮等水体污染物排放变化效应的提高。

协调发展能力下降幅度最大的是天津，达 14.04%，是由于除工业固体废物综合利用率基本持平外，其余方面均有退步。西藏协调发展能力降低，是由于上年度环境污染治理投资增幅较大，而本年度有所回落，且工业固体废物综合循环利用水平下滑所致。其余协调程度退步的省份，下降幅度都在 3% 以内。各省协调程度年度进步指数及排名见表 7。

反映 COD、氨氮等水体污染物排放与水体质量关系的水体污染物排放变化效应，是推动各省协调发展能力提高的主要驱动因素，但上海、天津等部分

表7　2011～2012年各省协调程度进步指数及排名

单位：%

排名	地区	协调程度进步指数	排名	地区	协调程度进步指数
1	浙　江	21.36	17	海　南	4.36
2	甘　肃	19.76	18	湖　北	2.94
3	山　西	16.97	19	江　西	2.39
4	新　疆	16.85	20	广　东	2.03
5	辽　宁	14.92	21	陕　西	1.04
6	宁　夏	14.60	22	江　苏	0.15
7	内蒙古	11.11	23	河　北	- 0.89
8	北　京	8.31	24	四　川	- 0.91
9	湖　南	8.14	25	云　南	- 1.13
10	山　东	7.31	26	上　海	- 1.60
11	黑龙江	7.30	27	青　海	- 2.39
12	广　西	6.62	28	重　庆	- 2.43
13	贵　州	5.02	29	吉　林	- 2.64
14	河　南	4.75	30	西　藏	- 13.29
15	福　建	4.57	31	天　津	- 14.04
16	安　徽	4.54			

地区逆势下降比较明显。我国能源消费总量屡创新高，各省反映能源消耗与空气指标变化关系的能源消耗变化效应普遍降低，仅上海、安徽、甘肃3个省市小幅上升，以煤炭为主的能源消费结构仍在继续，导致当前及今后一个时期内，全国大气污染防治任务都异常艰巨。

三　进步指数分析结论

全国整体及各省生态文明建设年度进步指数分析显示，我国整体生态文明水平保持了连年上升的良好态势，但除社会发展水平所有省份均有提高外，其他方面局部地区仍有退步，各领域生态文明建设发展尚不均衡，我国生态文明建设依然仍重道远。

2011～2012年，全国整体生态文明建设进步指数为2.92%，绿色生态文明进步指数为1.88%，其中，社会发展是推动我国生态文明建设进步的主要驱动因素，体现我国资源能源消耗及污染物排放与生态、环境承载能力关系的绝对协调发展能力稳步提升，但生态活力和环境质量的改善较小，变化幅度都没有超过1%，这也是公众对生态文明建设水平取得进步感受不明显的根源所在。

具体分析发现，生态活力增强主要得益于建成区绿化覆盖率的提高。自然保护区占辖区面积比重基本保持稳定，并略有增加；其余指标，森林覆盖率、森林质量和湿地面积占国土面积比重，由于森林资源清查和湿地调查所需时间周期较长，本年度没有数据更新，未及时反映相关方面的建设成效。

虽然分析数据显示我国环境质量有小幅进步，但全国整体环境形势依然严峻。由于改革开放以来30余年的快速发展，我国累积的生态、环境问题开始显现，正进入了高发、频发阶段。环境质量年度进步指数的小幅提高是源于主要河流水体质量的改善，而综合考虑河流、湖泊、水库、近海等地表水域，全国地表水质总体仍为轻度污染，地下水质状况则更堪忧，且有继续恶化的趋势。大气污染严重，雾霾天气呈现普遍、频发的态势，现阶段应对雾霾污染、改善空气质量的首要任务就是控制PM2.5。土地环境状况总体也不容乐观，农药、化肥的过量不合理施用，导致耕地质量退化、污染加剧，并引发农产品质量安全隐患，应引起全社会高度警觉。

社会发展保持高速增长的态势，但增速有所回落。全国产业结构调整和城镇化建设稳步推进，还有较大发展和提升空间。随着我国综合国力的增强，各级政府对教育、医疗、卫生等社会基本公共服务投入力度不断加大。尤其是《国家中长期教育改革和发展规划纲要（2010～2020年）》提出，国家财政性教育经费支出要占国内生产总值的4%，全国人均教育经费投入大幅提升。社会公共医疗卫生服务保障能力显著增强，但北京、上海、天津等部分大城市，由于常住人口增速过快，而医疗卫生保障设施建设未能及时配套，再与求医人口向大城市的聚集效应叠加，导致大城市就医难问题短期内难以缓解，甚至有加剧可能。

全国整体协调发展能力稳步提升。随着我国生态文明建设战略的全面实施，环境污染治理投入力度不断加大，对废弃物的综合循环利用能力明显提高，单位国内生产总值资源能源消耗量和主要污染物排放量都呈持续下降的良

好态势，反映主要污染物排放与生态、环境承载能力关系的变化效应不断改善。但是我国的能源消费总量还在攀升，且能源消费结构仍以煤炭为主，为应对大气污染、改善空气质量，必须加快推进资源能源的节约利用，优化能源消费结构，增加清洁能源的使用比例。

各省域生态文明建设年度进步指数分析发现，本年度，全国多数省份生态文明建设水平有所提升，仅吉林、西藏、上海、天津等4个省份下滑。

具体分析各核心考察领域，全国有25个省份生态活力有不同程度增强，建成区绿化覆盖率是生态活力变化的主要影响因素。此外，虽然全国自然保护区面积总体保持稳定，但部分省份的自然保护区被资源开发、农业生产或城市建设所蚕食的现象仍值得社会高度警惕。

环境质量改善向好的省份有20个，主要得益于地表水体质量的提高，而农药施用强度和化肥施用超标量普遍攀升，依然是导致部分省份环境质量退化的主要原因。

全国所有省份社会发展水平均有不同程度提高，受益于西部大开发战略和中部崛起计划的实施，中西部地区省份的社会发展速度相对较快。

协调发展能力提高的省份有22个，反映水体污染物排放与水体质量关系的COD、氨氮等水体污染物排放变化效应，是协调程度提高的主要驱动因素。我国能源消费总量屡创新高，各省体现能源消耗与空气质量关系的能源消耗变化效应普遍下降，仅上海、安徽、甘肃3个省小幅上升，由于能源消费结构仍以煤炭为主，导致当前及今后一个时期内，全国大气污染防治任务都将异常艰巨，各省应加快调整产业结构，在节约资源能源的同时不断优化能源消费结构。

第三部分
省域生态文明建设分析

Provincial Eco – Civilization Construction Analysis

G.6

第六章[*]

北京

一　北京 2012 年生态文明建设状况

2012 年，北京生态文明指数（ECI）得分为 92.11 分，排名全国第 2 位，具体二级指标得分及排名情况见表 1。去除"社会发展"二级指标后，绿色生态文明指数（GECI）得分为 72.06 分，全国排名第 13 位。

表 1　2012 年北京生态文明建设二级指标情况汇总

二级指标	得分	排名	等级
生态活力（满分为 41.40 分）	26.61	9	2
环境质量（满分为 34.50 分）	18.78	19	3
社会发展（满分为 20.70 分）	20.05	1	1
协调程度（满分为 41.40 分）	26.66	6	1

---

* 执笔人：陈佳，博士。

2012年北京生态文明建设属于均衡发展型（见图1）。社会发展指标在全国处于领先水平，生态活力指标属于第二等级，协调程度指标位居第一等级，而环境质量指标位于第三等级。

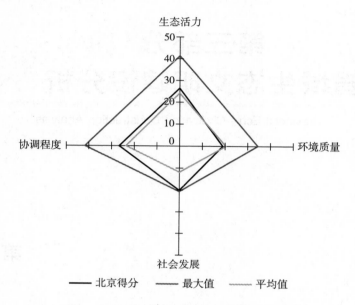

图1 2012年北京生态文明建设评价雷达图

2012年北京生态文明建设三级指标数据见表2。

表2 北京2012年生态文明建设评价结果

一级指标	二级指标	三级指标	指标数据	排名
生态文明指数（ECI）	生态活力	森林覆盖率	31.72%	15
		森林质量	19.95立方米/公顷	28
		建成区绿化覆盖率	46.20%	1
		自然保护区的有效保护	8.00%	13
		湿地面积占国土面积比重	1.93%	26
	环境质量	地表水体质量	76.60%	12
		环境空气质量	5.26	26
		水土流失率	24.95%	17
		化肥施用超标量	258.53千克/公顷	26
		农药施用强度	13.72千克/公顷	20

一级指标	二级指标	三级指标	指标数据	排名
生态文明指数（ECI）	社会发展	人均 GDP	87475 元	2
		服务业产值占 GDP 比例	76.46%	1
		城镇化率	86.20%	2
		人均教育经费投入	3652.95 元/人	1
		每千人口医疗机构床位数	4.48 张	4
		农村改水率	99.56%	2
	协调程度	环境污染治理投资占 GDP 比重	1.92%	8
		工业固体废物综合利用率	78.96%	10
		城市生活垃圾无害化率	99.10%	4
		COD 排放变化效应	54.86 吨/千米	4
		氨氮排放变化效应	6.91 吨/千米	4
		能源消耗变化效应	−212.00 千克标准煤/公顷	27
		二氧化硫排放变化效应	0.48 千克/公顷	14

在生态活力方面，森林覆盖率、自然保护区的有效保护、湿地面积占国土面积比重等三级指标的数据和排名均没有变化；建成区绿化覆盖率有所提高，达到46.2%，位列全国第1名；森林质量指标排名较为靠后，仅为19.95立方米/公顷，不及全国平均值的三分之一。

在环境质量方面，水土流失率、农药施用强度等指标的排名与往年相同，仍处于全国中下游水平；地表水体质量指标排名略有下降；而环境空气质量、化肥施用超标量等指标数据排名靠后，不及全国平均水平。

在社会发展方面，各项指标数据和排名基本与2011年持平，继续保持全国领先地位。其中人均GDP指标提升1个位次，每千人口医疗机构床位数指标位列全国第4名。

在协调程度方面，城市生活垃圾无害化率、COD排放变化效应、氨氮排放变化效应等指标处于全国领先水平；环境污染治理投资占GDP比重、工业固体废物综合利用率、二氧化硫排放变化效应等处于全国中游或中上游水平，尤其是环境污染治理投资占GDP比重指标由2011年的第17名提升至2012年的第8名；而能源消耗变化效应指标则比较差，排名靠后。

从年度进步情况来看，北京2011～2012年度的生态文明进步指数为

2.01%，全国排名第 19 位。其中，生态活力的进步指数为 0.19%，建成区绿化覆盖率有较大的提高。社会发展的进步指数为 0.13%，在全国排名第 31 位。协调程度的进步指数最高，达到 8.31%，主要是由于环境污染治理投资占 GDP 比重和工业固体废物综合利用率都有较大提高。而环境质量的进步指数则较差，为 -2.24%，位居全国第 25 位，主要在于农药施用强度和化肥施用超标量进步率均为负值。变化较大的三级指标见表 3。总体而言，北京 2011～2012 年度的生态文明进步指数与上年度相比变化幅度不大，虽然协调程度出现明显的进步，但环境质量进步指数呈现负增长，在很大程度上影响了北京的生态文明进步指数。

表 3　北京 2011～2012 年部分指标变动情况

三级指标	进步率（%）
建成区绿化覆盖率	1.32
农药施用强度	-5.19
化肥施用超标量	-11.61
环境污染治理投资占 GDP 比重	46.56
工业固体废物综合利用率	19.16

二　分析与展望

综观整个指标体系的数据和排名，可以看出北京的生态文明建设处于全国领先地位。其中，社会发展已成为北京生态文明建设的绝对优势，而由于起点较高，其进步程度相对缓慢。另外，环境质量排名相对落后，成为北京生态文明建设的短板。三级指标中除地表水体质量外，其他指标基本位于全国中游或中下游水平，尤其是环境空气质量、化肥施用超标量等指标明显落后于其他绝大部分省市。

在生态活力方面，北京比较注重对森林、自然保护区等生态要素的保护与管理，同时重视建成区的绿化工作，着力提高建成区绿化覆盖率。2012 年，北京提出了"建设绿色北京和中国特色世界城市"的目标，作出了实施平原

百亩造林工程的重大决策，通过科学研究树立了先进的发展理念、形成了
"成带连网、集中连片"的空间布局，并在资金投入、建设规模、质量水平、
景观效果方面创新高，完成平原造林 25.46 万亩，植树 1671 万株。同时，北
京继续加大城乡生态建设的力度，通过改善城市景观环境、提升山区生态功
能、开展全民义务植树活动等一系列措施使得建成区绿化覆盖率达到
46.20%，位居全国第一位[①]。在建成区绿化覆盖率等方面取得显著进步的同
时，我们也应该注意到，与其他省市相比，北京森林质量问题仍需予以关注，
如何进一步增加森林蓄积量成为今后工作的一项重要任务。

　　在环境质量方面，北京加大了环境治理的力度，但短期内效果并不十分明
显。为进一步治理大气污染，北京市人民政府下发了《北京市 2012～2020 年
大气污染治理措施》，强调以控制细颗粒物（PM2.5）污染为重点，多措并
举，以提高城市空气质量[②]。在激励与惩治的双重影响下，北京 2012 年的环
境空气质量比 2011 年有所好转，但空气质量问题仍然不容乐观。此外，北京
地表水体质量有所下降。一方面，由于连续几年的干旱，几大水库都处于严重
缺水状态，水体不能得到及时稀释，导致了微生物数量的攀升，水质处于富营
养化[③]。另一方面，企业的污染排放不合理或者排放量超标致使北京近郊区浅
层地下水中出现有机污染问题，这都影响了北京的水体质量。此外，农药、化
肥的过量超标施用也需要引起重视。

　　在社会发展方面，北京在全国处于绝对优势地位，三级指标中除了每千人
口医疗机构床位数排名第四之外，其他各项指标均排名前两位。经济稳步发展
为生态文明建设提供了动力与保障。2012 年，北京 GDP 为 1.78 万亿元，人均
GDP 达 87475 元，经济稳步发展保证了北京在教育、卫生医疗、城乡建设等
民生领域的投入力度。此外，《北京市"十二五"时期卫生发展改革规划》提
出了"争取每千常住人口编制床位数达到 5 张以上"的目标[④]，这也成为北京

---

① 参见《北京市园林绿化局 2012 年工作总结和 2013 年工作计划》。

② 参见《北京市人民政府关于印发 2012～2020 年大气污染治理措施的通知》（京政发〔2012〕
10 号）。

③ 《北京水质现状》，http：//wenku.baidu.com/link? url = TEiZ_ JcIcQjnm4ohkjZSRbqUKEeJ54Myp -
KAXomCoFZOzuPi3t - JRbwUtojcpfLf6MxCCUe7qpQNdw6j_ i90R2cd9lh_ sZtcmrZtHwKnEbxq。

④ 参见《北京市"十二五"时期卫生发展改革规划》。

提高人民群众健康水平、进一步推进社会发展工作的目标与动力。

在协调程度方面，2012年北京在全国仍属于第一等级。为了治理严重的环境污染问题，北京在2012年加大了投资力度，环境污染治理投资占GDP比重明显加强。同时出台了具体的治理污染的措施，注重环境监管与惩治。《北京市"十二五"时期固体废物污染防治规划》探索社会源危险废物管理模式，提高了工业固体废物综合利用率、城市生活垃圾无害化率。通过污水处理厂升级改造与扩建等一批重点减排工程，提高了污水处理能力、削减了污染存量，从而削减了化学需氧量、氨氮排放量。在落实节能减排过程中，居民"煤改电"、清洁能源的推广与使用，以及部分污染企业的调整搬迁等措施降低了大气中污染物的浓度，但二氧化硫减排量仍不达标①。此外，北京还出台了《北京市用能单位能源审计推广实施方案（2012～2014年)》，力求通过审计手段等推进重点领域的节能减排。

总体来说，北京的生态文明建设绝对水平处于全国领先位置，而且相对均衡，环境质量已成为北京生态文明建设的薄弱环节。有效实施大气污染治理措施和清洁空气行动计划，是未来推动北京生态文明水平不断提高的方向和着力点，而环境污染治理投入的力度在一定程度上影响着环境质量的改善，最终会影响生态环境与经济、社会发展的匹配程度。

---

① 《2012年污染减排结果仅北京公布二氧化硫未达标》，《中国经济周刊》2013年1月22日，http：//news. cntv. cn/2013/01/22/ARTI1358812244608225. shtml。

G.7

第七章*

天津

一 天津 2012 年生态文明建设状况

2012 年，天津生态文明指数（ECI）得分为 79.62 分，排名全国第 20 位。具体二级指标得分及排名情况见表 1。去除"社会发展"二级指标后，天津绿色生态文明指数（GECI）得分为 61.29 分，全国排名第 29 位。

表 1 2012 年天津生态文明建设二级指标情况

二级指标	得分	排名	等级
生态活力（满分为 41.40 分）	23.66	18	3
环境质量（满分为 34.50 分）	13.80	29	4
社会发展（满分为 20.70 分）	18.33	3	1
协调程度（满分为 41.40 分）	23.84	15	3

天津 2012 年生态文明建设的基本特点是，社会发展居全国领先水平，协调程度居于中游偏下水平，生态活力欠佳，环境质量较为落后。在生态文明建设的类型上，天津属于社会发达型（见图 1）。

2012 年天津生态文明建设三级指标数据见表 2。

具体来看，在生态活力方面，湿地面积占国土面积比重排名靠前，位于第 3 位。自然保护区的有效保护居于上游水平，位于第 12 位。森林质量、建成区绿化覆盖率和森林覆盖率水平较低，分别位于第 26 位、第 26 位和第 29 位。

在环境质量方面，水土流失率排名靠前，位于第 3 位。农药施用强度居于全国中游水平，位于第 12 位。化肥施用超标量、环境空气质量和地表水体质量三个指标排名较为靠后，分别位于第 27 位、第 27 位和第 31 位。

---

* 执笔人：邹亮，博士。

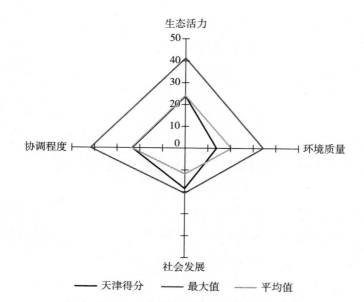

图1 2012年天津生态文明建设评价雷达图

表2 天津2012年生态文明建设评价结果

一级指标	二级指标	三级指标	指标数据	排名
生态文明 指数(ECI)	生态活力	森林覆盖率	8.24%	29
		森林质量	21.34 立方米/公顷	26
		建成区绿化覆盖率	34.88%	26
		自然保护区的有效保护	8.10%	12
		湿地面积占国土面积比重	14.95%	3
	环境质量	地表水体质量	3.80%	31
		环境空气质量	5.64	27
		水土流失率	3.43%	3
		化肥施用超标量	285.47 千克/公顷	27
		农药施用强度	7.95 千克/公顷	12
	社会发展	人均GDP	93173 元	1
		服务业产值占GDP比例	46.99%	5
		城镇化率	81.55%	3
		人均教育经费投入	3052.47 元/人	2
		每千人口医疗机构床位数	3.46 张	24
		农村改水率	97.78%	4

续表

一级指标	二级指标	三级指标	指标数据	排名
生态文明指数（ECI）	协调程度	环境污染治理投资占 GDP 比重	1.22%	20
		工业固体废物综合利用率	99.81%	1
		城市生活垃圾无害化率	99.80%	2
		COD 排放变化效应	3.89 吨/千米	27
		氨氮排放变化效应	0.59 吨/千米	25
		能源消耗变化效应	-907.55 千克标准煤/公顷	30
		二氧化硫排放变化效应	0.95 千克/公顷	6

在社会发展方面，人均 GDP（位列第 1）、人均教育经费投入（位列第 2）、城镇化率（位列第 3）、农村改水率（位列第 4）、服务业产值占 GDP 比例（位列第 5）五项指标处于全国上游水平。每千人口医疗机构床位数处于全国下游水平，位于第 24 位。

在协调程度方面，工业固体废物综合利用率（位列第 1）、城市生活垃圾无害化率（位列第 2）、二氧化硫排放变化效应（位列第 6）三项指标居于上游水平。环境污染治理投资占 GDP 比重位于全国中游偏下水平，位于第 20 位。氨氮排放变化效应、COD 排放变化效应、能源消耗变化效应三个指标分别位于第 25 位、第 27 位和第 30 位。

从年度进步情况来看，天津 2011～2012 年度的总进步指数为 -6.21%，全国排名第 31 位。具体到二级指标，生态活力的进步指数为 0.14%，居全国第 19 位。环境质量进步指数为 -11.29%，居全国第 31 位；社会发展的进步指数为 5.19%，居全国第 27 位；协调程度的进步指数为 -14.04%，居全国第 31 位。从数据可见，天津 2011～2012 年度四项二级指标进步指数都较低，全国排名靠后，特别是环境质量和协调程度进步指数为负值。

具体到三级指标来看，天津 2011～2012 年度环境质量的进步指数是负值，这主要是由于地表水体质量退步幅度较大。协调程度的进步指数也是负值，这主要是由于 COD 排放变化效应、氨氮排放变化效应、环境污染治理投资占 GDP 比重退步幅度较大。部分变化较大的三级指标见表 3。

表 3　天津 2011～2012 年部分指标变动情况

三级指标	进步率(%)
人均教育经费投入	35.79
能源消耗变化效应	-12.01
环境污染治理投资占 GDP 比重	-21.29
每千人口医疗机构床位数	-22.43
氨氮排放变化效应	-43.71
COD 排放变化效应	-44.26
地表水体质量	-45.71

二　分析与展望

总体而言，天津生态文明指数处于全国中等偏下的水平。社会发展居全国领先水平，协调程度居于中等偏下水平，生态活力和环境质量欠佳，空气质量和地表水体质量较差。从年度进步情况看，天津总进步指数较低，排名最后一位，四项二级指标的进步指数都偏低，特别是环境质量和协调程度进步指数为负值，需要加以重视。

在生态活力方面，从 2007～2012 年的五年间，天津先后实施生态市建设两个"三年行动计划"，截至 2012 年底，第二轮行动计划安排的 166 项重点工程中，已有 99 项完工，工程完成率达到 59.6%。五年间共植树造林 120 万亩，林木绿化率达到 21.8%，共新建、改造 164 个公园，并全部免费开放，新增绿化面积 1.67 亿平方米。截至 2012 年底，全市已经建成 8 个不同类型、不同级别的自然保护区，其中国家级 3 个、市级 5 个，自然保护区总面积91115.13 公顷，占全市国土总面积的 7.64%。全市共创建生态区 1 个，国家级生态镇 21 个，市级生态镇 3 个，共有 44 个镇完成环境规划的编制①。但在各省市竞相提高生态活力的形势下，天津加强生态活力的效果在全国处于中等偏下水平，2012 年生态活力的进步指数居全国第 19 位。今后应加大植树造林

---

① 《2013 年天津市人民政府工作报告》，《天津日报》2013 年 2 月 6 日。

规模，建设一批郊野公园，全面提升外环线绿化带，提高建成区绿化覆盖率，实现对七里海、大黄堡、北大港、团泊洼等湿地的保护和修复。

在环境质量方面，天津排名靠后，环境质量的进步指数也为负值。在空气质量方面，2012 年环境空气质量达到或优于二级天气良好水平的天数为 305 天，占总监测天数的 83.3%，其中一级 46 天，三级及以上 61 天，可吸入颗粒物为影响环境空气质量的首要污染物。在水质方面，地表水国控断面中，Ⅰ～Ⅲ类水质断面占 50.0%，劣Ⅴ类占 20.0%，主要污染指标为化学需氧量、总磷和氨氮，断面超标率均为 50.0%[①]。全市国控河流断面功能区水质达标率在 2011 年为 83.3%，而 2012 年下降至 80.0%，近岸海域功能区水质达标率较 2011 年也有所下降。水体质量下降的主要原因，一方面是城镇中污水处理厂的处理能力不足，排水管网也不够完善，污水处理率不足 90%，明显低于北京、上海等城市的水平；另一方面，农村中化肥施用强度远远高于全国平均水平，导致面源污染比较严重。今后应抓紧在城镇中建设污水处理厂和排水管网，在农村中降低化肥施用强度，使主要河流水系尽快实现水清岸绿。

在社会发展方面，天津持续处于全国领先水平。2012 年，天津生产总值 12885 亿元，是 2007 年的 2.5 倍，年均增长 16.1%；地方财政收入 1760 亿元，是 2007 年的 3.3 倍，年均增长 26.7%；城乡居民收入年均分别增长 12.6% 和 12.1%，价格总水平保持基本稳定。连续实施 20 项民心工程，把 70% 以上的财政资金用于民生领域，群众生活明显改善。完成 1206 所义务教育学校、特殊教育学校现代化标准建设和中小学校舍安全加固工程。公立医院改革稳步推进。免费向城乡居民提供 18 项基本公共卫生服务，重大传染病发病率处于国内最低水平。率先建立统筹城乡的基本养老和基本医疗保险制度，实现社会保险制度全覆盖。养老保险参保人数明显增加，医疗保险参保率超过 95%。今后应继续改善人民生活，使城镇化率达到 90%，在统筹城乡发展方面走到全国前列。

在协调程度方面，2012 年天津市圆满完成了节能减排任务。化学需氧量排放量为 22.95 万吨，比 2011 年下降 2.68%；氨氮排放量为 2.55 万吨，比

---

① 《2012 年天津市环境状况公报》，天津市环境保护局网站，2013 年 6 月 5 日。

2011 年下降 3.29%；二氧化硫排放量为 22.45 万吨，比 2011 年下降 2.80%；氮氧化物排放量为 33.42 万吨，比 2011 年下降 6.87%。在多个部门的通力合作下，天津市城乡建设和交通委员会完成燃煤供热锅炉房改燃改造 18 座，并网 2 座，替代燃煤 11 万吨/年。市环保局完成 8000 余辆"黄标车"补贴、拆解申请的联审，发放补贴 7000 余万元。2012 年，新建张贵庄、北塘等 9 座污水处理厂，全市通过环保验收的城镇和工业园区污水处理厂共 45 座，设计处理能力 256 万吨/日，城镇污水集中处理率达到 88%。但在各省市着力节能减排的形势下，天津改善协调程度的努力结果在全国排名靠后，协调程度的进步指数居全国第 31 位。主要原因是天津经济发展迅速，环境污染治理未能同步，治理资金投入比重有所下降。2012 年全市用于城市环境基础设施建设、工业污染源治理、新建改建扩建项目"三同时"环保设施建设、环境管理能力建设等环境保护投入 325.24 亿元，占 GDP 比重为 1.22%，而 2011 年该比重是 1.55%。今后应更加重视环境保护工作，加大环保投入的力度，提高环境污染治理投资比重。

一 河北2012年生态文明建设状况

2012年，河北生态文明指数（ECI）得分为65.85分，排名全国第31位。具体二级指标得分及排名情况见表1。去除"社会发展"二级指标后，河北绿色生态文明指数（GECI）得分为55.71分，排名全国第31位。

表1 2012年河北生态文明建设二级指标情况汇总

二级指标	得分	排名	等级
生态活力（满分为41.40分）	19.71	30	4
环境质量（满分为34.50分）	13.42	30	4
社会发展（满分为20.70分）	10.13	25	3
协调程度（满分为41.40分）	22.58	22	3

总体而言，河北在生态活力、环境质量、社会发展和协调程度四方面均居全国下游水平。生态文明建设的类型属于低度均衡型（见图1）。

2012年河北生态文明建设三级指标数据见表2。

具体来看，在生态活力方面，建成区绿化覆盖率排名第9位，位于全国上游水平。森林覆盖率、湿地面积占国土面积比重位于中游水平。森林质量、自然保护区的有效保护位于下游水平。整体来看，生态活力位于全国下游水平。

在环境质量方面，化肥施用超标量和农药施用强度分别排名第17位和第16位，位于全国中游水平。水土流失率、地表水体质量和环境空气质量均位于全国下游水平，尤其是环境空气质量位于全国末位，拉低了环境质量的整体排名。

---

* 执笔人：展洪德，博士，硕士生导师。

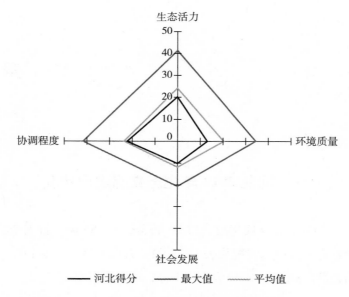

图 1　2012 年河北生态文明建设评价雷达图

表 2　河北 2012 年生态文明建设评价结果

一级指标	二级指标	三级指标	指标数据	排名
生态文明 指数（ECI）	生态活力	森林覆盖率	22.29%	19
		森林质量	20.02 立方米/公顷	27
		建成区绿化覆盖率	40.98%	9
		自然保护区的有效保护	3.60%	29
		湿地面积占国土面积比重	5.82%	12
	环境质量	地表水体质量	50.40%	21
		环境空气质量	8.72	31
		水土流失率	32.27%	21
		化肥施用超标量	150.01 千克/公顷	17
		农药施用强度	9.66 千克/公顷	16
	社会发展	人均 GDP	36584 元	15
		服务业产值占 GDP 比例	35.31%	24
		城镇化率	46.80%	21
		人均教育经费投入	1166.75 元/人	31
		每千人口医疗机构床位数	3.61 张	22
		农村改水率	85.78%	11

续表

一级指标	二级指标	三级指标	指标数据	排名
生态文明 指数(ECI)	协调程度	环境污染治理投资占 GDP 比重	1.83%	10
		工业固体废物综合利用率	38.09%	30
		城市生活垃圾无害化率	81.40%	22
		COD 排放变化效应	9.80 吨/千米	17
		氨氮排放变化效应	0.88 吨/千米	17
		能源消耗变化效应	−45.77 千克标准煤/公顷	9
		二氧化硫排放变化效应	0.43 千克/公顷	17

在社会发展方面，除农村改水率和人均 GDP 位于全国中游水平，其余 4 项三级指标均位于全国下游水平，其中人均教育经费投入位于全国末位。整体而言，社会发展位于全国下游水平。

在协调程度方面，能源消耗变化效应和环境污染治理投资占 GDP 比重分别排名第 9 位和第 10 位，位于全国上游水平。二氧化硫排放变化效应、COD 排放变化效应、氨氮排放变化效应均位于全国中下游水平。城市生活垃圾无害化率和工业固体废物综合利用率居全国下游水平，其中，工业固体废物综合利用率居全国倒数第二位。

从年度进步指数来看，河北 2011～2012 年度生态文明建设总进步指数为 1.72%，位于全国进步指数排行榜第 23 位。

生态活力进步指数为 4.88%，排名全国第 2 位。这主要得益于自然保护区的有效保护面积的增加。虽然只增加了 0.55 个百分点，但由于基数较大，而且其他省份相应指标值基本没有变化，微量变化足以导致排名的飞跃。

环境质量进步指数为 −1.77%，排名全国第 23 位，这主要源于地表水体质量、农药施用强度、化肥施用超标量进步率均为负值。

社会发展进步指数为 6.42%，位于全国第 25 位。其中人均 GDP、人均教育经费投入有较大增长，但相比其他省份增长幅度并不算高，导致社会发展进步指数排名靠后。

协调程度进步指数为 −0.89%，位于全国第 23 位，这主要是因为环境污染治理投资占 GDP 比重、工业固体废物综合利用率、能源消耗变化效应进步

指数均为负值。

部分变化较大的三级指标进步率见表3。

表3　河北 2011~2012 年部分指标变动情况

三级指标	进步率(%)
自然保护区的有效保护	18.36
地表水体质量	− 4.91
农药施用强度	− 2.06
化肥施用超标量	− 1.39
人均 GDP	7.70
人均教育经费投入	16.69
环境污染治理投资占 GDP 比重	− 27.95
工业固体废物综合利用率	− 8.27
能源消耗变化效应	− 2.14

二　分析与展望

近年来，河北生态文明建设不断发展，大部分三级指标都有进步，说明河北生态文明建设在持续向好。但是，相对于其他省份，河北生态文明建设步伐还比较缓慢，生态文明指数排名不佳，尤其是环境空气质量、人均教育经费投入、工业固体废物综合利用率排名垫底，生态文明建设仍任重而道远。

在生态活力方面，河北排名第30位。观察三级指标可见，造成生态活力排名靠后的原因主要是森林质量和自然保护区的有效保护两项指标排名不佳。如果说森林覆盖率体现的是绿化面积、追求的是绿化数量，森林质量则体现的是绿化品质、林分质量。河北森林覆盖率（22.29%）虽高于全国平均值（20.36%），但森林质量较差，仅有20.02立方米/公顷（全国平均70.20立方米/公顷）。因此，河北应当扭转"重造林，轻管理"的观念，在实施京津风沙源治理、退耕还林、三北防护林、太行山绿化、沿海防护林等重点林业生态工程时，不但要扩大绿化面积，更应当提高林分质量，做到质与量的同步增长。尤其是三北地区（西北、华北和东北），过去营造的防护林目前已进入成熟或过熟期，林分质量呈下降趋势，应当及时更新、抚育，提高生态活力、增加森林蓄积量。2013 年，河北出台了《河北省林地保护利用规划（2010～2020年)》，可以预见，随着这一规划的实施，河北林地利用效益将会得到有效改善。河北自然保护区的有效保护排名全国倒数第三，对生态活力排名影响也较大。不过，河北 2012 年自然保护区的有效保护指数较上年增加了 0.55 个百分点，是本年度全国为数不多的指数上升省份之一。正是这一变化，大大提升了河北生态活力的进步指数，由上年度排名第 26 位跃升到第 2 位。可见，河北在自然保护区的有效保护方面已经初见成效，不利局面的扭转指日可待。

在环境质量方面，河北大气污染比较严重，环境空气质量全国排名第 31位。《2012 年河北省环境状况公报》显示，河北 11 个设区市中，可吸入颗粒物除张家口、承德、秦皇岛 3 个市达标外，石家庄、邯郸、唐山、衡水、保定、邢台、沧州和廊坊 8 市均超标。河北在治理大气污染方面应当积极推动建立区域联防联控机制，减少工业燃煤排放，鼓励并推进工业清洁能源利用，控制大中城市机动车保有量，减少施工扬尘，将 PM2.5 治理作为今后一个时期大气污染防控的重要任务。2012 年，河北省委省政府印发了《关于实施环境治理攻坚行动的意见》《河北省大气污染防治行动计划实施方案》《关于加强 PM2.5 监测防治工作的通知》，组织编制了《河北省大气污染防治"十二五"规划》。相信随着上述措施的实施，河北的大气质量将会得到明显提升。水体污染严重也是影响河北环境质量的重要因素。《2012 年河北省环境状况公报》显示，2012 年河北七大水系水质总体为中度污染，其中漳卫南运河水系、子牙河水系和黑龙港运东水系为重度污染。针对上述水体污染问题，河北应当加快推进重点区域污水处理设施建设，严格环境行政执法，加大工业非法排污监督、处罚力度。随着《河北省海河流域水污染防治规划（2011～2015 年)》和《关于加快推进浃河综合整治的实施意见》等治理措施的实施，河北水体环境将会得到有效改善。

在社会发展方面，河北在教育投入方面有待加大力度。2012 年，人均教育经费投入仅 1166.75 元，是全国最少的省份，与排名全国第 6 位的 GDP 总量相比，比例明显失调①。因此，河北应当进一步加大地方财政对教育的投

---

① 中华人民共和国国家统计局网站，http：//data. stats. gov. cn/workspace/index？m = fsnd。

入，保证地方各级政府财政性教育经费预算稳定增长，同时拓宽财政性教育经费来源渠道，提高财政性教育经费占 GDP 比重。河北服务业产值占 GDP 比例（35.31%）低于全国平均水平（44.59%）近 10 个百分点，说明产业结构仍不合理，农业和工业在国民经济中仍占据较大比重，尤其是钢铁等传统行业至今仍是其支柱产业，资源偏重型结构尚未得到根本改变。因此，河北应当继续推进产业结构调整。把改造老的、发展新的、培育好的作为产业转型升级的主攻方向，提升产业整体素质。

在协调程度方面，河北比较重视环境污染治理投入，近年来环境污染治理投资占 GDP 比例一直位于全国前列。但是，从环境质量的三级指标数据来看，环境治理效果并不理想。因此，河北应当改变目前环境治理"高投入、低产出"的局面，制定合理的污染治理投资规划，提高治污资金使用效率，并加强对治污投资使用的监管力度。在当前能源消费总量持续增长的大背景下，能源消耗变化效应排名全国第 9 位实属不易，说明河北在协调能源消耗与大气质量关系方面有一定成效。与之相比，COD 排放变化效应和氨氮排放变化效应均位于全国中下游水平，说明其在处理污水排放与水体质量关系方面尚不尽如人意，河北七大水系水质总体均呈中度污染状态。所以，河北在控制污水排放与水体环境容量方面还应继续努力。工业固体废物综合利用率和城市生活垃圾无害化率排位显示，河北循环经济的发展水平仍处于较低层次，废物综合利用水平较低，尚未形成相关产业间物质、能量循环利用的生态产业体系。因此，河北应继续坚持可持续发展理念，根据本省资源与产业特点，构建具有地方特色的循环经济发展模式。应当指出的是，《2013 年河北省人民政府工作报告》已将"大力发展循环经济和节能环保产业，推进资源能源在生产、流通、消费等各环节的循环利用，加快构建消耗低、污染少的现代产业体系"列为年度的重点工作之一。不难预见，河北在循环经济发展方面将会大有起色。

G.9

第九章 *

山西

一 山西 2012 年生态文明建设状况

2012 年，山西生态文明指数（ECI）得分为 76.66 分，全国排名第 24 位。去除"社会发展"二级指标后，山西绿色生态文明指数（GECI）得分为 65.23 分，全国排名第 21 位。各项二级指标得分及排名情况见表 1。

表 1 2012 年山西生态文明建设二级指标情况

二级指标	得分	排名	等级
生态活力（满分为 41.40 分）	23.66	18	3
环境质量（满分为 34.50 分）	16.48	27	3
社会发展（满分为 20.70 分）	11.43	21	3
协调程度（满分为 41.40 分）	25.09	10	2

2012 年度，山西生态文明建设属于相对均衡型（见图 1）。生态活力居于全国中游水平，社会发展和环境质量排名欠佳，以上三个指标均处于第三等级。本年度协调程度表现良好，排名第 10 位，位于第二等级。

2012 年山西生态文明建设三级指标数据见表 2。

具体而言，在生态活力方面，建成区绿化覆盖率虽然较上年提高了 0.31 个百分点，但全国排名退后了 1 位。自然保护区的有效保护较上年降低了 0.02 个百分点，排名也降低 1 位。森林覆盖率、湿地面积占国土面积比重两项指标保持稳定，数值和排名均未发生明显变化。

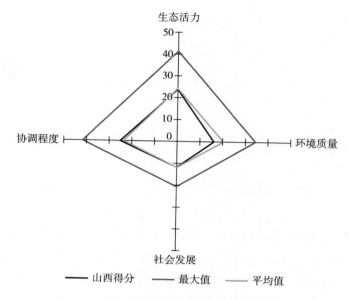

图1　2012年山西生态文明建设评价雷达图

表2　山西2012年生态文明建设评价结果

一级指标	二级指标	三级指标	指标数据	排名
生态文明指数（ECI）	生态活力	森林覆盖率	14.12%	23
		森林质量	34.57 立方米/公顷	21
		建成区绿化覆盖率	38.60%	17
		自然保护区的有效保护	7.40%	16
		湿地面积占国土面积比重	3.19%	22
	环境质量	地表水体质量	29.10%	28
		环境空气质量	5.22	25
		水土流失率	59.47%	26
		化肥施用超标量	85.60 千克/公顷	13
		农药施用强度	7.83 千克/公顷	11
	社会发展	人均GDP	33628 元	19
		服务业产值占GDP比例	38.66%	18
		城镇化率	51.26%	16
		人均教育经费投入	1529.34 元/人	18
		每千人口医疗机构床位数	4.26 张	8
		农村改水率	79.65%	15

一级指标	二级指标	三级指标	指标数据	排名
生态文明指数（ECI）	协调程度	环境污染治理投资占 GDP 比重	2.71%	4
		工业固体废物综合利用率	69.70%	14
		城市生活垃圾无害化率	80.30%	23
		COD 排放变化效应	9.43 吨/千米	18
		氨氮排放变化效应	1.59 吨/千米	13
		能源消耗变化效应	−124.81 千克标准煤/公顷	20
		二氧化硫排放变化效应	1.19 千克/公顷	3

在环境质量方面，地表水体质量有所改善，进步率达到了 43.35%，名次也上升了 1 位；环境空气质量和水土流失率变化不大，此三项数据分别排在第 28、25、26 名。农药施用强度和化肥施用超标量两项指标较上年也有所退步，排名退后了 2 位。山西在全国范围内属于环境质量较差的省份之一。

在社会发展方面，人均 GDP 在数据上虽然较上一年度提高了 7.24 个百分点，但是全国排名却退后了 1 位；服务业产值占 GDP 比例和城镇化率有所上升，但进步幅度较小，排名分别上升了 2 位和 1 位；人均教育经费投入有所增加，但全国排名下降了 1 位；每千人口医疗机构床位数全国排名第 8 位，说明上一年度医疗基础建设方面的投入初现成效；农村改水率排名保持不变。

在协调程度方面，环境污染治理投资占 GDP 比重和工业固体废物综合利用率两个指标表现出色，前者较上一年提高了 22.62%，全国排名上升 2 位至第 4 位，后者较上一年提高了 21.39%，名次上升了 6 位至第 14 位。城市生活垃圾无害化率上升了 2.8 个百分点，但名次下降了 2 位；二氧化硫排放变化效应在全国排名第 3 位，较上一年进步最为明显；COD 排放变化效应和能源消耗变化效应保持全国中下游水平，分别居第 18 位和第 20 位；氨氮排放变化效应保持稳定。

从年度进步情况来看，山西 2011～2012 年度的 ECI 进步指数为 9.0%，全国排名第 2 位。其中，环境质量和协调程度进步指数较高，全国排名靠前，而生态活力和社会发展进步指数则排名欠佳。具体到二级指标，生态活力进步指数为 0.19%，居全国第 16 位。环境质量进步指数为 10.43%，居全国第 2 位；社会发展进步指数为 8.31%，居全国第 21 位；协调程度进步指数为

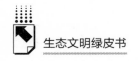

16.97%，居全国第 3 位。

具体到三级指标，山西 2011～2012 年度环境质量和协调程度方面有了较大提高，这主要得益于地表水体质量、环境污染治理投资占 GDP 比重、工业固体废物综合利用率、COD 排放变化效应、氨氮排放变化效应、二氧化硫排放变化效应等指标都出现了较大的进步。而生态活力与社会发展进步指数变化幅度较小，主要在于能源性省份自然环境和社会发展之间的张力较大。部分变化较大的三级指标见表 3。

表 3　山西 2011～2012 年部分指标变动情况

三级指标	进步率(%)
环境污染治理投资占 GDP 比重	22.62
地表水体质量	43.35
工业固体废物综合利用率	21.39
COD 排放变化效应	49.30
氨氮排放变化效应	50.92
二氧化硫排放变化效应	12.75

二　分析与展望

作为一个典型的资源输出型省份，山西 2012 年 ECI 综合指数得分仍旧较低，全国排名也较为靠后。其中，生态活力、环境质量、社会发展三项二级指标都处于第三等级，存在较大的提升空间。协调程度方面，得益于近年来环境污染治理和工业废弃物排放等方面的有效措施，在 2012 年度表现较为出色，处于第二等级。鉴于以煤炭为基础的支柱产业将长期存在，山西应当从自身出发，加快调整产业结构，改造提升传统产业技术，尽力减少资源开发给环境带来的沉重负担，同时推进节能减排和生态建设，积极发展风能、太阳能、生物质能等新能源产业。

从生态活力角度看，山西属于生态脆弱区，森林覆盖率和湿地面积占国土面积比重这两个指标都处于较低水平。因此，现阶段面临两个较为严峻的任务，其一为遏制和扭转生态环境恶化的趋势，其二为逐步增加森林覆盖率和森林蓄积量，向生态良好区积极转变。为此，山西发布了《山西省林业生态建设总体规划纲要（2011～2020年）》，计划通过林业生态县建设，提高区域森林面积和建成区绿化覆盖率，来促进生态活力的整体提高。与此同时，还应重视对于省域内野生动植物和湿地面积的恢复和保护，加大政府投入和补贴，对于生态保护区周边的工业开发和产业设置进行宏观布局和严格限制。

从环境质量的监测与治理方面看，由于山西近年来对于地表水治理措施的推进，该省地表水质量有所改善，但是仍旧排在全国靠后位置，说明水体污染的治理任务还相当繁重。针对这一现状，山西发布了《关于实行最严格水资源管理制度的实施意见》，充分认识到了目前水资源先天不足、时空分布不均、水污染严重等问题，并提出了有针对性的改进措施。今后的工作重点在于加强工业水污染防治和城镇污水处理，关停重污染企业，改造拆除小锅炉，降低主要污染物排放，加大水污染治理力度，减少水土流失。

在社会发展层面，山西应有效提高城镇化率的水平，追加教育经费投入也是提升山西社会发展各项指标的重要举措。2012年山西省政府工作报告显示，由于对服务业的有效推进，服务业产值占GDP比重有所回升，排名也有所进步，但是人均GDP的提升并不显著。可见在重视发展工业、农业、服务业的同时，着力提高城乡居民收入、缩短收入差距、全面加强社会保障、改善教育和医疗条件、增强县域经济范畴的社会服务能力，对于居民素质的整体提高和社会协调性的改善都有重要意义。

在协调程度方面，山西省政府做了大量努力和细致工作，发布《山西省落实大气污染防治行动计划实施方案》，全面淘汰燃煤小锅炉，加快热力和燃气管网建设，大幅度削减二氧化硫、氮氧化物、烟粉尘、挥发性有机物排放总量。同时制定《山西省重点区域大气污染防治"十二五"规划》，加快污染治理设施建设与改造，确保排放达标。由于以上措施的有效推进，2012年山西二氧化硫排放变化效应全国排名跃升至第3位，这对于以煤炭输出为主的资源型省份殊为不易。同样得到提高的是工业固体废物综合利用率，可见在产业升级和环保再生产方面，山西给予了高度的重视。在此基础上，还应做好煤炭、焦化、冶金等行业节能工作，全面推进采空区、沉陷区、煤矸石山的生态环境治理和修复，重视中小河流治理，启动水源地生态保护工程，完善生态补偿机

制。对于城市生活垃圾的处理，和其他省市相比，山西的相关工作还大有可为，着眼点可放在提高居民的环保意识，加强基层单位的生活垃圾回收宣传和监督工作，结合本省实际，开发生活垃圾的再利用技术和渠道。

随着各项生态保护和恢复相关措施的有效推进，山西2012年的生态建设取得了较为显著的成果。因此，保持现有成绩，加大监管力度，应当作为下一阶段的工作重点之一。要避免走"边治理、边污染"的老路，防止重污染现象死灰复燃。建设完善的全省环境质量监测网络，加大环保执法力度，严厉打击环境违法行为。对偷排偷放、屡查屡犯的违法企业，要依法停产关闭，并向社会公开，确保环境质量改善的目标如期实现。

综上所述，2012年山西生态文明建设的各项指标虽然基础相对较差，但是发展趋势良好，下一阶段的生态文明工作重点应当放在保持现有成绩，寻求多元化措施，加大监管力度，发挥政策引导和舆论监督作用，同时提高社会保障和教育投入，提高群众的环境意识和生态保护参与度，实现生态区域优化的良性互动。

第十章*

内蒙古

一 内蒙古 2012 年生态文明建设状况

2012 年，内蒙古生态文明指数（ECI）综合得分为 84.38 分，全国排名第 14 位。去除"社会发展"指标，绿色生态文明指数（GECI）得分 69.50 分，全国排名第 16 位。2012 年内蒙古各项二级指标的得分、排名和等级情况见表 1。

表 1 2012 年内蒙古生态文明建设二级指标情况汇总

二级指标	得分	排名	等级
生态活力（满分为 41.40 分）	25.63	12	2
环境质量（满分为 34.50 分）	18.78	19	3
社会发展（满分为 20.70 分）	14.88	9	2
协调程度（满分为 41.40 分）	25.09	10	2

内蒙古的生态活力、协调程度、社会发展均居于全国中上游水平，环境质量居全国中下游水平。内蒙古的社会发展和协调程度排名虽属第二等级，但与第一等级相差不大。环境质量属于第三等级。内蒙古 2012 年的生态文明建设类型为社会发达型（见图 1）。

从各项三级指标来看（见表 2），在所有正指标中，内蒙古 2012 年排名前 10 位的有 7 个指标，排名后 10 位的有 8 个指标。在环境质量的逆指标中，有 2 个指标排在前 10 名，有 1 个指标排在后 10 名，体现了内蒙古环境质量发展

---

* 执笔人：高兴武，博士，硕士生导师。

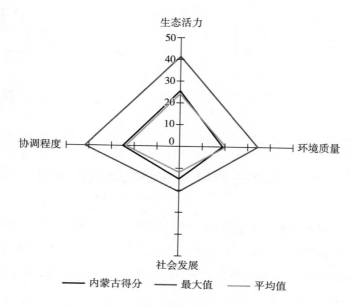

图1 2012年内蒙古生态文明建设评价雷达图

不平衡的特征。从社会发展与生态活力及环境质量指标的对比来看，反映社会发展的人均GDP、城镇化率、人均教育经费投入、每千人口医疗机构床位数等指标排名都相对靠前，而反映生态活力和环境质量的森林覆盖率、建成区绿化覆盖率、地表水体质量、水土流失率等指标排名都相对靠后，说明内蒙古经济社会发展与生态及环境的矛盾依然突出，经济发展方式尚未转变，依然是一种粗放式的经济增长方式（协调程度的主要指标值偏低也说明了这一点）。尤其是水土流失和水污染比较严重，反映在指标上就是水土流失率居高不下（第30位），地表水体质量（第23位）不高，从而拉低了内蒙古的绿色生态文明指数（GECI）。从社会发展本身来看，人均GDP排名全国第5名，城镇化率排名全国第9名，而服务业产值占GDP比例却排在全国第22名，这说明内蒙古的经济发展结构尚不够优化。从协调程度来看，环境污染治理投资占GDP比重排名第2位，但工业固体废物综合利用率并不高，COD排放变化效应、氨氮排放变化效应、二氧化硫排放变化效应排名不佳，说明目前治理生态环境的正效应依然落后于生态环境破坏的负效应。

表2 2012年内蒙古生态文明建设评价结果

一级指标	二级指标	三级指标	指标数据	排名
生态文明指数（ECI）	生态活力	森林覆盖率	20.00%	21
		森林质量	49.75 立方米/公顷	7
		建成区绿化覆盖率	36.17%	23
		自然保护区的有效保护	11.60%	9
		湿地面积占国土面积比重	3.66%	20
	环境质量	地表水体质量	47.80%	23
		环境空气质量	4.47	17
		水土流失率	67.20%	30
		化肥施用超标量	39.24 千克/公顷	8
		农药施用强度	4.18 千克/公顷	7
	社会发展	人均GDP	63886 元	5
		服务业产值占GDP比例	35.46%	22
		城镇化率	57.74%	9
		人均教育经费投入	2030.86 元/人	9
		每千人口医疗机构床位数	4.01 张	14
		农村改水率	65.26%	24
	协调程度	环境污染治理投资占GDP比重	2.80%	2
		工业固体废物综合利用率	45.10%	28
		城市生活垃圾无害化率	91.20%	12
		COD排放变化效应	8.73 吨/千米	20
		氨氮排放变化效应	0.30 吨/千米	28
		能源消耗变化效应	-20.49 千克标准煤/公顷	2
		二氧化硫排放变化效应	0.05 千克/公顷	26

内蒙古2011～2012年度生态文明总进步指数为3.41%，排名第13位。四项二级指标中，社会发展和协调程度的进步明显，环境质量有所退步（见表3）。

表3 内蒙古2011～2012年度生态文明建设进步指数

	生态文明	生态活力	环境质量	社会发展	协调程度
进步指数（%）	3.41	0.63	-5.52	8.47	11.11
全国排名	13	9	29	20	7

从三级指标分析，生态活力的进步主要得益于建成区绿化覆盖率的提高，协调程度的进步主要得益于城市生活垃圾无害化率、COD 排放变化效应、氨氮排放变化效应的提高。环境质量的退步主要是由于地表水体质量、农药施用强度、化肥施用超标量进步率均为负值（见表4）。

表4　内蒙古 2011～2012 年部分指标变动情况

三级指标	进步率(%)
建成区绿化覆盖率	6.10
地表水体质量	−8.43
农药施用强度	−17.71
化肥施用超标量	−6.83
COD 排放变化效应	68.12
氨氮排放变化效应	65.42

二　分析与展望

2012 年内蒙古生态文明建设水平持续提高，尤其是生态活力和协调程度上升较快。但经济发展对环境的压力也在逐年增大。从三级指标的数据和进步指数来看，内蒙古生态活力和环境质量的进步缓慢，有些指标如水土流失率居高不下，环境空气质量也在下降，传统经济增长方式还未转变，经济发展方式转型的任务还很艰巨。因此，转变发展方式，推动产业结构的优化升级是内蒙古生态文明建设的关键。

生态保护方面，内蒙古应坚持稳中求进的原则，抓住机遇，保持优势和转化劣势。内蒙古有我国北方防沙森林带，构成我国北方重要的生态安全屏障，其生态建设水平和质量关系着整个北方的生态安全。《全国主体功能区规划》提出，"北方防沙带，要重点加强防护林建设、草原保护和防风固沙，对暂不具备治理条件的沙化土地实行封禁保护，发挥'三北'地区生态安全屏障的作用"[①]。近年来，内蒙古的生态建设保持了相对稳定的增长态势，但下行的

---

① 《全国主体功能区规划》，中国政府网，2011 年 8 月 8 日。

影响因素依然存在。从反映生态活力的指标来看，森林覆盖率、湿地面积占国土面积比重处于稳定状态，并且森林质量得到了保持；建成区绿化覆盖率在提高，但进步不大，自然保护区的有效保护还略有下降。从内蒙古建成区绿化覆盖率低水平的现状看，随着内蒙古推动城镇化和牧民集中定居，城市或居住区对生态的压力越来越大。未来除了要加大绿化或生态重建投入外，关键是要在城镇化过程中把生态保护和尽量少破坏周边生态作为优先考虑因素。创新退耕还林、退牧还草、轮牧等保护方式，逐步提高森林或草原覆盖率和自然保护区的有效保护水平。内蒙古传统的生产方式以牧业为主，规模化、现代化牧业的推进一方面带来内蒙古经济社会发展的快速进步，另一方面也带来了生态压力的增大，草原过度利用，草原生态系统生产力在逐年下降。因此，要研究制定利用草原利用的新对策，把草原利用率控制在合理范围之内，从根本上解决过牧超载和草原生态保护的问题。在政策和制度设计上，要尊重牧民的草场承包权益和承认草场的生态价值，让牧民积极主动创造性地维护、保持和提升草场的生态生产力。这就要求创新设计生态建设的相关制度，如税费制度、基金制度、生态补偿制度（区级和代际补偿制度）。生态建设也要与新型城镇化、新牧区建设统筹考虑，要充分利用内蒙古地域空间大、产业选择多的优势，支持生态脆弱区或生产条件差的人口转移到生态承载能力强、生产生活条件较好的地区就业和生活。针对内蒙古水土流失严重的问题，还需要制定专门的防治水土流失的政策和制度，对水土流失严重的地区，要综合治理和专项治理相结合，持续治理和集中治理相结合，遏制其恶化发展的态势。

环境治理方面，内蒙古要坚持统筹规划、综合治理的原则，把预防与治理、加大投入与提高效率结合起来。近年来，内蒙古随着工业化和城镇化的快速发展，工业生产对环境的压力也愈来愈大，虽然政府也加大了治理环境污染的投入，但环境空气质量、地表水体质量仍在逐年下降。其主要原因，一是环境污染速度超过了环境治理的速度，如农药施用强度在逐年升高；二是环境治理的效率不高，如内蒙古环境污染治理投资占 GDP 比重排名第 2 位，但工业固体废物综合利用率并不高，COD 排放变化效应、氨氮排放变化效应、二氧化硫排放变化效应排名不佳；三是防与治的脱节，污染与治理的责任分离。针对这些问题，要从内蒙古实际出发贯彻落实环境与发展的综合决策，制定生态

文明建设管理的实施细则，把环境治理责任细化落实到工业生产的全过程和各个方面，充分发挥环境和资源立法在环境治理中的作用。完善节约资源、保护环境指标考核体系与领导政绩综合考核体系。倡导公众参与环保，建立环保公益诉讼制度；建立健全生态效益监测和风险评估体系。要禁止过度开垦、不适当樵采和超载过牧，退牧还草，防止草场退化沙化。加强退牧还草和草原封育，在降低人口密度的基础上，尽快恢复植被。

经济社会发展方面，要走资源节约型、环境友好型和生态改善型经济发展之路，把经济建设与生态环境资源承载力统一起来。内蒙古当前的粗放经济发展模式与内蒙古脆弱的生态环境实际是矛盾的。从产业结构来看，内蒙古三大产业结构不合理，第三产业在国民经济中所占比重小，第三产业对经济增长的贡献率为28.7%，一、二、三次产业比例为9.1∶56.5∶34.4①。因此，要优化产业结构，首先，要大力发展生态有机农牧业，减少农牧业对化肥农药的依赖，逐步转向绿色生态低碳的有机农牧业。其次，要大力发展以农副产品为原料的轻加工业和高附加值的消费品工业。要合理开发利用能源和矿产资源，将资源优势转化为经济优势。要充分利用内蒙古日照风能充足的优势，大力发展太阳能、风能产业，改善能源结构，提高能源使用效率。最后，大力发展第三产业，增强产业配套能力，尤其是农牧业上、中、下游的服务性产业，力争走出一条中国特色的农牧业发展道路。内蒙古的呼和浩特、包头、鄂尔多斯是国家重点开发区域，是全国重要的能源和煤化工基地、农畜产品加工基地和稀土新材料产业基地，是北方地区重要的冶金和装备制造业基地。这些地区要在优化产业结构、降低能耗和保护生态环境的基础上实现经济社会可持续发展。要推进经济发展方式转型，克服高投入、高能耗、高污染的粗放式经济增长方式。要加快推进城镇化，壮大中心城市的综合实力，发挥其带动周边发展的辐射效应。

---

① 《内蒙古自治区2012年国民经济和社会发展统计公报》。

G.11

第十一章*

辽宁

一 辽宁 2012 年生态文明建设状况

2012 年，辽宁生态文明指数（ECI）得分为 90.64 分，排名全国第 4 位。具体二级指标得分及排名情况见表 1。去除"社会发展"二级指标后，辽宁绿色生态文明指数（GECI）得分为 75.55 分，全国排名第 8 位。

表 1　2012 年辽宁生态文明建设二级指标情况

二级指标	得分	排名	等级
生态活力（满分为 41.40 分）	30.56	3	1
环境质量（满分为 34.50 分）	18.02	21	3
社会发展（满分为 20.70 分）	15.09	7	2
协调程度（满分为 41.40 分）	26.97	5	1

辽宁 2012 年生态文明建设的基本特点是，生态活力居全国领先水平，社会发展居于上游水平，环境质量欠佳，协调程度总体良好。在生态文明建设的类型上，辽宁属于生态优势型（见图 1）。

2012 年辽宁生态文明建设三级指标数据见表 2。

具体来看，在生态活力方面，湿地面积占国土面积比重和自然保护区的有效保护两个指标全国排名靠前，均位于第 7 位。建成区绿化覆盖率、森林覆盖率、森林质量居于全国中游水平。

在环境质量方面，化肥施用超标量居于全国中游水平。农药施用强度较

---

* 执笔人：田浩，博士，硕士生导师。

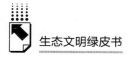

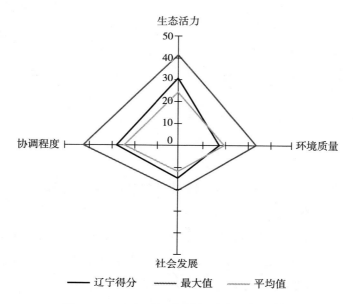

图 1   2012 年辽宁生态文明建设评价雷达图

表 2   辽宁 2012 年生态文明建设评价结果

一级指标	二级指标	三级指标	指标数据	排名
生态文明指数（ECI）	生态活力	森林覆盖率	35.13%	12
		森林质量	39.51 立方米/公顷	14
		建成区绿化覆盖率	40.17%	11
		自然保护区的有效保护	12.40%	7
		湿地面积占国土面积比重	8.37%	7
	环境质量	地表水体质量	49.10%	22
		环境空气质量	5.09	24
		水土流失率	30.98%	20
		化肥施用超标量	123.89 千克/公顷	15
		农药施用强度	14.03 千克/公顷	21
	社会发展	人均 GDP	56649 元	7
		服务业产值占 GDP 比例	38.07%	19
		城镇化率	65.65%	5
		人均教育经费投入	1781.75 元/人	14
		每千人口医疗机构床位数	4.88 张	2
		农村改水率	73.34%	17

一级指标	二级指标	三级指标	指标数据	排名
生态文明指数（ECI）	协调程度	环境污染治理投资占 GDP 比重	2.75%	3
		工业固体废物综合利用率	43.48%	29
		城市生活垃圾无害化率	87.20%	18
		COD 排放变化效应	30.50 吨/千米	8
		氨氮排放变化效应	2.93 吨/千米	11
		能源消耗变化效应	−108.01 千克标准煤/公顷	17
		二氧化硫排放变化效应	0.90 千克/公顷	7

高，地表水体质量和环境空气质量较差，三个指标均居于全国中下游水平。

在社会发展方面，每千人口医疗机构床位数（位列第 2）、城镇化率（位列第 5）、人均 GDP（位列第 7）三项指标处于全国上游水平。人均教育经费投入、农村改水率居于全国中游水平。服务业产值占 GDP 比例较低，处于全国中下游水平。

在协调程度方面，环境污染治理投资占 GDP 比重、二氧化硫排放变化效应、COD 排放变化效应居于全国上游水平。能源消耗变化效应、城市生活垃圾无害化率处于全国中游偏下水平。工业固体废物综合利用率较低，全国排名第 29 位。

从年度进步情况来看，辽宁 2011～2012 年度的总进步指数为 6.58%，全国排名第 5 位。具体到二级指标，生态活力进步指数为 −0.84%，居全国第 30 位。环境质量进步指数为 4.07%，居全国第 6 位。社会发展进步指数为 8.92%，居全国第 18 位。协调程度进步指数为 14.92%，居全国第 5 位。从数据可见，辽宁 2011～2012 年度环境质量和协调程度进步指数较高，全国排名靠前，而生态活力进步指数则出现了负值，排名也欠佳。

具体到三级指标来看，辽宁 2011～2012 年度环境质量和协调程度进步率排位靠前，这主要得益于地表水体质量、环境污染治理投资占 GDP 比重、工业固体废物综合利用率、城市生活垃圾无害化率、COD 排放变化效应、氨氮排放变化效应等指标都出现了较大的进步。生态活力进步指数出现负值，主要源于自然保护区的有效保护的下降。部分变化较大的三级指标见表 3。

表 3　辽宁 2011～2012 年部分指标变动情况

三级指标	进步率(%)
地表水体质量	16.63
环境污染治理投资占 GDP 比重	62.72
工业固体废物综合利用率	14.07
城市生活垃圾无害化率	8.39
COD 排放变化效应	19.95
氨氮排放变化效应	20.51
自然保护区的有效保护	−3.35

二　分析与展望

总体而言，辽宁生态文明指数排名靠前。生态活力和协调程度都处于全国领先位置，社会发展也较好，但环境质量不够理想。从年度进步情况看，辽宁总进步指数排名靠前，其中环境质量和协调程度进步指数排位靠前，社会发展进步指数居中，而生态活力进步指数出现负值，排名欠佳，其中自然保护区的有效保护问题需要加以关注。

在生态活力方面，辽宁具有较好的自然生态条件，并且一直重视森林、湿地等生态要素的保护和管理。例如，在《辽宁省林地保护利用规划（2010～2020 年）》① 中，辽宁对全省林地保有量、森林保有量、森林蓄积量等方面都提出了规划，要求加强林地资源的保护和管理，严格保护公益林地，积极补充林地资源，同时要求省内各地区编制市、县两级林地保护利用规划。这些措施有效保证了辽宁的生态活力在全国的领先位置。但从生态活力的年度进步情况看，辽宁 2011～2012 年进步指数出现了负数，在全国排名也靠后，这主要源于自然保护区的有效保护出现了小幅下降。辽宁环保部副部长对此进行了分析②，认为原因主要在于自然保护区空间结构不合理、开发建设对自然保护区的压力增加、监管不力导致自然保护区人类活动干扰明显。同时，辽宁也提出

---

① 《辽宁省林地保护利用规划（2010～2020 年）》，《辽宁日报》2014 年 7 月 23 日。
② 见《中国环境报》2013 年 1 月 16 日。

了相应对策，包括健全监管体系、提升监管效果、鼓励公众参与等。这些政策能够逐步提升自然保护区的有效保护水平，进一步促进辽宁生态活力的进步。

在环境质量方面，辽宁农药施用强度相对较高，地表水体质量和环境空气质量相对较差，这些都导致辽宁环境质量排名靠后，成为生态文明建设的短板。国家相关部门和辽宁省都十分重视地表水体质量的改善。2012 年 8 月，财政部、国家发展改革委、环保部与辽宁省政府签署《加快推进辽河流域水污染防治工作协议》①，全面推动辽河流域水污染防治工作。辽宁按照协议规定，实施了污染源头治理、干流生态保护与恢复、支流河口湿地建设、工业及畜禽污染治理等工程。经过不懈努力，辽河流域水质显著改善，提前达到了协议要求。年度进步指数数据也证实了这一点，辽宁环境质量进步指数居全国第6 位，并且地表水体质量等指标都出现了较大的进步。但与此同时，辽宁应清醒地认识到环境质量排名靠后的现状，进一步保持改善水体质量等环境要素的良好发展态势，为整体生态文明建设的进步提供有力支持。

在社会发展方面，辽宁的医疗条件、城镇化、人均 GDP 等方面发展良好，在全国处于领先位置，保证了辽宁社会经济水平的优势地位。从进步情况看，辽宁社会发展的进步指数居于全国中等偏下位置，需要寻找新的社会发展进步增长点。辽宁的服务业产值比重一直偏低，具有较大的提升空间，是值得关注的重点领域。事实上，辽宁近年来也把服务业发展滞后、低于全国平均水平作为面临的主要问题之一，从多个方面大力加强发展服务业，服务业比重呈现出稳步提升态势。2014 年辽宁又提出了服务业发展四年行动计划②，力图通过商贸流通业转型升级，发展温泉旅游、沟域旅游和乡村旅游，建设市县各类服务业聚集区等措施，实现服务业的发展提速、比重提高、水平提升。相信通过这些措施，辽宁服务业将会继续稳步提升，为社会发展和结构优化提供强大动力。

从协调程度看，辽宁社会经济发展与环境质量间协调程度较高，并且进步指数也排名靠前，呈现出良好的发展态势。辽宁的环境污染治理投资很大，为

---

① 《加快推进辽河流域水污染防治工作协议》，《新华网》2012 年 8 月 6 日。
② 《2014 年辽宁省政府工作报告》，《辽宁日报》2014 年 1 月 23 日。

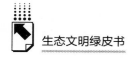

改善环境状况提供了有力的经济支持。COD 排放变化效应与氨氮排放变化效应进步率较大，对水体质量负面影响有所改善。二氧化硫等有害气体排放得到了较好控制，为提高空气质量提供了条件。但辽宁的能源消耗偏高、工业固体废物综合利用率欠佳。辽宁是我国老工业基地，冶金、建材等行业高消耗、高排放，造成了辽宁工业固体废物产生量大、贮存量高，同时综合利用率也处于较低水平。辽宁已于 2001 年 12 月制定并于次年 3 月开始施行了《辽宁省固体废物污染环境防治办法》，对政府相关部门和其他企事业单位的固体废物处理和污染防治职责进行了规范，但总体效果不甚理想。从长远来看，辽宁需要进一步强化措施，全面推行清洁生产，从源头减少工业固体废物的产生，同时提高矿产资源的综合回收利用率，推进矿产资源深加工，发展环保产业，为社会经济进步与良好环境的协调保驾护航。

第十二章 *

吉林

一 吉林 2012 年生态文明建设状况

2012 年，吉林生态文明指数（ECI）得分为 80.91 分，排名全国第 17 位。具体二级指标得分及排名情况见表 1。去除"社会发展"二级指标后，吉林绿色生态文明指数（GECI）得分为 67.97 分，全国排名第 18 位。

表 1　2012 年吉林生态文明建设二级指标情况

二级指标	得分	排名	等级
生态活力（满分为 41.40 分）	29.57	5	1
环境质量（满分为 34.50 分）	18.02	21	3
社会发展（满分为 20.70 分）	12.94	12	3
协调程度（满分为 41.40 分）	20.39	29	4

吉林 2012 年生态文明建设的基本特点是，生态活力居于全国上游水平，环境质量和社会发展居于中游偏下水平，协调程度总体较弱。在生态文明建设的类型上，吉林属于生态优势型（见图 1）。

2012 年吉林生态文明建设三级指标数据见表 2。

具体来看，在生态活力方面，森林质量处于领先水平，居于全国第 2 位。自然保护区的有效保护、森林覆盖率、湿地面积占国土面积比重居于全国中上游水平，分别居于全国第 8 位、第 10 位、第 10 位。建成区绿化覆盖率则较低，居于全国第 27 位。

在环境质量方面，水土流失率较低，居于第 11 位。农药施用强度、环境

---

* 执笔人：田浩，博士，硕士生导师。

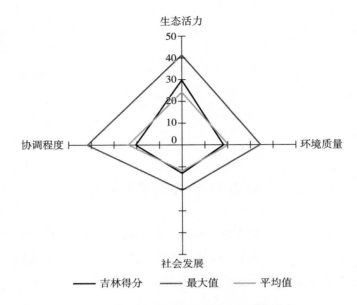

图1　2011年吉林生态文明建设评价雷达图

空气质量居于中游水平，全国排名第15位、第16位。化肥施用超标量较多、
地表水体质量稍差，均排在第19位。

表2　吉林2012年生态文明建设评价结果

一级指标	二级指标	三级指标	指标数据	排名
生态文明指数（ECI）	生态活力	森林覆盖率	38.93%	10
		森林质量	114.60 立方米/公顷	2
		建成区绿化覆盖率	33.94%	27
		自然保护区的有效保护	12.40%	8
		湿地面积占国土面积比重	6.37%	10
	环境质量	地表水体质量	57.00%	19
		环境空气质量	4.46	16
		水土流失率	16.49%	11
		化肥施用超标量	163.95 千克/公顷	19
		农药施用强度	9.64 千克/公顷	15
	社会发展	人均GDP	43415 元	11
		服务业产值占GDP比例	34.76%	25
		城镇化率	53.70%	12
		人均教育经费投入	1561.74 元/人	17
		每千人口医疗机构床位数	4.31 张	7
		农村改水率	81.76%	12

续表

一级指标	二级指标	三级指标	指标数据	排名
生态文明指数（ECI）	协调程度	环境污染治理投资占 GDP 比重	0.87%	25
		工业固体废物综合利用率	67.59%	16
		城市生活垃圾无害化率	45.80%	29
		COD 排放变化效应	14.09 吨/千米	13
		氨氮排放变化效应	0.71 吨/千米	21
		能源消耗变化效应	−39.89 千克标准煤/公顷	7
		二氧化硫排放变化效应	0.11 千克/公顷	25

在社会发展方面，每千人口医疗机构床位数排在第 7 位。人均 GDP、城镇化率、农村改水率这三项指标处于全国中上游水平。人均教育经费投入较弱，处于全国中下游水平。服务业产值占 GDP 比例则处于全国下游水平，排名第 25 位。

在协调程度方面，能源消耗变化效应居于全国上游水平，排名第 7 位。COD 排放变化效应、工业固体废物综合利用率居于全国中游水平。氨氮排放变化效应、二氧化硫排放变化效应、环境污染治理投资占 GDP 比重、城市生活垃圾无害化率四个指标均居于全国下游水平。

从年度进步情况来看，吉林 2011～2012 年度的总进步指数为 −0.39%，全国排名第 28 位。具体到二级指标，生态活力的进步指数为 0.23%，居全国第 14 位。环境质量进步指数为 −3.49%，居全国第 28 位；社会发展的进步指数为 8.07%，居全国第 22 位；协调程度的进步指数为 −2.64%，居全国第 29 位。从数据可见，吉林 2011～2012 年度生态活力进步指数居中，而环境质量和协调程度进步指数则均为负数且排名靠后。

具体到三级指标来看，吉林 2011～2012 年度生态活力的进步，主要是因为自然保护区的有效保护出现小幅增长。但与此同时，建成区绿化覆盖率却出现负增长。环境质量和协调程度进步指数下降则源于地表水体质量、农药施用强度、化肥施用超标量、环境污染治理投资占 GDP 比重、城市生活垃圾无害化率、能源消耗变化效应都出现了负增长。部分变化较大的三级指标见表 3。

表3　吉林 2011～2012 年部分指标变动情况

三级指标	进步率(%)
自然保护区的有效保护	0.90
建成区绿化覆盖率	-1.55
地表水体质量	-5.00
农药施用强度	-9.44
化肥施用超标量	-6.74
环境污染治理投资占 GDP 比重	-9.38
城市生活垃圾无害化率	-6.93
能源消耗变化效应	-5.54

二　分析与展望

总体而言，吉林生态文明指数处于全国中游偏下水平。生态活力处于全国领先位置，社会发展居于中等水平，环境质量较弱，协调程度欠佳。从年度进步情况看，吉林总进步指数排名欠佳，全国排名第 28 位。其中生态活力进步指数居中，而环境质量和协调程度进步指数则出现负增长，排名也不甚理想。

在生态活力方面，吉林具有较好的自然生态条件，森林覆盖率、森林质量都居于全国前列，并且一直注重加强自然保护区的有效保护。吉林早在 1997 年就正式颁布了《吉林省自然保护区条例》，近年来已经建成各类自然保护区 29 个，在全国处于领先地位，并初步形成了梯次结构较为合理、类型多样的自然保护区网络。2013 年吉林又根据国家相关文件制定了《吉林省生物多样性保护战略与行动计划（2011～2030 年）》①，将生态系统保护纳入全省社会经济发展总体规划。但吉林的建成区绿化覆盖率较低，全国排名第 27 位，并且在 2011～2012 年度出现了负增长。主要原因在于：吉林绿化面积总量不足，一些地方尚未形成完整的城市绿地系统规划，城市绿化管理不够完善，侵占绿地和改变绿地性质的现象较多，绿化建设和养护管理费用不足。这些都是吉林生态活力增强的制约因素，需要在今后加以重视。

---

① 见吉林省环境保护厅网站，http://hbj.jl.gov.cn/hbyw/zrst_ 42212/swdyx/201312/P020131210390 - 169870826.pdf.

　　在环境质量方面，吉林水土流失率控制较好，这与吉林多年来对水土保持的重视密不可分。吉林先后启动实施了东北黑土区一期试点工程等一批国家水土保持重点治理工程，不断加大水土保持监督执法力度，基本建成水土流失监测网络，这些都对水土保持、提升环境质量提供了有力支持[①]。但吉林化肥施用超标量和地表水体质量欠佳，导致了环境质量排名有所下滑。吉林是农业大省，为了增加产量，许多农民超标施用化肥，最终导致土壤品质下降、肥力减退、养分失衡。为此，吉林省政府积极研究加大有机肥补贴支持力度和范围，积极开展有机肥产品试验示范工作等，将有机肥发展纳入全省发展规划。工业和生活污水的不当排放也是导致水体质量不良的重要原因，需要在今后加以研究和重视。

　　在社会发展方面，吉林医疗条件总体较好，人均 GDP、城镇化率较高，这保证了吉林社会发展居于全国中上游位置。但与此同时，社会发展进步指数处于全国中下游位置，排在第 22 名，需要加以分析和应对。吉林服务业产值占 GDP 比例一直偏低，具有较大的提升空间，值得重点加以关注。吉林已经把加快发展服务业作为全省经济结构优化升级、提高消费拉动能力的重大战略任务。2012 年服务业增加值增长 11.0%，与上年增速持平，从而实现了服务业连续两年的平稳增长，显示出良好的发展态势。但与此同时，吉林仍存在服务业总体规模偏小、对经济增长贡献率偏低、尚未扭转服务业占经济总量比重下滑的趋势等问题，这些都需要在今后持续加以关注和解决。

　　在协调程度方面，吉林能源消耗变化效应排名靠前，表明能源消耗对空气质量的负面影响较小。但吉林的城市生活垃圾无害化率、环境污染治理投资占 GDP 比重、二氧化硫排放变化效应排名靠后，拉低了协调程度的整体排名。与此同时，吉林 2011～2012 年度协调程度的进步指数为负值，居全国第 29 位，进一步说明社会经济与环境质量的协调发展依然任重而道远。为此，吉林采取了一系列应对措施。例如，2011 年出台了《吉林省人民政府关于进一步加强城乡生活垃圾处理工作的指导意见》[②]，计划到 2015 年达到每个市、县都

---

① 王守臣：《依法防治水土流失　保障健康持续发展》，《吉林日报》2012 年 3 月 1 日。
② 见吉林省人民政府网页，http://www.jl.gov.cn/zwgk/gwgb/szfwj/jzf/201109/t20110907_1054516.html.

建成一座生活垃圾无害化处理场、力争城市生活垃圾无害化处理率平均达到80%，并提出了完善垃圾收运网络、加快垃圾处理设施建设等具体措施。吉林在"十二五"期间制定了松花江水污染防治规划，五年投资规模将达110亿元。目前，松花江主干流水质得到了较为明显的提升。今后，吉林将以"污染治理、合理利用、强化保护"为核心内容，继续全面实施松花江流域重点污染防治工程，努力将污染防治与生态恢复相结合、支流与干流污染防治相结合、城市污染防治与农村环境综合整治相结合。未来，吉林经济发展与环境保护的矛盾有望得到有效改善。

第十三章*

黑龙江

一 黑龙江2012年生态文明建设状况

2012年，黑龙江生态文明指数（ECI）得分为88.17分，排名全国第8位。具体二级指标得分及排名情况见表1。去除"社会发展"二级指标后，黑龙江绿色生态文明指数（GECI）得分为76.10分，全国排名第5位。

表1　2012年黑龙江生态文明建设二级指标情况

二级指标	得分	排名	等级
生态活力（满分为41.40分）	33.51	1	1
环境质量（满分为34.50分）	20.32	12	2
社会发展（满分为20.70分）	12.08	17	3
协调程度（满分为41.40分）	22.27	25	3

从黑龙江二级指标情况来看，生态活力处于第一等级，排名全国第1位。环境质量、社会发展、协调程度三个指标则处于第二或第三等级。在生态文明建设类型上，黑龙江属于生态优势型（见图1）。

黑龙江2012年具体三级指标及排名见表2。

从表2可以看出，在生态活力方面，森林覆盖率、森林质量、自然保护区的有效保护、湿地面积占国土面积比重等4个指标得分排名较为靠前，均在前10名。但是从自身发展来看，建成区绿化覆盖率和自然保护区的有效保护均

---

* 执笔人：巩前文，博士。

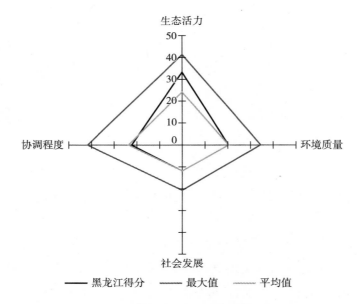

图1 2012年黑龙江生态文明建设评价雷达图

有不同程度下降，尤其是建成区绿化覆盖率下降了0.34个百分点，值得引起重视。在环境质量方面，化肥施用超标量和农药施用强度等2个指标排位较为

表2 黑龙江2012年生态文明建设评价结果

一级指标	二级指标	三级指标	指标数据	排名
生态文明 指数(ECI)	生态活力	森林覆盖率	42.39%	9
		森林质量	78.93 立方米/公顷	5
		建成区绿化覆盖率	35.98%	24
		自然保护区的有效保护	14.90%	5
		湿地面积占国土面积比重	9.49%	5
	环境质量	地表水体质量	54.50%	20
		环境空气质量	4.52	19
		水土流失率	21.97%	16
		化肥施用超标量	−28.64 千克/公顷	3
		农药施用强度	6.58 千克/公顷	10
	社会发展	人均GDP	35711 元	17
		服务业产值占GDP比例	40.47%	12
		城镇化率	56.90%	11
		人均教育经费投入	1261.91 元/人	27
		每千人口医疗机构床位数	4.22 张	9
		农村改水率	67.58%	21

续表

一级指标	二级指标	三级指标	指标数据	排名
生态文明指数（ECI）	协调程度	环境污染治理投资占 GDP 比重	1.59%	12
		工业固体废物综合利用率	73.60%	13
		城市生活垃圾无害化率	47.60%	28
		COD 排放变化效应	22.78 吨/千米	11
		氨氮排放变化效应	1.09 吨/千米	15
		能源消耗变化效应	−31.23 千克标准煤/公顷	4
		二氧化硫排放变化效应	0.04 千克/公顷	27

靠前，但是与 2011 年相比，农药施用强度绝对数基本持平，排名后退 2 位。同时，地表水体质量无论是绝对值还是排名均有所下降。在社会发展方面，除了人均教育经费投入指标得分排名靠后外，其他指标得分排名基本处于中等水平，但是与自身比较，2012 年人均教育经费投入还是有小幅上升。在协调程度方面，城市生活垃圾无害化率和二氧化硫排放变化效应等 2 个指标得分排名靠后，处于后 5 位，而能源消耗变化效应指标得分排名处于前 5 位。剩余指标得分排名处于中等。综合来看，黑龙江生态文明数据显示，较强的生态活力奠定了其全国排名第 8 的地位，但在环境质量、社会发展和协调程度方面仍还有较大的提升空间。

从年度变化情况来看，黑龙江 2011～2012 年度生态文明进步指数为 3.11%，全国排名第 15 位。具体到二级指标，生态活力进步指数为 0.52%，居全国第 11 位；环境质量进步指数为 −2.62%，居全国第 27 位；社会发展进步指数为 9.47%，居全国第 14 位；协调程度进步指数为 7.30%，居全国第 11 位。从数据比较来看，黑龙江 2011～2012 年度生态文明进步指数的正向变化主要得益于社会发展和协调程度等二级指标的提升，而环境质量的负向变化依旧是生态文明建设的制约因素。

结合三级指标来看，社会发展和协调程度等方面出现了较大的进步，主要得益于部分三级指标较高的进步率（见表 3）。

表3 黑龙江2011～2012年度部分三级指标变动情况

三级指标	进步率（％）
人均GDP	8.81
服务业产值占GDP比例	11.80
人均教育经费投入	19.49
农村改水率	1.64
环境污染治理投资占GDP比重	31.40
工业固体废物综合利用率	7.26
城市生活垃圾无害化率	8.95

二 分析与展望

黑龙江2000年被纳入全国生态示范区建设试点并统一进行指导和管理，成为继海南、吉林之后全国第三个生态省建设试点。作为全国生态文明建设试点省份，黑龙江正处于生态文明建设推进阶段后期。作为资源大省、农业大省和老工业基地省份，黑龙江认真贯彻和落实十八大关于生态文明建设的相关要求，从生态文明理念、生态文明制度、生态文明机制层面积极探索黑龙江区域生态文明建设路径，努力打造环境优美、空气清新、生态良好、山清水秀的大美黑龙江，其中一些做法有较大的启示意义。

一是通过调整产业结构，为生态文明建设奠定产业基础。坚持转方式、调结构、激活存量、做大增量，初步形成传统优势产业与战略性新兴产业协调发展的格局。2011年，"十大重点产业"（新材料产业、生物产业、新能源装备制造产业、新型农机装备制造产业、交通运输装备制造产业、绿色食品产业、矿产钢铁产业、煤化石化产业、林产品加工产业和现代服务业）增长15％，其中，绿色食品、林产品加工业增长20％左右；煤化石化、矿产经济增长12％。新材料、生物、新能源装备制造、新型农机装备制造、交通运输设备制造等战略性新兴产业增长17％以上；旅游业呈现加快发展的良好势头，现代服务业增长13％。三次产业协调发展，产业结构日趋合理。科技创新能力进一步提升，高新技术产业产值增长25％以上，为产业结构调整优化提供了有力支撑。

二是推进生态文明体制改革，为生态文明建设提供制度保障。实施国家大小兴安岭林区生态保护与经济转型规划和全国资源型城市可持续发展规划。开展自然资源资产的产权登记工作，推动实行生态补偿制度，探索建立严格监管所有污染物排放的环境保护管理制度。支持齐齐哈尔市创建国家节能减排综合示范市。引入多元化生态修复机制，加强湿地等生态系统保护。预防并控制农业面源污染。健全国有重点林区经营管理体制，深化集体林权配套改革，开展集体林权抵押贷款试点。支持伊春建设汤旺河国家公园。

三是加大金融支持力度，为生态文明建设提供资金保障。近年来，人民银行哈尔滨中心支行先后出台了《关于金融支持黑龙江省低碳循环经济发展的指导意见》《关于金融支持黑龙江省战略性新兴产业发展的指导意见》等指导性文件，明确辖区内金融支持生态文明建设的总基调，指导辖区内金融机构增加绿色金融产品供给，科学调整技术更新、节能减排、低碳环保等项目贷款规模，限制和减少高耗能、高污染的信贷投放，做到有扶有控、多角度支持生态产业发展。

四是发展生态农业，为生态文明建设稳守生态"底牌"。2008～2012年，松花江流域水污染防治"十二五"规划项目加快推进，水质持续改善。植树造林超额完成任务，水土流失和"三化"草原治理成效明显。基本农田保护进一步加强，通过土地整治等措施建设高标准农田276万亩。制定出台《黑龙江省林下经济发展规划》，全面停止大小兴安岭天然林商业性采伐，陆续壮大野生蓝莓、木耳、林菌、林果、林药等林下经济。

展望未来，黑龙江作为资源大省、农业大省和老工业基地省份，正在深入贯彻落实党的十八大和十八届二中、三中全会精神，下大力气推进生态文明建设。2014年以来，黑龙江"两大平原"现代农业综合配套改革试验上升为国家战略，黑龙江以此为契机采取新机制、新措施，千方百计提高粮食综合生产能力，全面启动建设全国"生态大粮仓"和"绿色大厨房"工程，采取严格措施抓源头保护农业生态，恢复提升地力，抓监管全面建立农产品质量和食品安全追溯体系，并将这些工作纳入干部绩效考核。这些措施预期能加快黑龙江生态文明建设步伐。同时，建议黑龙江在抓绿色产业的同时关注绿色民生，解决好建成区绿化、生活垃圾无害化处理等问题。

G.14
第十四章 *
上海

一 上海 2012 年生态文明建设状况

2012 年，上海生态文明指数（ECI）得分为 82.58 分，排名全国第 16 位。具体二级指标得分及排名情况见表 1。去除"社会发展"二级指标后，上海绿色生态文明指数（GECI）得分为 63.39 分，全国排名第 24 位。

表 1　2012 年上海生态文明建设二级指标情况汇总

二级指标	得分	排名	等级
生态活力（满分为 41.40 分）	20.70	29	4
环境质量（满分为 34.50 分）	19.17	16	3
社会发展（满分为 20.70 分）	19.19	2	1
协调程度（满分为 41.40 分）	23.52	16	3

2012 年上海生态文明建设的特点是，社会发展处于全国领先位置，环境质量和协调程度处于中游偏下位置，而生态活力处于下游水平。在生态文明建设的类型上，上海属于社会发达型（见图 1）。

2012 年上海生态文明建设三级指标数据见表 2。

具体来看，在生态活力方面，各项指标与 2011 年相比基本持平，建成区绿化覆盖率略有下降，而森林质量指标排名较为靠后，位列全国第 29 位。

在环境质量方面，上海继续保持了水土零流失率的优势，环境空气质量有所提升，化肥施用超标量处于中上游水平，但地表水体质量和农药施用强度指

---

* 执笔人：陈佳，博士。

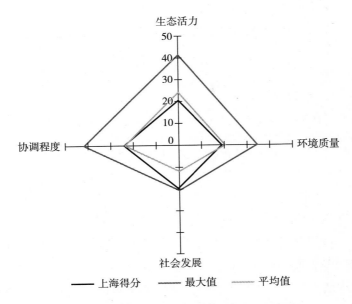

生态活力
50
40
30
20
10
0

协调程度

环境质量

社会发展

—— 上海得分　　—— 最大值　　—— 平均值

图1　2012年上海生态文明建设评价雷达图

标仍处于全国中下游水平。

在社会发展方面，仍然保持了较强的优势，服务业产值占GDP比例、城镇

表2　上海2012年生态文明建设评价结果

	二级指标	三级指标	指标数据	排名
生态文明指数（ECI）	生态活力	森林覆盖率	9.41%	28
		森林质量	16.91立方米/公顷	29
		建成区绿化覆盖率	38.29%	19
		自然保护区的有效保护	5.20%	23
		湿地面积占国土面积比重	53.68%	1
	环境质量	地表水体质量	15.40%	29
		环境空气质量	3.75	8
		水土流失率	0%	1
		化肥施用超标量	58.31千克/公顷	10
		农药施用强度	15.00千克/公顷	24
	社会发展	人均GDP	85373元	3
		服务业产值占GDP比例	60.45%	2
		城镇化率	89.3%	1
		人均教育经费投入	3027.21元/人	3
		每千人口医疗机构床位数	3.79张	20
		农村改水率	99.99%	1

续表

一级指标	二级指标	三级指标	指标数据	排名
生态文明指数（ECI）	协调程度	环境污染治理投资占GDP比重	0.66%	29
		工业固体废物综合利用率	97.34%	2
		城市生活垃圾无害化率	83.60%	20
		COD排放变化效应	10.51 吨/千米	16
		氨氮排放变化效应	4.85 吨/千米	5
		能源消耗变化效应	−297.77 千克标准煤/公顷	29
		二氧化硫排放变化效应	3.85 千克/公顷	1

化率、农村改水率指标均与2011年持平，位于全国前2位；人均GDP、人均教育经费投入指标数据略有下降；而每千人口医疗机构床位数指标则相对较弱，位于全国中下游水平。

在协调程度方面，二氧化硫排放变化效应全国排名第1；城市生活垃圾无害化率较2011年有所改善，但仍处于全国中游水平；环境污染治理投资占GDP比重、能源消耗变化效应指标则排名较为靠后，尤其是环境污染治理投资占GDP比重比2011年有所下降。

从年度进步情况来看，上海2011～2012年度的总进步指数为−3.20%，全国排名第30位。具体到二级指标，生态活力的进步指数为0.03%，居全国第25位；环境质量进步指数为−11.14%，居全国第30位；社会发展的进步指数为0.4%，居全国第30位；协调程度的进步指数为−1.60%，居全国第26位。从数据可见，上海2011～2012年度进步指数情况总体欠佳，仅有生态活力和社会发展两项指标略有增长，其他两项则出现了负值，尤其是环境质量指标的进步指数达到了两位数的负增长。部分变化较大的三级指标见表3。

表3 上海2011～2012年部分指标变动情况

三级指标	进步率（%）
地表水体质量	−47.62
环境污染治理投资占GDP比重	−12.00
城市生活垃圾无害化率	36.96
COD排放变化效应	−46.24
氨氮排放变化效应	−44.36

二 分析与展望

综观整个指标体系的数据和排名，可以看出上海 2012 年仅有社会发展指标保持了较强的优势，而其他三项指标均位于全国第三、第四等级，发展不均衡是上海未来生态文明建设需要重点考虑的问题。

在生态活力方面，近年来上海虽然取得了一些成绩，但与其他省市相比，仍存在一定差距，如上海的森林覆盖率、森林质量、建成区绿化覆盖率等指标排名均在全国中下游水平。上海生态用地资源日益稀缺，且生态资源保护的难度将越来越大①。目前，上海非常重视林地、绿地和湿地的保护，在《上海市环境保护和生态建设"十二五"规划》中提出了"十二五"期间森林覆盖率、建成区绿化覆盖率的发展目标②。2012 年 12 月，上海市绿化市容局也提出"在 2015 年，森林蓄积量增加 42 万立方米、自然湿地保有率维持在 30% 以上"的目标③。这些任务目标都是上海建设生态文明过程中提升生态活力的方向和着力点。

在环境质量方面，上海总体排名在中下游，主要体现在地表水体质量相对较差，农药施用强度相对较高。面对严峻的形势，上海积极采取措施改进地表水体质量。2012 年 5 月，上海市太湖流域水环境综合治理联席会议办公室召开第三次会议，讨论了《上海市太湖流域水环境综合治理 2011 年度工作总结和 2012 年度工作计划（征求意见稿）》，根据国务院批复的《太湖流域水环境综合治理总体方案》，太湖治理分为近期（2012 年）和远期（2020 年）两个阶段，到 2012 年底完成太湖治理近期项目，达到近期目标④。但在改善地表水体质量方面，上海依然任重而道远，正如《上海市环境保护和生态建设"十二五"规划》中所说，上海要以确保饮用水安全和改善水质为目标，着力推进水污染物总量控

---

① 王祥龙：《完善激励和约束机制，促进上海生态文明建设》，《科技发展》2014 年第 4 期。

② 参见《上海市环境保护和生态建设"十二五"规划》。

③ 参见《市政府新闻发布会介绍上海"绿地、林地、湿地"三地融合构筑基础生态空间等相关情况》，http://www.shanghai.gov.cn/shanghai/node2314/node2319/node12344/u26ai34051.html。

④ 参见《方芳副局长参加太湖流域水环境综合治理联席会议办公室第三次会议》，http://www.sepb.gov.cn/fa/cms/shhj/shhj2095/shhj2096/2012/05/73051.htm。

制，全面推进水环境治理与保护，推进生态文明建设①。值得一提的是，上海环境空气质量年度进步较大，在一定程度上离不开《重点区域大气污染防治"十二五"规划》《上海市"无燃煤区"、"基本无燃煤区"区划和实施方案（2011～2015年)》《上海市机动车环保检验机构发展规划》等规章政策的制定与落实。

在社会发展方面，上海经济发展水平在全国处于绝对优势地位，经济的平稳增长为开展民生实事工程提供了动力与保障。人均 GDP、服务业产值占GDP 比重、城镇化率、农村改水率等指标领先国内其他地区，近几年的排名很稳定，波动很小。但与其他省市相比，上海"每千人口医疗机构床位数"的排名则相对靠后。上海颁布了《上海市区域卫生规划（2011～2020 年）》，未来更应注重提高基本医疗卫生服务的公平性和可及性，实现人人享有基本医疗卫生服务。

从协调程度来看，上海协调程度指标中的各项三级指标排名参差不齐，如工业固体废物综合利用率、氨氮排放变化效应、二氧化硫排放变化效应等指标相对靠前，其他三级指标相对靠后。目前，在整个 GDP 中，上海用于环境污染治理的投资比例很小，在全国的排名落后，将影响整个城市生态环境的改善。上海城市生活垃圾无害化率排名虽然处于全国中游水平，但是 2011～2012 年度进步幅度较大，这是因为 2012 年上海非常重视城市生活垃圾问题，通过"生活垃圾处理技术指南"等引导公民生活习惯的改变，通过促进生活垃圾分类收集、源头减量和资源化利用，健全生活垃圾集装化运输系统，完善生活垃圾无害化处理处置体系，加强停用填埋场地生态修复和周边污染防治等方式更好地实现城市生活垃圾的无害化②。同时，上海能源消耗水平远高于纽约、伦敦、东京等国际大都市，2011 年能源消费总量达到 1.13 亿吨标准煤。降低能源消耗强度、控制消费总量，逐步提高天然气、电力在能源消费结构中的比重，是改善上海空气质量的根本措施③。在建设生态文明的过程中，上海应积极利用新能源，提高能源利用率，努力实现经济发展与生态环境的协调发

---

① 参见《上海市环境保护和生态建设"十二五"规划》。
② 参见《上海市环境保护和生态建设"十二五"规划》。
③ 《上海能源消耗远超纽约东京》，《东方早报》，http：//epaper. dfdaily. com/dfzb/html/2013－08/29/content_ 810322. htm。

展。

　　总体来说，上海生态文明建设绝对水平不是全国最高的，但有突出的发展优势，也有一定的显著约束因素。如何通过制度化措施、系统设计全方位的生态环境建设平台来填补生态活力、环境质量、协调程度中的短板，是未来推动生态文明水平不断提高的方向。

G.15

第十五章*

江苏

一 江苏 2012 年生态文明建设状况

2012 年，江苏生态文明指数（ECI）得分为 79.11 分，排名全国第 21 位。具体二级指标得分及排名情况见表 1。去除"社会发展"二级指标后，江苏绿色生态文明指数（GECI）得分为 62.50 分，全国排名第 26 位。

表 1　2012 年江苏生态文明建设二级指标情况

二级指标	得分	排名	等级
生态活力（满分为 41.40 分）	22.67	24	3
环境质量（满分为 34.50 分）	17.25	24	3
社会发展（满分为 20.70 分）	16.60	5	1
协调程度（满分为 41.40 分）	22.58	22	3

江苏 2012 年生态文明建设的基本特点是，社会发展居全国领先水平，生态活力、环境质量和协调程度都居于中等偏下水平。在生态文明建设的类型上，江苏属于社会发达型（见图 1）。

2012 年江苏生态文明建设三级指标数据见表 2。

具体来看，在生态活力方面，湿地面积占国土面积比重和建成区绿化覆盖率两个指标全国排名靠前，分别位于第 2 位和第 4 位。森林质量、森林覆盖率居于全国中下游水平，分别位于第 23 位和第 25 位。自然保护区的有效保护欠佳，位于第 27 位。

---

* 执笔人：邬亮，博士。

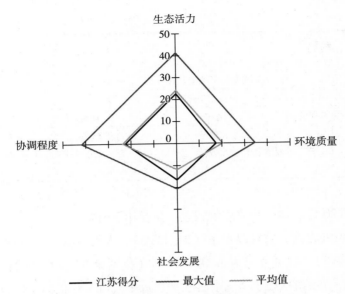

图 1 2012 年江苏生态文明建设评价雷达图

在环境质量方面，水土流失率控制较好，位于第 4 位。农药施用强度、化肥施用超标量和环境空气质量三个逆指标居于全国中下游水平，分别位于第 15 位、

表 2 江苏 2012 年生态文明建设评价结果

一级指标	二级指标	三级指标	指标数据	排名
生态文明指数（ECI）	生态活力	森林覆盖率	10.48%	25
		森林质量	32.57 立方米/公顷	23
		建成区绿化覆盖率	42.17%	4
		自然保护区的有效保护	4.10%	27
		湿地面积占国土面积比重	16.32%	2
	环境质量	地表水体质量	30.40%	27
		环境空气质量	4.69	20
		水土流失率	4.06%	4
		化肥施用超标量	207.53 千克/公顷	22
		农药施用强度	10.94 千克/公顷	15
	社会发展	人均 GDP	68347 元	4
		服务业产值占 GDP 比例	43.50%	9
		城镇化率	63.00%	7
		人均教育经费投入	2010.70 元/人	10
		每千人口医疗机构床位数	3.88 张	18
		农村改水率	98.73%	3

续表

一级指标	二级指标	三级指标	指标数据	排名
生态文明 指数(ECI)	协调程度	环境污染治理投资占 GDP 比重	1.22%	20
		工业固体废物综合利用率	91.37%	5
		城市生活垃圾无害化率	95.90%	9
		COD 排放变化效应	4.07 吨/千米	26
		氨氮排放变化效应	0.33 吨/千米	27
		能源消耗变化效应	-251.89 千克标准煤/公顷	28
		二氧化硫排放变化效应	1.23 千克/公顷	2

第 22 位和第 20 位。地表水体质量较差，位于第 27 位。

在社会发展方面，农村改水率（位列第 3）、人均 GDP（位列第 4）、城镇化率（位列第 7）、服务业产值占 GDP 比例（位列第 9）、人均教育经费投入（位列第 10）五项指标处于全国上游水平。每千人口医疗机构床位数居于全国中游水平，位于第 18 位。

在协调程度方面，二氧化硫排放变化效应（位列第 2）、工业固体废物综合利用率（位列第 5）、城市生活垃圾无害化率（位列第 9）三项指标处于全国上游水平。环境污染治理投资占 GDP 比重位于全国中游水平，位于第 20位。COD 排放变化效应、氨氮排放变化效应、能源消耗变化效应三项指标排名靠后，分别位于第 26 位、第 27 位和第 28 位。

从年度进步情况来看，江苏 2011～2012 年度的总进步指数为 1.16%，全国排名第 26 位。具体到二级指标，生态活力的进步指数为 0.16%，居全国第18 位；环境质量进步指数为 -0.14%，居全国第 21 位；社会发展的进步指数为 7.33%，居全国第 23 位；协调程度的进步指数为 0.15%，居全国第 22 位。从数据可见，江苏 2011～2012 年度四项二级指标的进步指数都位于全国中下游水平，特别是环境质量进步指数出现了负值。

具体到三级指标来看，江苏 2011～2012 年度社会发展方面出现了一些进步，这主要得益于人均教育经费投入、人均 GDP、每千人口医疗机构床位数等指标都出现了较大的进步。而协调程度方面的进步是由于环境污染治理投资占 GDP 比重的提高。环境质量进步指数出现负值主要源于地表水体质量的下降。部分变化较大的三级指标见表 3。

表3 江苏 2011～2012 年部分指标变动情况

三级指标	进步率(%)
人均教育经费投入	20.36
人均 GDP	9.72
每千人口医疗机构床位数	6.89
环境污染治理投资占 GDP 比重	4.27
地表水体质量	−3.80
工业固体废物综合利用率	−3.46

二 分析与展望

总体而言，江苏的生态文明指数位于中等偏下的水平。在四项二级指标中，江苏的社会发展居全国领先水平，生态活力、环境质量和协调程度都居于中等偏下的水平。从年度进步情况看，江苏的总进步指数位于中等偏下的水平，四项二级指标的进步指数都处于中等偏下的水平，其中环境质量的进步指数出现了负值，能源消耗和氨氮排放等造成的环境问题值得关注。

在生态活力方面，2007～2012 年的五年间，江苏累计新增造林面积 611 万亩，林木覆盖率和城市绿化覆盖率在 2012 年分别提高到 21.6% 和 41.9%，建成了一批国家园林城市、国家森林城市和国家级生态市，全国绿化模范市（县）达 26 个。2012 年，江苏完成《江苏省生物多样性保护战略与行动计划（2011～2030 年）》和《江苏省"十二五"生物物种资源保护与利用规划》编制。江苏积极创新生态保护融资渠道，实施总投资 4.87 亿元的亚行贷款盐城湿地保护项目①。这是该省湿地面积占国土面积比重和建成区绿化覆盖率两个指标全国排名靠前的重要原因。今后应加强重要生态功能区和生物多样性保护，加强河湖水域、湿地保护，增强生态产品生产能力。积极推进生态防护林建设，大幅增加造林面积和森林抚育面积。

在环境质量方面，江苏居于中等偏下的水平，该指标的进步指数在 2012 年

---

① 《2013 年江苏省人民政府工作报告》，江苏省人民政府网站，2013 年 2 月 22 日。

还出现了负值。该省空气和地表水体质量欠佳，而地表水体质量下降较为明显。2012年全省地表水体质量总体处于轻度污染，在83个国控断面中，Ⅰ～Ⅲ类水质断面占43.4%，Ⅳ～Ⅴ类水质断面占54.2%，劣类水质断面占2.4%。在太湖流域，省政府设立的65个重点断面的水质只有29个达标，达标率为44.6%。全省环境空气中可吸入颗粒物平均浓度为92微克/立方米、二氧化硫34微克/立方米、二氧化氮37微克/立方米，13个省辖城市环境空气质量均未达到二级标准。与2011年相比，全省环境空气中可吸入颗粒物和二氧化硫年均浓度分别下降1.1%、2.9%，而二氧化氮年均浓度上升12.1%①。环境质量是江苏生态文明建设的短板，应成为今后工作的首要目标。

在社会发展方面，江苏继续居全国领先水平。该省地区生产总值在2012年达5.4万亿元，2007～2012年五年间的年均增长率为11.8%，人均地区生产总值突破了1万美元。公共财政收入在2012年达5861亿元，五年间的年均增长率为21.2%。外贸进出口总额2012年达5481亿美元，五年间的年均增长率为9.4%。2012年全社会研发投入超过1200亿元，占地区生产总值的2.3%，发明专利授权量突破1.5万件，高新技术产业产值达4.5万亿元。五年来公共财政用于民生和社会事业支出18310亿元，占公共财政支出的72.1%。实施居民收入七年倍增计划，城乡居民收入较快增长，分别达到2.96万元和1.22万元，农民收入增幅连续三年超过城镇居民。城乡居民低保、医疗和养老保险实现全覆盖，社会保险主要险种覆盖率达95%以上。高中阶段毛入学率达98%，高等教育毛入学率达47%。但江苏社会发展进步指数已经处于中等偏下水平，今后应进一步加强扶贫和社会保障工作，加大重点县区和集中连片地区扶贫开发力度，提高社会保险主要险种的覆盖人数。

从协调程度看，江苏居于中等偏下的水平。2012年，江苏为完成节能减排的目标，全年累计淘汰落后电石产能1.5万吨、铅冶炼3万吨、水泥1812万吨、造纸12.8万吨、酒精9.5万吨、制革70万标张、印染2.67亿米、化纤6.8万吨、纺织6165万米、铅蓄电池546万千伏安时。全省新增污水管网2500公里，新增污水日处理能力80万吨，提标改造能力29万吨/日，尾水再

---

① 《2012年江苏省环境状况公报》，《江苏省人民政府公报》2013年第17期，第36～47页。

生利用能力 19.5 万吨/日，污水日处理总能力已突破 1300 万吨，全年实际处理污水量达到 35 亿立方米以上。江苏省人民政府还出台了《关于进一步加强建制镇污水处理设施建设的意见》《关于进一步加强农业源污染减排工作的意见》和《关于切实做好老旧机动车淘汰报废工作的通知》，推动农村地区的减排工作。从结果来看，全省 2012 年化学需氧量、氨氮、二氧化硫和氮氧化物分别较上年同比削减 3.94%、2.56%、5.86% 和 3.66%，均超额完成年度减排目标任务。但在各省市竞相重视生态环境的背景下，经济增长迅速的江苏在环保方面的投入就相对不足了。江苏未来应继续提高环境污染治理投资占 GDP 比重，提高污水处理主干管网长度，增强城镇污水日处理能力，完善省辖市市区 PM2.5 监测能力。

G.16

第十六章[*]

浙江

一 浙江 2012 年生态文明建设状况

2012 年，浙江生态文明指数（ECI）为 91.57 分，排名全国第 3 位。去除"社会发展"二级指标后，浙江绿色生态文明指数（GECI）为 74.10 分，全国排名第 10 位。具体二级指标得分及排名情况见表 1。

表 1 2012 年浙江生态文明建设二级指标情况

二级指标	得分	排名	等级
生态活力（满分为 41.40 分）	25.63	12	2
环境质量（满分为 34.50 分）	19.93	14	2
社会发展（满分为 20.70 分）	17.47	4	1
协调程度（满分为 41.40 分）	28.54	1	1

浙江 2012 年生态文明建设的基本特点是，社会发展和协调程度居全国上游，均处于第一等级，生态活力、环境质量居全国中上游。伴随着环境质量和协调程度名次的上升，浙江生态文明建设的类型由 2011 年的社会发达型转变为均衡发展型（见图 1）。

2012 年浙江生态文明建设三级指标数据见表 2。在生态活力方面，森林覆盖率为 57.41%，排名全国第 3 位。湿地面积占国土面积比重和建成区绿化覆盖率均居于全国中上游水平。森林质量为 29.47 立方米/公顷，排名第

---

[*] 执笔人：李飞，博士，硕士生导师。

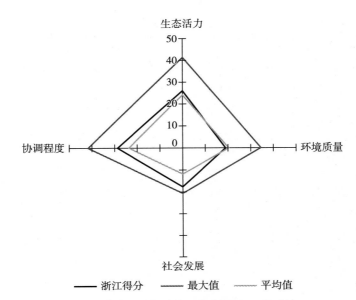

图1　2012年浙江生态文明建设评价雷达图

24位，居于全国中下游水平。自然保护区的有效保护排名第31位，处于全国下游水平。

表2　浙江2012年生态文明建设评价结果

一级指标	二级指标	三级指标	指标数据	排名
生态文明 指数（ECI）	生态活力	森林覆盖率	57.41%	3
		森林质量	29.47 立方米/公顷	24
		建成区绿化覆盖率	39.86%	12
		自然保护区的有效保护	1.50%	31
		湿地面积占国土面积比重	7.88%	8
	环境质量	地表水体质量	66.20%	17
		环境空气质量	4.18	14
		水土流失率	15.77%	20
		化肥施用超标量	171.49 千克/公顷	15
		农药施用强度	27.06 千克/公顷	30
	社会发展	人均GDP	63374 元	6
		服务业产值占GDP比例	45.24%	8
		城镇化率	63.20%	6
		人均教育经费投入	2209.24 元/人	5
		每千人口医疗机构床位数	3.57 张	23
		农村改水率	93.86%	5

一级指标	二级指标	三级指标	指标数据	排名
生态文明指数（ECI）	协调程度	环境污染治理投资占 GDP 比重	1.08%	23
		工业固体废物综合利用率	91.51%	4
		城市生活垃圾无害化率	99%	5
		COD 排放变化效应	20.01 吨/千米	12
		氨氮排放变化效应	1.97 吨/千米	12
		能源消耗变化效应	-56.52 千克标准煤/公顷	1
		二氧化硫排放变化效应	0.82 千克/公顷	8

环境质量方面，环境空气质量、化肥施用超标量居于全国中上游水平，地表水体质量、水土流失率处于全国中下游水平。农药施用强度排名第 30 位，居全国下游水平。

社会发展方面，除了每千人口医疗机构床位数居于全国下游外，其他三级指标均排名全国第 5~8 位，居全国上游水平。社会发展整体排名仅次于北京、上海、天津，位居全国第 4 名。

协调程度方面，能源消耗变化效应排名全国第一，工业固体废物综合利用率、城市生活垃圾无害化率和二氧化硫排放变化效应也居于全国上游水平。COD 排放变化效应、氨氮排放变化效应居于全国中上游。环境污染治理投资占 GDP 比重居全国下游。

浙江 2011~2012 年生态文明建设的整体进步指数为 7.82%，全国排名第 4 位，进步明显。4 个二级指标都有所进步，其中生态活力的进步指数为 0.55%，排名第 10 位；环境质量进步指数为 2.35%，排名第 7 位；社会发展的进步指数为 4.40%，排名第 28 位；协调程度的进步指数为 21.36%，跃居全国第 1 位。

综观指标体系的数据和排名，2012 年浙江在保持生态活力和社会发展稳步提升的基础上，环境质量和协调程度得到明显提高。地表水体质量的改善是环境质量提升的主要原因。协调程度的大幅提升，主要得益于环境污染治理投资占 GDP 比重、COD 排放变化效应、氨氮排放变化效应进步率的大幅提高。部分变化较大的三级指标见表 3。

表3　浙江2011～2012年部分指标变动情况

三级指标	进步率(%)
建成区绿化覆盖率	3.83
地表水体质量	15.94
农药施用强度	-4.15
人均教育经费投入	13.24
环境污染治理投资占GDP比重	45.95
城市生活垃圾无害化率	2.67
COD排放变化效应	75.71
氨氮排放变化效应	73.58

二　分析与展望

2012年浙江生态文明建设由社会发达型转变为均衡发展型，已经开始迈向协调发展的道路，生态文明建设发展趋势良好。浙江生态文明建设良好形势的形成，与最近两年该省紧紧把握稳中求进的工作基调、围绕保持经济平稳较快发展和社会和谐稳定的目标、强力推进生态省战略密不可分。

2012年浙江省第十三次党代会明确将"坚持生态立省方略，加快建设生态浙江"作为建设物质富裕、精神富有、现代化浙江的重要任务，提出打造"富饶秀美、和谐安康"的"生态浙江"。浙江具有良好的生态条件，森林覆盖率居全国第3位，森林质量也在逐年提高。2011年浙江省委出台《"811"生态文明建设推进行动方案》，其中强调加强林业建设，优化生态公益林建设布局，提高林分质量。2012年浙江重点防护林工程造林面积12561公顷，更新造林16587公顷，低产低效林改造16878公顷，生态公益林占林业用地面积比例达40%，森林浙江行动初见成效。接下来，如何在保持建成区绿化覆盖率以及湿地面积占国土面积比重不断提升的基础上，加强对自然保护区的有效保护，是保证浙江生态活力继续进步的关键。

社会发展方面，浙江加快转型升级，注重发展速度与质量效益相统一，着力提升产业竞争力。伴随建设现代产业体系特别是建设产业集聚区、发展海洋经济、发展战略性新兴产业等重大战略的实施，社会发展继续保持良好势头。

全年生产总值 34606 亿元，同比增长 8.0%。全年规模以上工业增加值 10875 亿元，比上年增长 7.1%。全省城镇居民人均可支配收入 34550 元，农村居民人均纯收入 14552 元，分别比上年实际增长 9.2% 和 8.8%。城镇居民人均消费支出 21545 元，比上年实际增长 3.1%；农村居民人均生活消费支出 10208 元，实际增长 3.5%。城镇居民家庭恩格尔系数为 35.1%，比上年上升 0.5 个百分点；农村居民家庭恩格尔系数为 37.7%，比上年上升 0.1 个百分点①。目前来看，浙江在社会发展方面的相关三级指标大都表现良好，但每千人口医疗机构床位数处于全国中下游水平，说明医疗卫生条件方面仍有很大提升空间。

浙江在保持经济稳步前进的同时，着力改善环境质量。通过全面实施《"811"生态文明建设推进行动方案》，持续深化污染减排，深入推进三大清洁行动，大力实施城乡环境综合整治，环境治理取得了显著效果，环境质量由第四等级上升为第二等级，并且连续两年进步指数都有所提高。2012 年浙江地表水水质达到Ⅲ类以上的断面比例达 64.3%，同比增加 1.4 个百分点；县级以上集中式饮用水源地水质达标率达 86.7%，同比增加 0.3 个百分点；县级以上城市空气质量达到二级标准的占 98.6%，同比增加 5.8 个百分点②。虽然浙江生态文明建设已经开始步入均衡发展时期，但是相对而言环境质量仍然是其最明显的短板。应通过降低农药施用强度，不断改善水体、空气质量，保持环境质量持续进步。

浙江围绕"坚定不移抓转型，尽心尽力惠民生"思想，通过深入推进社会保险扩面、提高企业退休人员和城乡居民社会养老保险待遇标准、推进社会养老服务体系建设等措施，切实保障和改善民生，促进社会和谐进步。2012 年，浙江人均 GDP、服务业产值占 GDP 比重、人均教育经费投入、农村改水率均保持进步态势，指标排名也处于全国前列。2012 年浙江第三产业增加值 15624 亿元，同比增长 9.3%。

作为资源小省、经济大省，浙江较早从成长阵痛中觉醒，逐渐认识到必须实现发展模式绿色转型，加强生态文明建设。为了推进生态建设和环境保护，

---

① 数据来源于浙江省统计局《2012 年浙江省国民经济和社会发展统计公报》。
② 数据来源于浙江省环境保护厅《2012 年浙江省环境状况公报》。

浙江敢于制度创新，从率先编制生态环境功能区规划到首创空间、总量、项目"三位一体"的新型环境准入制度，从率先出台生态保护补偿机制到生态保护补偿—环境损害赔偿相结合，进而建立生态文明建设考核评价制度，把环境保护作为约束性指标纳入考核体系，真正将环境保护责任落实到地方政府，考核结果与生态补偿挂钩。2012 年还正式发布《浙江省大气复合污染防治实施方案》，全面向以灰霾为代表的大气复合污染宣战。同时注重生态文化建设，积极开展绿色文化创建，积极提高全民生态文明意识，倡导健康的生活方式、消费模式和行为习惯。着力推进生态示范点创建工作，开展生态文明建设试点，深入推进生态市、生态县、生态乡、生态村创建活动。2012 年浙江启动历史文化村落保护利用工作，完成 3600 个村庄整治建设，建成农村联网公路 1386 公里。

总体来看，浙江生态文明建设成效明显，发展前景良好，但仍处于产业结构调整和优化升级的关键时期，应进一步加强政策保障和财政支持，积极实施产业生态化、资源节约化战略，通过降低农药施用强度等措施发展生态农业，加快海洋经济发展示范区建设，拓展持续发展空间。同时切实重视环境质量改善，扎实做好资源节约利用和节能减排工作，努力打造"富饶秀美、和谐安康"的生态浙江。

G.17

第十七章[*]

安徽

一　安徽 2012 年生态文明建设状况

2012 年，安徽生态文明指数（ECI）得分为 74.41 分，排名全国第 28 位。去除"社会发展"二级指标后，安徽绿色生态文明指数（GECI）得分为 65.14 分，全国排名第 22 位。具体二级指标情况见表 1。

表 1　2012 年安徽生态文明建设二级指标情况

二级指标	得分	排名	等级
生态活力（满分为 41.40 分）	21.69	26	4
环境质量（满分为 34.50 分）	19.93	14	2
社会发展（满分为 20.70 分）	9.27	31	4
协调程度（满分为 41.40 分）	23.52	16	3

安徽 2012 年生态文明建设的基本特点是，环境质量居全国中上游水平，协调程度处于中游水平，生态活力和社会发展处于下游水平。在生态文明建设的类型上，2012 年安徽仍属于低度均衡型（见图 1）。

2012 年安徽生态文明建设三级指标数据见表 2。

具体来看，在生态活力方面，建成区绿化覆盖率、湿地面积占国土面积比重居全国中游水平。森林覆盖率、森林质量居全国中下游水平，而自然保护区的有效保护为 3.8%，居全国下游。

＊　执笔人：李飞，博士，硕士生导师。

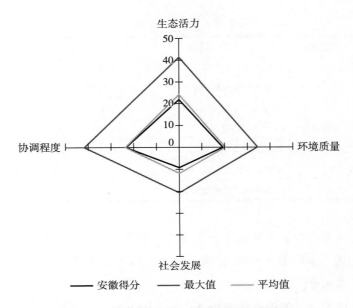

图 1　2012 年安徽生态文明建设评价雷达图

在环境质量方面，环境空气质量、水土流失率居于全国中上游水平。地表水体质量、化肥施用超标量、农药施用强度处于全国中下游水平。

表 2　安徽 2012 年生态文明建设评价结果

一级指标	二级指标	三级指标	指标数据	排名
生态文明指数（ECI）	生态活力	森林覆盖率	26.06%	18
		森林质量	38.20 立方米/公顷	17
		建成区绿化覆盖率	38.80%	15
		自然保护区的有效保护	3.80%	28
		湿地面积占国土面积比重	4.73%	16
	环境质量	地表水体质量	46.80%	24
		环境空气质量	4.12	13
		水土流失率	12.13%	9
		化肥施用超标量	146.84 千克/公顷	16
		农药施用强度	13.02 千克/公顷	19
	社会发展	人均 GDP	28792 元	26
		服务业产值占 GDP 比例	32.70%	30
		城镇化率	46.5%	23
		人均教育经费投入	1369.30 元/人	23
		每千人口医疗机构床位数	3.44 张	26
		农村改水率	54.57%	29

续表

一级指标	二级指标	三级指标	指标数据	排名
生态文明 指数（ECI）	协调程度	环境污染治理投资占 GDP 比重	1.92%	8
		工业固体废物综合利用率	85.39%	8
		城市生活垃圾无害化率	91.1%	13
		COD 排放变化效应	7.39 吨/千米	22
		氨氮排放变化效应	0.93 吨/千米	16
		能源消耗变化效应	−136.49 千克标准煤/公顷	2
		二氧化硫排放变化效应	0.17 千克/公顷	22

在社会发展方面，城镇化率、人均教育经费投入居于全国中下游水平，而人均 GDP、服务业产值占 GDP 比例、每千人口医疗机构床位数、农村改水率处于全国下游水平。

协调程度方面，能源消耗变化效应居全国上游，排名第 2 位。环境污染治理投资占 GDP 比重、工业固体废物综合利用率、城市生活垃圾无害化率居全国中上游。COD 排放变化效应、氨氮排放变化效应、二氧化硫排放变化效应居全国中下游。

从进步情况来看，安徽 2011～2012 年生态文明建设的整体进步指数为 2.74%，全国排名第 17 位。其中，生态活力的进步指数为 −0.24%，排名全国第 27 位；环境质量进步指数为 −1.83%，居全国第 24 位；社会发展进步指数为 12.72%，居全国第 4 位；协调程度进步指数为 4.54%，居全国第 16 位。

与上一年度相比，2012 年安徽的生态活力出现小幅下滑，究其原因主要是建成区绿化覆盖率的下降。环境质量继续退步，主要原因还是地表水体质量的下降，由 2011 年的 49.5% 退化为 2012 年的 46.8%。社会发展继续保持稳步提高态势，本年度进步指数高居全国第 4 位，这得益于人均 GDP 和人均教育经费投入的增长。协调程度继续上升，具体表现为环境污染治理投资占 GDP 比重、城市生活垃圾无害化率、工业固体废物综合利用率、二氧化硫排放变化效应等指标的进步。虽然在全国生态文明建设水平普遍提高的形势下安徽排名有所下滑，但总体来看，2012 年安徽生态文明建设继续保持上升趋势。部分变化较大的三级指标见表 3。

表3　安徽2011～2012年部分指标变动情况

三级指标	进步率(%)
建成区绿化覆盖率	−1.70
地表水体质量	−5.45
人均GDP	12.21
人均教育经费投入	36.15
农村改水率	8.38
城市生活垃圾无害化率	4.72
环境污染治理投资占GDP比重	9.71
工业固体废物综合利用率	4.58
二氧化硫排放变化效应	11.01

二　分析与展望

受生态活力、环境质量小幅下降的影响，2012年安徽生态文明建设整体进步率有所放缓，社会发展指标排名最后，ECI排名也不理想。但应当看到，安徽生态环境保护和社会经济发展仍呈现同步前进的良好态势。伴随2012年安徽《生态强省建设实施纲要》的发布实施、"十二五"规划的全面展开，安徽生态文明建设的前景值得期待。

围绕科学发展和全面转型，2012年安徽经济社会发展呈现稳中有进、结构优化的良好态势。全省地区生产总值17212.1亿元，增长12.1%，增幅居中部第1位；财政收入3026亿元，增长14.9%，其中地方财政收入1792.7亿元，增长22.5%；城镇居民人均可支配收入21024.2元，增长13%；农民人均纯收入7160.5元，增长14.9%[①]。安徽通过推进战略性新兴产业发展，强化创新驱动，大力发展现代农业，保持经济社会稳定发展，同时注重优化产业结构。目前安徽社会经济仍存在发展不足、发展不平衡的问题，服务业产值占GDP比例、每千人口医疗机构床位数、农村改水率等指标排名相对靠后，应坚持以加快转变经济发展方式为主线，强化创新驱动，推动战略性新兴产业和

---

① 数据来源于安徽省统计局《2012年安徽省国民经济和社会发展统计公报》。

现代农业发展，优化产业结构，大力发展服务业，走持续发展道路。

安徽经济社会在快速发展的同时，资源环境约束加剧。2012年安徽的生态活力、环境质量都呈下降趋势，其中建成区绿化覆盖率、地表水体质量连续两年持续下降。如何统筹经济社会发展、资源可持续利用和生态环境保护，全面提升生态文明水平，是安徽当前面临的重大课题。为此，安徽积极应对，通过发布实施《安徽省生态强省建设实施纲要》，全面启动"美好乡村"建设、"千万亩森林增长工程"，大力开展植树造林等，生态环境取得重要进展。2012年全省共完成荒山荒地造林面积43786公顷，完成人工造林32162公顷，同比增长37.6%；退耕还林工程造林面积21233公顷，同比上升38.5%①。同时，安徽坚持绿色发展、循环发展、低碳发展，加大节约资源、保护环境力度，扎实推进节能减排，构建覆盖全社会的资源循环利用体系，加快发展节能环保产业，加快推进巢湖和淮河治污工程，编制完成《安徽省重金属污染综合防治"十二五"规划》，资源能源综合利用效率和城乡污水和生活垃圾无害化处理率显著提高。2012年，全省化学需氧量排放总量为92.43万吨，同比下降3.04%。氨氮排放总量为10.61万吨，比上一年度下降3.33%。二氧化硫排放总量为51.96万吨，同比下降1.87%。氮氧化物排放总量为92.13万吨，同比下降3.95%②。值得关注的是，随着淮北、淮南、马鞍山、铜陵等资源型城市转型发展，安徽能源消耗变化效应表现较好，名列全国第2名。

安徽近几年始终关注民生和社会建设。2012年民生支出3161.2亿元，占全省财政支出的79.9%，完成33项民生工程建设任务，实现城乡居民社会养老保险制度全覆盖。企业退休人员养老金人均月增加175元，农村居民最低生活保障、农村五保户供养补助和重度残疾人生活救助标准均提高10%以上。虽然近几年持续保持增长态势，但由于基础相对薄弱，多项民生指标仍处于全国中下游水平，公共服务和社会建设仍须进一步加强。

安徽是文化资源大省，优势明显，基于此，2012年安徽省第九次党代会提出努力打造充满活力的文化强省。而2012年实施的《安徽省生态强省建设

---

① 数据来源于安徽省林业厅《安徽省2012年林业统计年报分析》。
② 数据来源于安徽省环境保护厅《2012年安徽省环境状况公报》。

实施纲要》中也明确提出，通过建设绿色政府，打造生态文化载体，倡导绿色生活模式，加强宣传引导，弘扬生态文明，构建全民参与的生态文化体系。2012 年，安徽启动全国生态文明建设试点工作，全年创建省级生态乡镇 46个，省级生态村 88 个。宁国市、绩溪县被环保部命名为国家生态市、县。同时，通过开展安徽环保宣传周、"江淮环保世纪行"活动，举办"国祯"杯节能减排绿色发展摄影展，深入开展树木、绿地认建认养、植树节、爱鸟周、世界湿地日、野生动物保护宣传月等参与性特色生态活动，传播生态文化，宣传生态文明。今后，应进一步拓展生态文化宣传教育渠道，注重文化创意产业开发创新，保障生态强省建设全面发展。

　　总体来看，安徽处于经济社会快速发展、城镇化不断提高的加速崛起阶段，虽然生态文明建设排名靠后，但进步趋势明显。如何保证经济快速发展的同时，保持生态活力，改善环境质量，是安徽生态文明建设的关键。生态强省目标的实现，需要进一步加快转变经济发展方式，推动新型城镇化和城乡区域协调发展，推进农业现代化，着力推进节能减排和环境保护，将持续协调发展贯彻落实到经济社会发展的各领域、各层面。

G.18

第十八章[*]

福建

一　福建 2012 年生态文明建设状况

2012 年，福建生态文明指数（ECI）得分为 86.56 分，排名全国第 10 位。去除"社会发展"二级指标后，福建绿色生态文明指数（GECI）得分为 72.12 分，排名全国第 12 位。具体二级指标得分及排名情况见表 1。

表 1　2012 年福建生态文明建设二级指标情况汇总

二级指标	得分	排名	等级
生态活力（满分为 41.40 分）	25.63	12	2
环境质量（满分为 34.50 分）	21.08	10	2
社会发展（满分为 20.70 分）	14.45	10	2
协调程度（满分为 41.40 分）	25.40	9	2

福建 2012 年生态文明建设的基本特点是，生态活力、环境质量、社会发展、协调程度都居于全国中上游水平。在生态文明建设的类型上，福建属于均衡发展型（见图 1）。

2012 年福建生态文明建设三级指标数据见表 2。

具体来看，在生态活力方面，森林覆盖率 63.1%，居全国首位。森林质量和建成区绿化覆盖率居于全国上游水平。湿地面积占国土面积比重、自然保护区的有效保护排名靠后，居于全国下游水平。

在环境质量方面，环境空气质量、水土流失率、地表水体质量三项指标居

---

* 执笔人：吴守蓉，博士，硕士生导师。

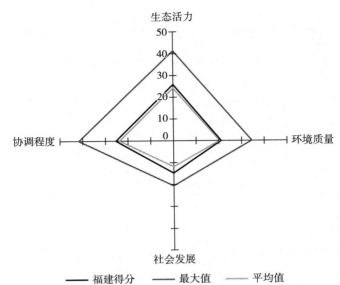

图1　2012年福建生态文明建设评价雷达图

于全国上游水平。尤其是环境空气质量，位于全国第二位。但化肥施用超标量与农药施用强度依然较大，排名靠后，居于全国下游水平。

表2　福建2012年生态文明建设评价结果

一级指标	二级指标	三级指标	指标数据	排名
生态文明指数（ECI）	生态活力	森林覆盖率	63.10%	1
		森林质量	63.18 立方米/公顷	6
		建成区绿化覆盖率	42.03%	6
		自然保护区的有效保护	3.10%	30
		湿地面积占国土面积比重	3.65%	21
	环境质量	地表水体质量	82.20%	10
		环境空气质量	2.45	2
		水土流失率	10.59%	8
		化肥施用超标量	309.07 千克/公顷	30
		农药施用强度	25.5 千克/公顷	29
	社会发展	人均GDP	52763 元	9
		服务业产值占GDP比例	39.27%	16
		城镇化率	59.60%	8
		人均教育经费投入	1705.60 元/人	16
		每千人口医疗机构床位数	3.45 张	25
		农村改水率	89.58%	9

续表

一级指标	二级指标	三级指标	指标数据	排名
生态文明 指数(ECI)	协调程度	环境污染治理投资占 GDP 比重	1.13%	22
		工业固体废物综合利用率	89.22%	6
		城市生活垃圾无害化率	96.40%	8
		COD 排放变化效应	30.64 吨/千米	7
		氨氮排放变化效应	3.48 吨/千米	9
		能源消耗变化效应	−175.09 千克标准煤/公顷	26
		二氧化硫排放变化效应	0.59 千克/公顷	13

在社会发展方面，人均 GDP、城镇化率、农村改水率三项指标得分较高，居于全国上游水平。服务业产值占 GDP 比例、人均教育经费投入、每千人口医疗机构床位数三项指标，居于全国中下游水平。

在协调程度方面，工业固体废物综合利用率、城市生活垃圾无害化率、COD 排放变化效用、氨氮排放变化效用四项指标居于全国上游水平。二氧化硫排放变化效应居于全国中上游水平。环境污染治理投资占 GDP 比重、能源消耗变化效应两项指标居于全国下游水平。

从年度进步情况来看，福建 2011～2012 年度的总进步指数为 3.11%，全国排名第 15 位。

具体到二级指标，生态活力进步指数为 1.67%，排名全国第 3 位；环境质量进步指数为 0.68%，排名全国第 15 位；社会发展进步指数为 7.12%，排名全国第 24 位；协调程度进步指数为 4.57%，排名全国第 15 位。由数据可见，福建 2011～2012 年度在生态活力、环境质量、社会发展、协调程度四个方面都有所进步。其中，生态活力进步指数全国排名靠前，环境质量进步指数和协调程度进度指数处在全国中游水平，社会发展进步指数全国排名偏后。

具体到三级指标，福建 2011～2012 年度社会发展和协调程度有一定进步，这主要得益于人均 GDP、人均教育经费投入和工业固体废物综合利用率的大幅提高。在生态活力和环境质量方面略有进步，这主要是因为自然保护区的有效保护和地表水体质量的提高。部分变化较大的三级指标见表 3。

表3　福建 2011～2012 年部分指标变动情况

三级指标	进步率(%)
自然保护区的有效保护	4.73
地表水体质量	3.79
人均 GDP	11.37
人均教育经费投入	17.93
工业固体废物综合利用率	30.36

二　分析与展望

2012 年，福建生态文明建设呈现良好态势，在生态活力、环境质量、社会发展、协调程度四个方面均衡发展，森林覆盖率高居全国首位，森林资源优势显著，环境空气质量排名全国第 2 位，多项指标居全国前列，呈现出均衡发展的态势。另外，自然保护区的保护问题、农药和化肥的施用强度问题成为福建生态文明建设的短板。

福建十分重视生态文明建设。2010 年福建省人大常委作出《关于促进生态文明建设的决定》，确立了生态省建设在福建经济社会发展中的地位。2011 年福建省政府制定《福建生态省建设"十二五"规划》，明确指出 2015 年基本实现生态省建设主要目标，率先建成资源节约型、环境友好型社会[①]。2012 年生态省建设扎实推进，大力建设重点节能工程和污染减排项目，主要污染物排放得到有效控制，进一步完善了城乡污水处理设施，各县均建成了污水垃圾处理厂。加大以绿化为重点的生态建设力度，大力实施"四绿"工程（绿色城市、绿色村镇、绿色通道和绿色屏障），同时加强水土流失治理，近五年来累计治理水土流失面积 918.7 万亩。农村家园清洁行动和环境连片整治取得阶段性成效。福建 2012 年实施《福建省流域水环境保护条例》，启动农村饮水安全工程，全年解决 201.3 万农村人口饮水问题。

2012 年，福建全面实施《海峡西岸经济区发展规划》《平潭综合实验区总

---

① 《福建省生态文明建设"十二五"规划》。

体发展规划》，全省地区生产总值 19701.78 亿元，增长 11.4%。公共财政总收入 3008.91 亿元，增长 15.9%。城镇居民人均可支配收入 28055 元，增长 12.6%。农民人均纯收入 9967 元，增长 13.5%。第三产业增加值年均增长 10.6%①。在经济稳步增长的同时，福建重视节能减排，出台了《福建省"十二五"节能减排综合性工作方案》《福建省"十二五"主要污染物总量减排考核办法》《关于 2013 年度主要污染物减排工作的意见》，实施 200 项节能重点工程项目，加强重点流域、重点行业和工业园区污染治理②，强化环保监管，严格奖惩措施，注重源头控制，建立污水处理厂，完善城乡污水垃圾处理措施。深入推进重点企业和各类园区循环经济改造，大力发展战略性新兴产业，节能环保装备、太阳能光伏及新型动力电池等领域取得突破，环境空气质量、COD 排放变化效应、氨氮排放变化效应、二氧化硫排放变化效用指数都处在全国中上游水平，这源于福建在经济发展中坚持建设生态省的目标定位，调整优化产业结构，控制能耗总量，坚持节能减排环保理念。但是化肥施用量超标严重和农药施用强度过大的问题依然存在，与全国其他省市相比处于劣势。尤其值得注意的是，环境污染治理投资占 GDP 比重较低，处于全国下游水平。环境污染治理投入偏少在一定程度上影响着环境质量的改善，最终会影响生态环境与经济社会发展的匹配程度。

在经济发展的同时，福建注重以人为本和改善民生，社会事业得到稳步发展。率先实现城乡免费义务教育，成为首批推进义务教育均衡发展省份，每万人口学前教育、高中阶段教育、普通高等教育在校生数居全国前列；制定实施医改"十二五"规划，公立医院改革试点稳步推进，新增医疗机构床位 8500 张，人均基本公共卫生服务经费标准大幅度提高；完成城镇居民养老保险制度全覆盖，完善失业保险制度，重点推进农民工参保；全面加强现代水利建设，开工建设一批水利重大项目，集中力量解决好农村饮水安全问题，农村改水率处在全国上游水平。

福建具有良好的森林资源优势与生态环境，实施"海西战略"的重要契

---

① 《2013 年福建省政府工作报告》。
② 《2012 年福建省政府工作报告》。

机以及开展生态省建设的一系列举措，都有助于福建建设生态文明，实现经济建设与生态环境和谐的美好目标。综观福建生态文明建设状况与发展态势，成效显著，但也存在亟待提升的领域。下一步应重点关注调整产业结构，推进产业结构战略性调整，提高第三产业占 GDP 比重，着力提高城镇化质量；大力推进生态环境建设，加大环境污染治理投资力度，继续加大节能减排力度，深化环境综合整治，加强对自然保护区的有效保护，有效控制化肥和农药的施用量；加快提升公共服务供给能力，完善公共服务体系，继续提高教育质量，深化医药卫生体制改革，扩充医疗卫生资源。

G.19

第十九章[*]
江西

一 江西2012年生态文明建设状况

2012年，江西生态文明指数（ECI）得分为88.60分，排名全国第6位。具体二级指标得分及排名情况见表1。去除"社会发展"二级指标后，江西绿色生态文明指数（GECI）得分为78.68分，全国排名第2位。

表1 2012年江西生态文明建设二级指标情况

二级指标	得分	排名	等级
生态活力（满分为41.40分）	30.56	3	1
环境质量（满分为34.50分）	21.47	8	2
社会发展（满分为20.70分）	9.92	27	4
协调程度（满分为41.40分）	26.66	6	1

江西2012年生态文明建设的基本特点是，生态活力居全国领先水平，协调程度居全国上游，环境质量居于中上游，社会发展欠佳。在生态文明建设的类型上，江西属于生态优势型（见图1）。

2012年江西生态文明建设三级指标数据见表2。

具体来看，在生态活力方面，森林覆盖率、建成区绿化覆盖率仍居全国前两位；森林质量、自然保护区的有效保护、湿地面积占国土面积比重居全国中游。

在环境质量方面，化肥施用超标量、地表水体质量全国排名靠前，环境空

---

* 执笔人：周景勇，博士。

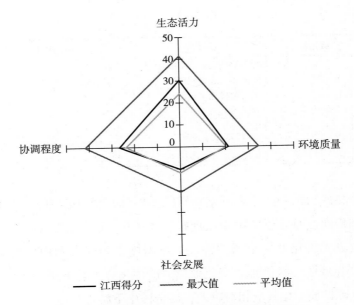

图1 2012年江西生态文明建设评价雷达图

气质量、水土流失率居全国中游，农药施用强度较高，居全国第27位（逆指标）。

表2 江西2012年生态文明建设评价结果

一级指标	二级指标	三级指标	指标数据	排名
生态文明 指数（ECI）	生态活力	森林覆盖率	58.32%	2
		森林质量	40.60立方米/公顷	13
		建成区绿化覆盖率	45.95%	2
		自然保护区的有效保护	7.60%	14
		湿地面积占国土面积比重	5.99%	11
	环境质量	地表水体质量	89.70%	8
		环境空气质量	4.11	12
		水土流失率	20.00%	15
		化肥施用超标量	30.68千克/公顷	6
		农药施用强度	18.17千克/公顷	27
	社会发展	人均GDP	28800元	25
		服务业产值占GDP比例	34.64%	27
		城镇化率	47.51%	19
		人均教育经费投入	1405.36元/人	22
		每千人口医疗机构床位数	3.20张	28
		农村改水率	66.45%	22

续表

一级指标	二级指标	三级指标	指标数据	排名
生态文明指数（ECI）	协调程度	环境污染治理投资占 GDP 比重	2.44%	5
		工业固体废物综合利用率	54.53%	23
		城市生活垃圾无害化率	89.10%	15
		COD 排放变化效应	30.46 吨/千米	9
		氨氮排放变化效应	3.67 吨/千米	6
		能源消耗变化效应	-44.46 千克标准煤/公顷	8
		二氧化硫排放变化效应	0.24 千克/公顷	19

在社会发展方面，五项指标排名均不甚理想，居全国中游偏下乃至下游水平。

在协调程度方面，环境污染治理投资占 GDP 比重较高，居全国第 5 位，城市生活垃圾无害化率居全国中游，工业固体废物综合利用率居全国下游，COD 排放变化效应、氨氮排放变化效应、能源消耗变化效应较好，居全国前十，二氧化硫排放变化效应相对较差，居全国中下游。

从年度进步情况来看，江西 2011~2012 年度的总进步指数为 3.23%，全国排名第 14 位。具体到二级指标，生态活力的进步指数为 1.38%，居全国第 4 位。环境质量进步指数为 0.64%，居全国第 16 位。社会发展的进步指数为 12.95%，居全国第 3 位。协调程度的进步指数为 2.39%，居全国第 19 位。从数据可见，江西 2011~2012 年度生态活力和社会发展进步指数较高，分别位居全国第 4 位、第 3 位；环境质量、协调程度进步指数一般，居全国中游或中游偏下水平。

具体到三级指标，江西 2011~2012 年度生态活力和社会发展方面出现了较明显的进步，生态活力方面的进步主要得益于较高的森林覆盖率、建成区绿化覆盖率以及自然保护区的有效保护的进步；社会发展方面的进步主要得益于人均 GDP、人均教育经费投入、每千人口医疗机构床位数、农村改水率的提升。部分变化较大的三级指标见表 3。

表3 江西 2011~2012 年部分指标变动情况

三级指标	进步率（%）
自然保护区的有效保护	5.74
人均 GDP	10.13
人均教育经费投入	39.52

续表

三级指标	进步率（%）
每千人口医疗机构床位数	25.14
农村改水率	5.66
环境污染治理投资占 GDP 比重	18.45
COD 排放变化效应	13.12
氨氮排放变化效应	13.09
能源消耗变化效应	−9.16

二　分析与展望

总体上看，江西目前正处于区域快速崛起、城镇化大发展的阶段，呈现出稳中有进的良好态势。江西生态环境基础优良，但是社会发展相对其他省份而言仍有差距，经济总量不大、产业层次不高、城乡居民收入偏低，加快发展、做大总量仍是第一要务。

2012 年江西生态文明建设表现优良，这与全省良好的生态基础条件和重视生态文明建设密不可分。江西明确提出，在经济建设中坚持生态文明走向，加快构建现代产业体系，大力发展新能源等战略性新兴产业，抓紧建设锂电、半导体照明、太阳能光伏等重大产业项目；提升旅游业发展层次、建设旅游大省①。2012 年江西将经济建设重点放在鄱阳湖生态经济区建设、昌九工业走廊发展、苏区振兴、绿色崛起的区域发展格局②。加快发展旅游产业，努力建设红色旅游强省、生态旅游名省、旅游产业大省，着力打响"江西风景独好"形象品牌，在武汉、福州、南昌等地举办旅游推介会；推进山水旅游、森林旅游发展。在此基础上，全省经济平稳较快发展，地区生产总值增长 11%；产业结构进一步优化，十大战略性新兴产业增加值增长 15%；旅游总收入 1403亿元，增长 26.8%③。新兴产业、绿色旅游产业等经济增长极成为推动江西生

---

① 江西省人民政府：《2011 年政府工作报告》。
② 江西省人民政府：《2012 年政府工作报告》。
③ 江西省人民政府：《2013 年政府工作报告》。

态文明建设的强大驱动力。

江西将政治建设与生态强省蓝图挂钩，通过法规、政策的引导，推动资源节约型社会建设。颁布《江西省推进煤矿企业兼并重组工作方案》，推进企业兼并重组和煤矿关闭整顿，并保护矿区生态环境；颁布《2012～2015年金属非金属矿山整顿关闭工作实施方案》，计划关闭金属非金属矿山903家，遏制浪费破坏矿产资源、严重污染环境等行为；制定《十二五新能源发展规划》，完善新能源产业发展机制，提升开发利用水平，优化能源结构；颁布《关于实行最严格水资源管理制度的实施意见》，到2015年全省用水总量力争控制在300亿立方米以内、重要江河湖泊水功能区水质达标率提高到85%以上；颁布《建设项目环境影响评价文件分级审批规定》，依照法律法规严格项目建设的环评审批制度；通过《鄱阳湖生态经济区环境保护条例》，以法规的形式严格规范鄱阳湖生态经济区范围内的生产、经营、建设、旅游、科学研究、管理等活动；颁布《2012年度市县政府考核评价实施意见》，将生态文明建设纳入对市县政府考核的八个项目之一。这些举措为生态文明建设持续迈进提供了强有力的政策保障。

江西提出以文化率先崛起促进全省绿色崛起，以文化产业跨越发展促进全省的进位赶超，以文化大省建设和鄱阳湖生态经济区文化建设为重点，为实现富裕和谐秀美江西提供强大的精神动力和文化条件①。发挥红色文化资源丰富的优势，大力弘扬井冈山、苏区精神，努力成为弘扬红色文化的先锋。促进文化与旅游的深度、多元融合，着力发展文化旅游产业，制定了《鄱阳湖生态经济区生态文化建设专项规划》，在鄱阳湖国家湿地公园推出中华龙舟赛、万年稻作文化节等，进行文化与生态旅游融合发展的有益尝试。江西切实提高文化软实力，增强民众对生态文明建设的重视度与参与度，将其打造成生态文明建设活的灵魂。

江西全力推进社会建设，努力构建和谐江西。优先发展教育事业，进一步强化教育投入保障，确保财政教育支出占当年财政支出比重；为发展农村教育事业，颁布《关于进一步规范农村义务教育学校布局调整的实施意见》。推进

---

① 江西省文化厅：《2012年江西文化工作要点》。

城镇化发展，开展园林城市、生态城市、森林城市和文明城镇创建，提高城市发展质量和品位；加强农村新型社区建设，优化农村人居环境，加快发展农村新型社区；因地制宜发展农村可再生能源，推进农村生活能源清洁化和现代化。医疗卫生建设方面，加快推进基本医疗卫生制度建设，健全以基本医疗保障为主体的多层次医疗保障体系，提高保障能力和管理水平，增强基本医疗和公共卫生服务能力[1]。江西在教育、医疗、城镇化建设方面的举措，为生态文明建设创造了良好的社会条件。

江西主打生态品牌，将生态环境建设与保护放在基础性地位。在环境保护领域，围绕建设秀美江西，造林298.65万亩；新增200个集镇、2万个自然村实施垃圾无害化处理；实施重点工业企业污染源治理工程，继续开展环境保护专项整治行动，抓好自然保护区、森林公园和湿地公园建设和管理；扎实推进节能减排，单位GDP能耗下降5%，化学需氧量等完成国家减排任务。在生态经济方面，围绕"生态与经济协调发展的路子"，大力发展低碳与生态经济，推进循环经济发展，加快构建资源节约型、环境友好型产业体系；积极推进鄱阳湖生态经济区等先导示范区建设。江西生态环境建设与保护的特色之路，为经济、政治、文化、社会进步奠定了坚实的生态环境基础。

下一步，江西生态文明建设应当制定科学合理的整体规划，经济领域继续突出新兴产业、新能源、生态旅游的支柱作用，主打绿色经济，持续推进节能减排；政治领域强化法制建设与政府职能，加强引领、监督；文化领域突出对绿色崛起、生态文明、秀美江西的宣传引导，建立全民共识与自觉；社会建设领域紧抓协调持续发展，继续推进教育事业与医疗卫生事业进步；环境保护领域突出依法保护宝贵资源，发展生态、休闲农业，增加植树造林，防治水土流失，降低农药施用强度，加强工业固体废物综合利用和城市生活垃圾无害化处理。放眼长远，绿色崛起的江西值得期待。

---

① 江西省人民政府：《江西省"十二五"期间深化医药卫生体制改革规划暨实施方案》。

.20

第二十章[*]

山东

一　山东 2012 年生态文明建设状况

2012 年，山东生态文明指数（ECI）得分为 76.71 分，排名全国第 23 位。具体二级指标得分及排名情况见表 1。去除"社会发展"二级指标后，山东绿色生态文明指数（GECI）得分为 61.62 分，全国排名第 28 位。

表 1　2012 年山东生态文明建设二级指标情况

二级指标	得分	排名	等级
生态活力（满分为 41.40 分）	24.64	15	3
环境质量（满分为 34.50 分）	11.88	31	4
社会发展（满分为 20.70 分）	15.09	7	2
协调程度（满分为 41.40 分）	25.09	10	2

山东 2012 年生态文明建设的基本特点是，生态活力居全国中游水平，社会发展和协调程度居于上游水平，环境质量欠佳，居于全国末位。在生态文明建设的类型上，山东属于社会发达型（见图 1）。

2012 年山东生态文明建设三级指标数据见表 2。

具体来看，在生态活力方面，湿地面积占国土面积比重和建成区绿化覆盖率两个指标居于全国前列，分别位于第 4 位和第 5 位。但是森林覆盖率、森林质量、自然保护区的有效保护三个指标都处于全国下游水平。

在环境质量方面，水土流失率居全国中上游水平。化肥施用超标量和农药

---

*　执笔人：孙宇，博士。

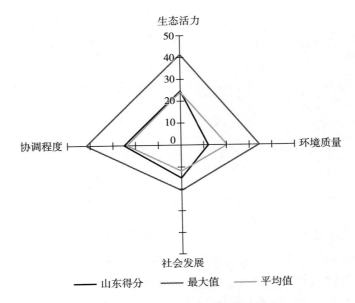

图1　2012年山东生态文明建设评价雷达图

施用强度较高，居于全国中下游。地表水体质量和环境空气质量较差，居于全国下游水平。

表2　山东2012年生态文明建设评价结果

一级指标	二级指标	三级指标	指标数据	排名
生态文明指数（ECI）	生态活力	森林覆盖率	16.72%	22
		森林质量	24.91 立方米/公顷	25
		建成区绿化覆盖率	42.12%	5
		自然保护区的有效保护	4.70%	25
		湿地面积占国土面积比重	11.72%	4
	环境质量	地表水体质量	31.60%	26
		环境空气质量	6.66	30
		水土流失率	18.92%	13
		化肥施用超标量	213.26 千克/公顷	23
		农药施用强度	14.90 千克/公顷	23
	社会发展	人均GDP	51768 元	10
		服务业产值占GDP比例	39.98%	14
		城镇化率	52.43%	14
		人均教育经费投入	1424.50 元/人	19
		每千人口医疗机构床位数	4.44 张	5
		农村改水率	92.20%	7

续表

一级指标	二级指标	三级指标	指标数据	排名
生态文明指数（ECI）	协调程度	环境污染治理投资占 GDP 比重	1.48%	14
		工业固体废物综合利用率	93.08%	3
		城市生活垃圾无害化率	98.10%	6
		COD 排放变化效应	9.30 吨/千米	19
		氨氮排放变化效应	0.66 吨/千米	22
		能源消耗变化效应	−168.85 千克标准煤/公顷	25
		二氧化硫排放变化效应	0.75 千克/公顷	9

在社会发展方面，每千人口医疗机构床位数和农村改水率居于全国前列，分别位于第 5 位和第 7 位。人均 GDP、服务业产值占 GDP 比例以及城镇化率处于全国中上游水平。人均教育经费投入处于全国中下游水平。

在协调程度方面，工业固体废物综合利用率、城市生活垃圾无害化率居全国前列，分别处于第 3 位、第 6 位。二氧化硫排放变化效应、环境污染治理投资占 GDP 比重居于全国中上游水平。但 COD 排放变化效应、氨氮排放变化效应以及能源消耗变化效应都居于全国中下游水平。

从年度进步情况来看，山东 2011～2012 年度的总进步指数为 4.06%，全国排名第 10 位。具体到二级指标，生态活力的进步指数为 −0.33%，居全国第 29 位。环境质量进步指数为 1.90%，居全国第 9 位；社会发展的进步指数为 9.91%，居全国第 11 位；协调程度的进步指数为 7.31%，居全国第 10 位。从数据可见，山东 2011～2012 年度环境质量、社会发展和协调程度的进步指数都居于全国中上游，但生态活力进步指数为负值，全国排名欠佳。

具体到三级指标来看，山东 2011～2012 年度环境质量、协调程度和社会发展方面都出现了较高的进步率。环境质量的进步主要得益于地表水体质量的提高。协调程度的进步主要得益于城市生活垃圾无害化率、COD 排放变化效应、氨氮排放变化效应和环境污染治理投资占 GDP 比重的提高。社会发展的进步主要得益于人均教育经费投入的较大幅度提高和人均 GDP 的增长。而生态活力的进步指数出现负值主要源于自然保护区的有效保护的下降。部分变化较大的三级指标见表 3。

表3　山东 2011～2012 年部分指标变动情况

三级指标	进步率(%)
地表水体质量	6.76
人均 GDP	9.37
人均教育经费投入	31.38
城市生活垃圾无害化率	6.01
环境污染治理投资占 GDP 比重	9.63
自然保护区的有效保护	−2.08
COD 排放变化效应	26.11
氨氮排放变化效应	25.38

二　分析与展望

　　总体而言，2012 年山东生态文明指数在全国排名靠后，虽然社会发展和协调程度居于全国上游水平，生态活力居全国中游水平，但是环境质量欠佳，居于全国末位，值得加以关注。从年度进步情况看，山东总进步指数处于全国上游水平，其中环境质量、协调程度和社会发展进步指数较高，但生态活力进步指数出现负值，排名欠佳。

　　在生态活力方面，自从 2003 年山东启动生态省建设以来，对于造林绿化、湿地保护、自然保护区建设的投入明显增加。山东湿地资源丰富，湿地面积占国土面积比重居全国第四。山东对于湿地的保护不遗余力，通过开展宣传教育活动，增强湿地保护意识；加大对湿地修复的投入，增加湿地保护工程投资；编制《山东省湿地保护工程规划（2006～2020 年）》，制定《山东省湿地公园管理办法》《山东省湿地保护办法》等，为湿地保护提供依据和法律保障。同时，山东对园林绿化的重视程度很高，建成区绿化覆盖率已达到 42.12%，人均公园绿地面积达到 16.37 平方米，居全国前列。从 2012 年的数据来看，山东的森林覆盖率和森林质量仍然不高。山东省林业厅副厅长表示，山东仍是森林资源比较少的省份，全省有林地面积、林木覆盖率等主要森林资源指标均居全国后列，"生态山东"建设任重而道远。2012 年山东自然保护区的有效保护比 2011 年略有降低，这也造成了生

态活力进步指数呈现负数。《山东省自然保护区发展规划（2008～2020年)》明确指出了自然保护区建设中存在的问题，如认识不到位、布局不合理、管理不到位、资金投入不足等，也明确了今后一段时间山东自然保护区建设的重点、发展布局和保障措施①。以此为契机，山东的自然保护区建设会取得显著进步。

在环境质量方面，农药、化肥施用强度较高，地表水体质量和环境空气质量较差，导致山东环境质量排名垫底，成为生态文明建设的短板。虽然山东在2006年就提出了以减少农药、减少化肥，保产量、保质量、保环境为内容的"两减三保"计划，但从2012年的数据看，农药施用强度和化肥施用超标量仍然居高不下。山东是农业大省，近十年来粮食连年增产，但是必须清醒地认识到，过量施用农药、化肥不仅造成土壤和环境的恶化，更对农产品质量安全构成威胁。山东环境空气质量差，很大程度上在于能源结构不合理。山东煤炭消费量占全国近十分之一，以煤炭为主的能源结构不改变，空气质量就难以根本改善。山东应该在发展太阳能、生物质能、地热能、海洋能等可再生能源方面多做探索，淘汰一些严重污染空气的产业，合理规划工业布局，加大绿化造林力度，改善空气质量。同时应实时发布全省主要城市环境空气质量监测信息，分阶段实施逐步严格的大气污染物排放地方标准，建立应对雾霾天气的长效机制②。在治理流域污染方面，山东探索出"治、用、保"的新路子，即污染治理、循环利用和生态保护相结合，2012年省控59条重点污染河流全部恢复鱼类生长，在国家组织的淮河流域和海河流域治污考核中分别夺得"五连冠"和"三连冠"③。但是，山东地表水体质量在全国的排名仍居下游，流域污染治理工作不容懈怠。

在社会发展方面，山东的医疗条件和农村改水率居全国前列。山东重视改善民生，2012年民生投入占财政支出达到56.1%。随着社会主义新农村建设的推进，基本实现自来水村村通。全民医保基本实现，城乡基本医疗卫生制度初步建立。农村三级医疗卫生服务网络和城市社区卫生服务体系建设快步推

---

① 参见《山东省自然保护区发展规划（2008～2020年)》。

② 参见《山东省2013年政府工作报告》。

③ 参见《山东省2013年政府工作报告》。

进，社会力量办医得到支持。山东注重产业结构的优化调整，2012 年服务业比重在三次产业中达到 40%。在经济持续发展的同时，山东也加大了教育投入，2012 年教育投入占财政支出比重达到 22.3%。但与其他省份相比，山东的人均教育经费投入仍然居于全国中下游，这与山东经济的持续增长是不相适应的。

从协调程度看，山东社会经济发展与环境质量间协调程度较好，协调程度的进步指数也居全国上游，呈现出较好的发展态势。为建设"生态山东""美丽山东"，山东加大环境污染治理投资比重，积极推进污水垃圾处理设施建设与改造，城市垃圾无害化处理率达到 98.10%，居全国前列。山东也重视固体废物管理和综合利用，强化土壤、重金属和危险废物的污染防治，工业固体废物综合利用率跻身全国前三位。在节能方面，实行能源消费强度和总量双控制，开展千家企业节能低碳行动，2012 年关停小火电 32.55 万千瓦，淘汰炼铁、炼钢产能 150 万吨和 40 万吨，单位 GDP 能耗下降 4% 左右。在减排方面，严格落实工程减排、结构减排和管理减排措施，确保主要污染物排放量持续削减。山东是造纸、采矿、冶炼、化工等高污染行业的大户，COD 排放对水体污染严重。同时，山东的能源结构仍以煤炭为主，空气污染的治理压力仍然很大。山东应继续在调整能源结构、开发清洁能源、关停污染严重企业等方面深入开展工作。

G.21
第二十一章*
河南

一 河南 2012 年生态文明建设状况

2012 年，河南生态文明指数（ECI）得分为 71.95 分，排名全国第 29 位。具体二级指标得分及排名情况见表 1。去除"社会发展"二级指标后，河南绿色生态文明指数（GECI）得分为 62.25 分，排名全国第 27 位。

表1 2012 年河南生态文明建设二级指标情况汇总

二级指标	得分	排名	等级
生态活力（满分为 41.40 分）	21.69	26	4
环境质量（满分为 34.50 分）	16.10	28	3
社会发展（满分为 20.70 分）	9.70	29	4
协调程度（满分为 41.40 分）	24.46	13	2

总体而言，河南协调程度居全国中上游水平，生态活力、环境质量和社会发展方面居全国下游水平。生态文明建设的类型属于低度均衡型（见图 1）。

2012 年河南生态文明建设三级指标数据见表 2。

具体来看，在生态活力方面，森林覆盖率、森林质量、建成区绿化覆盖率、湿地面积占国土面积比重这三项指标均居全国第 20 位前后，自然保护区占辖区面积比重为 4.4%，自然保护区的有效保护居全国第 26 位，整体来看，生态活力位于全国中下游水平。

在环境质量方面，水土流失率和农药施用强度分别排名第 12 位和第 14

---

* 执笔人：展洪德，博士，硕士生导师。

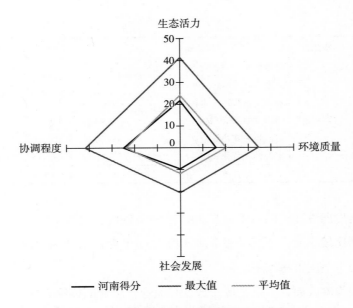

图 1 2012 年河南生态文明建设评价雷达图

位，位于全国中上游水平；环境空气质量、地表水体质量和化肥施用超标量均位于全国下游水平。

表 2 河南 2012 年生态文明建设评价结果

一级指标	二级指标	三级指标	指标数据	排名
生态文明指数（ECI）	生态活力	森林覆盖率	20.16%	20
		森林质量	38.43 立方米/公顷	16
		建成区绿化覆盖率	36.90%	22
		自然保护区的有效保护	4.40%	26
		湿地面积占国土面积比重	3.74%	19
	环境质量	地表水体质量	39.80%	25
		环境空气质量	5.89	28
		水土流失率	18.01%	12
		化肥施用超标量	254.89 千克/公顷	25
		农药施用强度	9.00 千克/公顷	14
	社会发展	人均 GDP	31499 元	23
		服务业产值占 GDP 比例	30.94%	31
		城镇化率	42.43%	27
		人均教育经费投入	1259.21 元/人	28
		每千人口医疗机构床位数	3.89 张	17
		农村改水率	62.22%	26

续表

一级指标	二级指标	三级指标	指标数据	排名
生态文明指数（ECI）	协调程度	环境污染治理投资占 GDP 比重	0.71%	28
		工业固体废物综合利用率	76.05%	11
		城市生活垃圾无害化率	86.40%	19
		COD 排放变化效应	6.46 吨/千米	23
		氨氮排放变化效应	0.60 吨/千米	24
		能源消耗变化效应	−60.00 千克标准煤/公顷	11
		二氧化硫排放变化效应	0.97 千克/公顷	5

在社会发展方面，除每千人口医疗机构床位数排名第17位外，其他各项指标排名均比较靠后，尤其是服务业产值占 GDP 比例居全国末位。整体来看，社会发展处于全国下游水平。

在协调程度方面，二氧化硫排放变化效应、工业固体废物综合利用率、能源消耗变化效应三项指标位居全国上游水平，尤其是二氧化硫排放变化效应排名第5位，进入了全国前列；但环境污染治理投资占 GDP 比重、COD 排放变化效应、氨氮排放变化效应等方面排名比较靠后。协调程度整体呈两极分化状态。

从年度进步指数来看，河南 2011～2012 年度生态文明建设总进步指数为3.67%，位于全国进步指数排行榜第12位。生态活力进步指数为 0.10%，排名全国第21位。环境质量进步指数为 1.32%，排名第10位。社会发展进步指数为 12.55%，位于全国第5位。协调程度进步指数为 4.75%，位于全国第14位。

部分变化较大的三级指标进步率见表3。

表3 河南 2011～2012 年部分指标变动情况

三级指标	进步率（%）
地表水体质量	6.42
农药施用强度	0.38
人均 GDP	9.90
人均教育经费投入	29.99
环境污染治理投资占 GDP 比重	16.39
二氧化硫排放变化效应	7.46

二　分析与展望

2012 年，河南在生态文明建设方面取得了明显成效，尤其在协调废气排放和大气环境容量的关系方面成绩显著。但是，生态文明建设的整体状况仍不容乐观，生态活力和社会发展排名靠后，ECI 排名仍位于后列，生态文明建设力度还有待加强。

河南在生态活力方面位于全国后列，有待加强。观察各三级指标可以发现，河南森林覆盖率为 20.16%，尚低于全国平均水平。森林被誉为"地球之肺"，森林覆盖率的高低直接影响着生态活力的强弱。因此，河南应当在加强天然林保护的同时，继续进行森林生态系统建设，尤其应在山区植被、森林抚育等方面加大力度。为此，河南已经开始行动，2013 年和 2014 年的政府工作报告均将推进天然林保护、退耕还林工程和重点地区防护林、农田防护林、生态廊道网络建设确定为年度工作的重点。相信随着上述工作的开展，河南在生态活力建设方面的成绩将会逐步提升。当然，提高生态活力还应当在湿地保护、自然保护区的有效管理方面加大力度。河南省政府 2013 年发布的《河南生态省建设规划纲要》表明，2015 年河南受保护地区占国土面积比例将达到23% 以上。因此，湿地和自然保护区的有效保护也将成为提高河南生态活力的强劲动力。

2012 年河南环境质量排名第 28 位，说明在大气、水体及土壤安全保障方面仍需作出努力。考察各三级指标可知，影响其环境质量的因素主要是大气、水体污染和化肥施用量超标。河南仍处于工业高速发展时期，碳及其他废气排放仍处于上升期，空气质量综合指数仍在高位徘徊。因此，应当加强大气污染治理，推广使用清洁能源，严格控制二氧化硫、氮氧化物、粉尘等污染物排放。主要河流Ⅲ类以上水质所占比例仅为 39.80%，远低于全国 67% 的平均水平，说明河南在追求经济高速发展的过程中，仍没有摆脱传统的高污染、高排放的粗放经营模式。因此，应当对工业污水排放实行总量控制并全程监控，提高污水处理能力和技术水平，同时推进淮河、黄河、海河和长江流域四大流域及重点河段的污染治理工作，提高水体自净能力。土壤污染是农业大省的通病，河南也不例外，2012 年指标数据显示，化肥施用超标量为 254.89 千克/公顷，指标排名第 25 位。因此，应当加强土壤污染监督防治工作，建立健全土壤污染防控制度体系，促进耕地承包经营权的流转，发展农业规模化经营，加强污染治理与监督防控。2014 年，河南陆续出台了"蓝天、碧水、乡村清洁"三大工程行动计划和《关于建设美丽河南的意见》。可以预见，近期河南在建设资源节约型、环境友好型社会方面将取得较大进展。虽然环境质量整体水平不高，但从动态上看，河南的环境质量呈现进步态势，2012 年的进步指数为 1.32%，进入全国前十位。这主要得益于农药施用强度下降，在大部分省份的农药施用强度进步率呈负值的情况下，河南的进步率为 0.38%，呈现可喜的进步趋势。另外，地表水体质量的小幅度提高，也拉动了环境质量进步指数的上升。

在社会发展方面，河南排名第 29 位。三级指标数据显示，服务业产值占 GDP 比例虽然较上年增长了约一个百分点，但排名仍居末位，说明其产业结构调整仍然进展迟缓。这与河南整体经济发展水平不高、农业大省的刚性结构、城镇化率偏低等诸多因素有关。历年数据显示，第三产业发展滞后已成为制约河南社会发展的重要因素。对此该省也有清醒认识，近年来的政府工作报告无不将调整产业结构确定为年度工作重点。2014 年《关于建设美丽河南的意见》中也明确将"推进产业转型升级，提高发展质量和效益"作为建设美丽河南的主要内容。而产业结构调整确是一项进展缓慢的艰巨工程，不可能一蹴而就。只要坚持不懈，布局合理，河南在产业转型升级方面定能取得不俗的成绩。在三级指标中，人均教育经费投入长期偏低也是影响河南社会发展的重要因素。2012 年，该省的人均教育经费投入达到 1259.21 元，较上年度有较大增长，但是与全国平均水平 1598.22 元还有相当大的差距。同时，受制于经济发展水平和产业结构，农村改水率和城镇化率偏低也影响了社会发展的排名。因此，河南在社会发展方面还面临着长期而艰巨的任务。值得指出的是，从动态上看，河南的社会发展进步指数上升比较明显，排名由上年度的第 12 位晋升到第 5 位。尽管各三级指标排名都比较靠后，但各三级指标值较上年均有增长，尤其是每千人口医疗机构床位数增幅比较明显，带动了社会发展进步指数排名上升，河南在社会发展方面仍呈进步态势。

　　协调程度可谓河南生态文明建设的亮点，排名第 13 位，尤其是二氧化硫排放变化效应和能源消耗变化效应均位于全国上游，说明该省在协调大气污染物排放与大气环境容量的关系方面已取得了显著成效。工业固体废物综合利用率排名第 11 位，说明在发展循环经济和建设资源节约型社会方面也取得了较大进展。不过，氨氮排放变化效应和 COD 排放变化效应排名仍比较靠后，说明在处理水污染物和水体环境容量方面尚缺乏合理举措。环境污染治理投资占GDP 比重偏低，说明在处理经济发展和环境污染的关系方面，仍一定程度上存在"重经济发展、轻环境治理"的思想。不过，河南近年来的一系列举措表明，人与自然和谐相处的生态伦理观正在逐步树立，经济、社会、生态、环境协调发展的目标已经确立，一个生态环境良好、和谐宜居的美丽河南值得期待。

G.22

第二十二章*

湖北

一 湖北 2012 年生态文明建设状况

2012 年，湖北生态文明指数（ECI）得分为 74.59 分，排名全国第 27 位。具体二级指标得分及排名情况见表 1。去除"社会发展"二级指标后，湖北绿色生态文明指数（GECI）得分为 62.73 分，全国排名第 25 位。

表 1　2012 年湖北生态文明建设二级指标情况汇总

二级指标	得分	排名	等级
生态活力（满分为 41.40 分）	24.64	15	3
环境质量（满分为 34.50 分）	18.02	21	3
社会发展（满分为 20.70 分）	11.86	18	3
协调程度（满分为 41.40 分）	20.07	30	4

湖北 2012 年生态文明建设的基本特点是，生态活力、环境质量和社会发展居于全国中下游水平，协调程度居于全国下游水平。生态文明建设的类型属于相对均衡型（见图 1）。

2012 年湖北生态文明建设三级指标数据见表 2。

具体来看，在生态活力方面，森林覆盖率、森林质量、建成区绿化覆盖率和湿地面积占国土面积比重四项指标处于全国中游水平。自然保护区的有效保护指标处于全国下游水平。

在环境质量方面，地表水体质量排在全国第 13 位，居于全国中上游水平。

---

* 执笔人：李媛辉，硕士生导师。

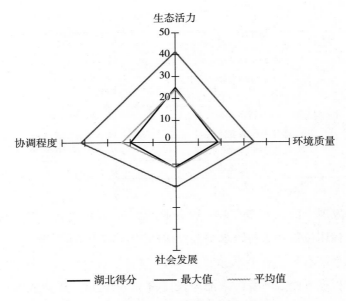

图1　湖北生态文明建设评价雷达图

环境空气质量、水土流失率、化肥施用超标量和农药施用强度四项指标居全国下游水平。

表2　湖北2012年生态文明建设评价结果

一级指标	二级指标	三级指标	指标数据	排名
生态文明 指数（ECI）	生态活力	森林覆盖率	31.14%	17
		森林质量	36.18 立方米/公顷	20
		建成区绿化覆盖率	38.86%	14
		自然保护区的有效保护	5.14%	24
		湿地面积占国土面积比重	4.99%	15
	环境质量	地表水体质量	76.00%	13
		环境空气质量	4.97	21
		水土流失率	32.31%	22
		化肥施用超标量	214.28 千克/公顷	24
		农药施用强度	17.27 千克/公顷	25
	社会发展	人均GDP	38572 元	13
		服务业产值占GDP比例	36.89%	20
		城镇化率	53.5%	13
		人均教育经费投入	1188.72 元/人	30
		每千人口医疗机构床位数	3.99 张	15
		农村改水率	73.32%	18

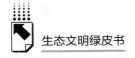

续表

一级指标	二级指标	三级指标	指标数据	排名
生态文明 指数（ECI）	协调程度	环境污染治理投资占 GDP 比重	1. 28%	16
		工业固体废物综合利用率	75. 38%	12
		城市生活垃圾无害化率	71. 5%	26
		COD 排放变化效应	11. 25 吨/千米	15
		氨氮排放变化效应	1. 43 吨/千米	14
		能源消耗变化效应	−118. 63 千克标准煤/公顷	19
		二氧化硫排放变化效应	0. 47 千克/公顷	15

在社会发展方面，人均 GDP、服务业产值占 GDP 比例、城镇化率、每千人口医疗机构床位数和农村改水率五项指标居于全国中游水平。人均教育经费投入居全国下游水平，居第 30 位。

在协调程度方面，环境污染治理投资占 GDP 比重、工业固体废物综合利用率、COD 排放变化效应、氨氮排放变化效应、能源消耗变化效应、二氧化硫排放变化效应六项指标居全国中游水平。城市生活垃圾无害化率居全国下游水平。

从年度进步情况来看，湖北 2011～2012 年度的总进步指数为 2. 51%，全国排名第 18 位。具体到四项二级指标，进步指数全部显示为正增长。生态活力的进步指数为 0. 08%，居全国第 22 位，主要是由于建成区绿化覆盖率的小幅上升。环境质量的进步指数为 0. 73%，居全国第 14 位，主要是地表水体质量小幅上升，化肥施用超标量、农药施用强度小幅下降所致，其进步率分别为 1. 47%、1. 69%、0. 87%。社会发展的进步指数为 9. 44%，居全国第 15 位，主要原因是人均 GDP、城镇化率、人均教育经费投入、每千人口医疗机构床位数、农村改水率均有不同幅度上升，其进步率分别为 12. 79%、3. 22%、16. 01%、20. 83%、7. 10%。协调程度的进步指数为 2. 94%，居全国第 18 位，主要原因是城市生活垃圾无害化率、二氧化硫排放变化效应大幅提高，其进步率达到 17. 17%、11. 89%。部分三级指标出现了退步，自然保护区的有效保护、环境污染治理投资占 GDP 比重、工业固体废物综合利用率、COD 排放变化效应、氨氮排放变化效应、能源消耗变化效应进步率均为负值，分别为 −0. 39%、−3. 03%、−4. 61%、−6. 01%、−5. 90%、−1. 87%。

二　分析与展望

2012 年，湖北生态文明建设四项二级指标比上年均有不同程度的进步。但是，湖北 ECI 在全国排名第 27 位，协调程度排在第 30 位，处于第四等级，生态活力、环境质量、社会发展处于第三等级，生态文明建设总体水平有待进一步提高。2012 年，湖北省人大通过《湖北省构建促进中部地区崛起重要战略支点条例》，该条例第四章为"两型社会建设"，确立了"坚持生态立省，建立有利于生态文明的体制机构"的战略思想。

在生态活力方面，2012 年湖北以大山大江为重点，实施天然林保护、退耕还林、长江防护林、石漠化治理等重大生态修复工程，推进三峡库区、丹江库区水源涵养地修复，推进长江、汉江、清江流域水土保持带维护，推进大别山、武陵山、秦巴山、幕阜山生态屏障建设，推进荒漠化、石漠化、水土流失综合治理；抓好平原绿化和农田林网建设，加强"千湖之省"湿地保护和森林资源管护，构建比较完善的生态系统①。下一步湖北应当构建以森林植被为主体的国土绿化和生态安全体系，全面深入推进天然林保护、退耕还林、沿江（库）防护林建设等重点生态工程，加大重点生态示范区、示范带支持力度。

在环境质量方面，湖北的地表水体质量、化肥施用超标量、农药施用强度比上年均有进步。2012 年 2 月，武汉市通过的《武汉市建设人民幸福城市规划》，系全国首个建设幸福城市专项规划，把"加强生态保护和污染治理"列为重要内容，明确将环境空气质量优良率、饮用水水质达标率等 9 项环保指标列为建设人民幸福城市主要预期指标。2012 年 5 月 30 日，湖北省人大通过《湖北省湖泊保护条例》。这是我国首部省级湖泊保护条例，标志着湖北湖泊保护步入法治轨道。这部地方性法规为湖泊划出了两条"生命线"，即湖泊保护区和湖泊控制区，突出强调对湖泊功能和生态环境的保护。2012 年 8 月 23 日，湖北省政府办公厅印发了《湖北省加快实施最严格水资源管理制度试点方案》，建立水功能区限制纳污制度。2012 年 5 月 7 日，湖北省环保厅下发了

---

① 王海涛：《建设生态文明　打造美丽湖北》，《中国绿色时报》2012 年 11 月 30 日。

《关于贯彻落实〈环境空气质量标准〉（GB3095 - 2012）的通知》，到 2012 年底，武汉市城区 10 个环境空气自动监测点位形成 PM2.5、O_3、CO 等新增指标的监测能力，全面开展监测，向社会公布监测数据。2012 年 6 月 4 日，湖北省政府出台《关于加强耕地保护　构建保障跨越式发展用地新机制的意见》，大力推进测土配方施肥、增施有机肥和土壤改良措施，提升现有耕地质量。湖北下一步应加强农村生态环境保护，支持推广沼气综合利用技术，科学合理地施用化肥、农药等农业投入品，支持推广有机化肥和无公害生物农药，发展禽畜水产生态养殖，控制农业面源污染。

在社会发展方面，湖北 2012 年人均 GDP 达到了 38572 元，首次超过全国平均水平。湖北也是中部地区人均 GDP 唯一超过全国的省份，稳居中部第一。随着"两圈一带"[①]、"一主两副"[②]、"一红一绿"[③]、长江中游城市集群[④]等战略的提出与推进，湖北省先后完成仙洪新农村建设试点、鄂州城乡一体试点、竹房城镇带建设、7 个山区县市脱贫奔小康试点[⑤]等创新城市管理和城镇化建设任务，城镇化发展进入新阶段，2012 年城镇化率达到 53.5%，高于全国 0.93 个百分点[⑥]。湖北 2012 年人均教育经费投入比上年增加了 164.06 元，增幅达到 16.01%。但是，从全国来看，湖北人均教育经费投入太少，排名倒数第 2 位，还有很大的上升空间。

在协调程度方面，2012 年湖北做了不少工作。2012 年 3 月 9 日，湖北省委省政府出台《关于加强环境保护促进科学发展跨越式发展的意见》，强力推进污染减排。造纸、印染和化工行业实行化学需氧量和氨氮排放总量控制，钢铁行业实行二氧化硫总量控制，电力行业实行二氧化硫和氮氧化物总量控制，水泥、煤化工等行业强化二氧化硫和氮氧化物治理。湖北于 2009 年 3 月 18 日

①　两圈：武汉城市圈和鄂西生态文化旅游圈，一带：长江经济带。
②　以武汉为全省主中心城市，宜昌、襄阳为省域副中心城市。
③　"武陵山少数民族经济社会发展试验区"和"大别山革命老区经济社会发展试验区"，简称"一红一绿"两区建设。
④　涵盖武汉城市圈、长株潭城市群、环鄱阳湖城市群等中部城市经济地区，以浙赣线、长江中游交通走廊为主轴，呼应长江三角洲和珠江三角洲，打造国家规划重点地区和全国区域发展新的增长极。
⑤　7 个试点县市分别为大悟、鹤峰、丹江口、英山、五峰、保康和通山。
⑥　《湖北省城镇化率达 53.5%　高于全国 0.93 个百分点》，《湖北日报》2013 年 2 月 4 日。

正式启动主要污染物排污权交易，推行有偿排污。其后颁布了《湖北省主要污染物排污权交易试行办法》，主要污染物排污权交易由原来的化学需氧量、二氧化硫2项增至4项，氨氮、氮氧化物首次纳入排污权交易范围。排污权交易遵循自愿、公平和有利于环境资源优化配置、环境质量逐步改善的原则。排污单位通过实施工艺更新、清洁生产以及强化污染治理，主要污染物年度实际排放量少于年度许可排放量的，可以向所在地环保部门申请减排登记，减排量可进行主要污染物排污权交易，也可以储备。但是，湖北在协调程度方面除了城市生活垃圾无害化率、二氧化硫排放变化效应比上年有所进步外，其余指标比上年均有退步。好的制度需要执行才能产生预期的效果，湖北出台的《关于加强环境保护促进科学发展跨越式发展的意见》提出，将环保目标纳入各地领导班子和领导干部政绩评价体系，未完成环境保护和生态文明建设任务的单位领导干部不得提拔任用，必须具体落实到位。未来应尽快制定并实施针对湖北实际的生态文明目标考核制度，同时将多个部门分别考核的分散体制，改为省委省政府有关机构统一组织考核。

G.23

第二十三章[*]

湖南

一　湖南 2012 年生态文明建设状况

2012 年，湖南生态文明指数（ECI）得分为 85.92 分，全国排名第 12 位。具体二级指标得分及排名情况见表 1。去除"社会发展"二级指标后，湖南绿色生态文明指数（GECI）得分为 74.71 分，全国排名第 9 位。

表 1　2012 年湖南生态文明建设二级指标情况汇总

二级指标	得分	排名	等级
生态活力（满分为 41.40 分）	23.66	18	3
环境质量（满分为 34.50 分）	23.77	5	1
社会发展（满分为 20.70 分）	11.21	22	3
协调程度（满分为 41.40 分）	27.29	3	1

湖南 2012 年生态文明建设的基本特点是，环境质量、协调程度居于全国上游水平，生态活力、社会发展居于全国中下游水平。在生态文明建设的类型上，湖南属于相对均衡型（见图 1）。

2012 年湖南生态文明建设三级指标数据见表 2。

具体来看，在生态活力方面，森林覆盖率在全国排名靠前，居于第 8 位，湿地面积占国土面积比重居于第 13 位。森林质量、建成区绿化覆盖率和自然保护区的有效保护这三项指标居全国中下游水平。

在环境质量方面，地表水体质量达到 96.1%，居全国第 3 位。化肥施用超标量 67.66 千克/公顷，居全国第 11 位。环境空气质量和水土流失率处于全

---

　* 执笔人：李媛辉，硕士生导师。

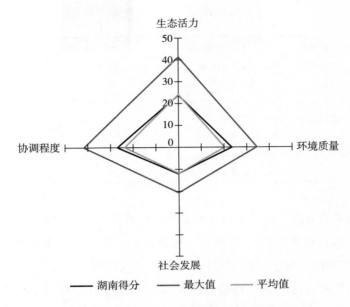

图1 2012年湖南生态文明建设评价雷达图

国中等水平。农药施用强度在全国排名倒数第 10 位，属于农药施用较重的省份之一。

表2 湖南 2012 年生态文明建设评价结果

一级指标	二级指标	三级指标	指标数据	排名
生态文明指数（ECI）	生态活力	森林覆盖率	44.76%	8
		森林质量	36.81 立方米/公顷	19
		建成区绿化覆盖率	37.01%	21
		自然保护区的有效保护	6.07%	19
		湿地面积占国土面积比重	5.79%	13
	环境质量	地表水体质量	96.1%	3
		环境空气质量	4.32	15
		水土流失率	19.12%	14
		化肥施用超标量	67.66 千克/公顷	11
		农药施用强度	14.45 千克/公顷	22
	社会发展	人均 GDP	33480 元	20
		服务业产值占 GDP 比例	39.02%	17
		城镇化率	46.65%	22
		人均教育经费投入	1211.05 元/人	29
		每千人口医疗机构床位数	4.02 张	13
		农村改水率	69.26%	19

续表

一级指标	二级指标	三级指标	指标数据	排名
生态文明指数（ECI）	协调程度	环境污染治理投资占 GDP 比重	0.86%	26
		工业固体废物综合利用率	63.93%	18
		城市生活垃圾无害化率	95.00%	10
		COD 排放变化效应	145.70 吨/千米	1
		氨氮排放变化效应	12.70 吨/千米	2
		能源消耗变化效应	−63.70 千克标准煤/公顷	12
		二氧化硫排放变化效应	0.44 千克/公顷	16

在社会发展方面，每千人口医疗机构床位数排名全国中上游，居第 13 位。人均 GDP、服务业产值占 GDP 比例、城镇化率、农村改水率居于全国中下游水平。人均教育经费投入排名全国第 29 位，居于下游水平。

在协调程度方面，COD 排放变化效应、氨氮排放变化效应排名靠前，分别居全国第 1 位和第 2 位。工业固体废物综合利用率、城市生活垃圾无害化率、能源消耗变化效应、二氧化硫排放变化效应这四项指标均居全国中游水平。环境污染治理投资占 GDP 比重居全国下游水平。

从年度进步情况来看，湖南 2011 ~ 2012 年度的总进步指数为 4.32%，全国排名第 9 位，四项二级指标进步指数全部显示为正增长。

生态活力的进步指数为 0.89%，居全国第 7 位。与上年比较，建成区绿化覆盖率、自然保护区的有效保护有小幅提高。环境质量的进步指数为 0.25%，居全国第 20 位，主要是由于地表水体质量的进步。社会发展的进步指数为 10.32%，居全国第 10 位，主要是由于人均教育经费投入、每千人口医疗机构床位数大幅提升，其进步率分别达到 22.46%、20.29%。人均 GDP、服务业产值占 GDP 比例、城镇化率、农村改水率也有不同幅度的上升，其进步率分别为 12.05%、1.87%、3.44%、5.03%。协调程度的进步指数为 8.14%，居全国第 9 位，主要原因在于环境污染治理投资占 GDP 比重的大幅上升，其进步率达到 32.31%。COD 排放变化效应、氨氮排放变化效应、城市生活垃圾无害化率、二氧化硫排放变化效应亦比上年度有所上升，进步率分别为 18.25%、17.05%、10.02%、3.20%。工业固体废物综合利用率、能源消耗变化效应比上年度略有退步，其进步率为负值，分别为 −4.94%、−6.29%。

二 分析与展望

湖南 2012 年生态文明建设走势良好，环境质量和协调程度的排名已进入全国前列，分别为第 5 位和第 3 位，这与湖南近年来致力于"绿色湖南"建设有很大关系。

2012 年是湖南在生态文明制度建设方面取得丰硕成果的一年。2012 年 4 月，湖南公布了《绿色湖南建设纲要》，绿色湖南包括绿色环境、绿色生产、绿色消费、绿色文化，内涵丰富。绿色湖南不仅仅局限于绿化湖南，而且涵盖环境、生态、产业、消费、教育、科技、文化等涉及经济社会生产生活的各个方面。2012 年 10 月，湖南成立了绿色湖南建设领导小组，由省长任组长，领导小组办公室设在省林业厅，与省绿化委员会办公室合署办公。2012 年底，湖南公布了《绿色湖南建设工作责任分工》，将 9 大类 36 项具体工作落实到责任单位，每一项工作都由多家单位承担。湖南建立和完善生态文明制度体系，力图做到源头严防、过程严管、后果严惩。

在生态活力方面，2012 年湖南相继出台了地方性法规《湖南省植物园条例》《湖南省韶山风景名胜区条例》《湖南省长株潭城市群生态绿心地区保护条例》，致力于有效保护生态环境。《湖南省植物园条例》是全国首次针对区域性的植物园立法，使湖南植物园的规划、管理和保护有法可依，具有里程碑式的意义。《湖南省长株潭城市群生态绿心地区保护条例》是全国首个保障两型社会建设的地方立法，对长株潭核心生态区的保护、两型社会的建设产生极其重要的推动作用。以"长株潭绿心"为例，为了更好地守护这块 522.9 平方公里的绿地，从立法上进一步明确"绿心"保护的范围、管理体制、目标责任，湖南将"绿心"划为禁止开发区、限制开发区和控制建设区，其中禁止、限制开发区占总面积的 89%。截至 2012 年底，长株潭三市在绿心地区已设置禁止开发区保护标识 381 块，有效保护了当地生态。下一步湖南要进一步加强对林地、湿地、风景名胜区及生态脆弱地区的保护和修复，大力植树造林，巩固提高退耕还林成果和森林覆盖率，提高森林碳汇功能，维护生物多样性，构建生态安全屏障。应具体落实森林、湿地生态系统提质工程。加强生态

公益林建设与保护，重点建设湿地公园，大力开展城边、路边和水边等"三边"造林。

在环境质量方面，2012年湖南的地表水体质量继续上升，湘江流域综合整治、重金属污染治理取得一定成效。2012年9月湖南通过了《湖南省湘江保护条例》，这是我国第一部针对江河流域保护的综合性地方法规，对湘江的管理原则、管理机制、水资源管理、水污染防治、水运管理，以及防洪、水生态保护、岸线管理、水域管理、河道采砂、旅游管理等方面进行了规定。2012年8月，湖南发布了《湖南省人民政府关于推进长株潭大气污染联防联控工作的意见》，为改善空气质量、治理大气污染提出了多项措施。2012年底，湖南立足本省经济社会发展实际，发布了《关于恢复发展绿肥生产的意见》。发展绿肥生产，既能夯实粮食生产基础，又能大幅提高农产品质量安全水平。同时，湖南应严禁使用高毒、剧毒、高残留农药，推广使用生物农药和有机肥料，开展农田污染综合防治。

在社会发展方面，2012年湖南进步很大，尤其是人均教育经费投入比上年增加了222.08元，增幅超过了1/5。为促进社会发展，2012年湖南发布了《湖南省推进新型城镇化实施纲要》，提出到2015年全省城镇化水平超过50%。2012年湖南还发布了《关于支持长株潭城市群两型社会示范区改革建设的若干意见》《关于促进资源型城市可持续发展的实施意见》《环长株潭城市群城乡统筹示范工程实施方案》等规范性文件，努力以加快转变经济发展方式为主线，以"两型社会"建设为引领，走出一条可持续发展道路。但是，湖南人均教育经费投入相比之下仍显不足，排名靠后，还有很大的上升空间。另外，建设绿色湖南必须以绿色GDP为核心来评价社会发展，建议建立去除环境成本后的GDP制度。

在协调程度方面，2012年湖南稳步发展，特别是环境污染治理投资占GDP比重由0.65%上升到0.86%，涨幅约1/3，彰显了湖南治理环境污染的力度。2012年7月，湖南发布了《加强城镇生活垃圾处理工作的实施意见》，力争到2015年城市生活垃圾无害化处理率达到100%，将城镇生活垃圾处理纳入全省节能减排工作任务。为集中解决影响湖南经济社会发展的突出环境问题，加强主要污染物减排，2012年8月湖南发布了《关于实施十大环保工程的通知》，"十二五"期间将在全省实施湘江流域重金属污染治理工程、氮氧化物减排工程、重点湖库水环境保护工程等十大环保工程。湖南对十大环保工程实施考核奖惩，每年安排一定资金用于环保工程的奖励，对考核不合格单位视情况给予通报批评、停止安排专项资金，对主要领导采取诫勉谈话和区域限批等相应处罚。但是，湖南协调程度的全面发展困难仍不少。2012 年工业固体废物综合利用率、能源消耗变化效应不降反升，经济社会快速发展、资源能源消耗持续增加，污染物减排任务非常艰巨。下一步应采取党政领导分工负责、项目工程化、强化目标考核等办法，重点推进、务求落实。

Ⓖ.24
第二十四章*
广东

一 广东 2012 年生态文明建设状况

2012 年，广东生态文明指数（ECI）得分为 86.23 分，排名全国第 11 位。具体二级指标得分及排名情况见表 1。去除"社会发展"二级指标后，广东绿色生态文明指数（GECI）得分为 70.92 分，排名全国第 14 位。

表 1 2012 年广东生态文明建设二级指标情况

二级指标	得分	排名	等级
生态活力（满分为 41.40 分）	27.60	7	2
环境质量（满分为 34.50 分）	19.17	16	3
社会发展（满分为 20.70 分）	15.31	6	2
协调程度（满分为 41.40 分）	24.15	14	2

广东 2012 年生态文明建设的基本特点是，生态活力较为旺盛，社会发展水平相对较高，但协调程度有待大力提高，环境质量也有大幅提升的需求。在生态文明建设的类型上，广东属于社会发达型（见图 1）。

2012 年广东生态文明建设三级指标数据见表 2。

在生态活力方面，森林覆盖率、建成区绿化覆盖率和湿地面积占国土面积比重都居于全国前 10 名，说明广东凭借较好的自然条件成功开展了原生态保护工作。但森林质量相对较低，持续开展林业建设仍任重而道远。自然保护区的有效保护指标也仅处于全国中游水平，今后应加大工作力度。

在环境质量方面，环境空气质量和水土流失率排名较好，地表水体质量也

---

* 执笔人：仲亚东，博士。

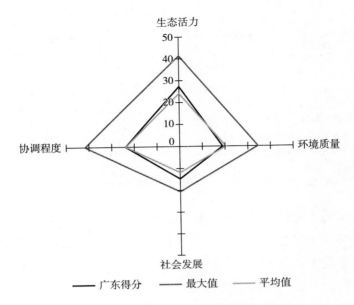

图1 2012年广东生态文明建设评价雷达图

相对较好。但化肥施用超标量和农药施用强度都排在第28名，在进一步发展现代农业时应给予重点关注。

表2 广东2012年生态文明建设评价结果

一级指标	二级指标	三级指标	指标数据	排名
生态文明指数（ECI）	生态活力	森林覆盖率	49.44%	6
		森林质量	34.54 立方米/公顷	22
		建成区绿化覆盖率	41.23%	7
		自然保护区的有效保护	6.70%	18
		湿地面积占国土面积比重	7.86%	9
	环境质量	地表水体质量	77.70%	11
		环境空气质量	3.72	7
		水土流失率	8.08%	6
		化肥施用超标量	24.60 千克/公顷	28
		农药施用强度	305.02 千克/公顷	28
	社会发展	人均GDP	54095 元	8
		服务业产值占GDP比例	46.47%	7
		城镇化率	67.40%	4
		人均教育经费投入	1794.06 元/人	13
		每千人口医疗机构床位数	3.07 张	30
		农村改水率	86.71%	10

续表

一级指标	二级指标	三级指标	指标数据	排名
生态文明指数（ECI）	协调程度	环境污染治理投资占 GDP 比重	0.46%	31
		工业固体废物综合利用率	87.14%	7
		城市生活垃圾无害化率	79.10%	24
		COD 排放变化效应	43.45 吨/千米	5
		氨氮排放变化效应	3.61 吨/千米	7
		能源消耗变化效应	−99.27 千克标准煤/公顷	16
		二氧化硫排放变化效应	0.73 千克/公顷	10

在社会发展方面，人均 GDP、服务业产值占 GDP 比例和城镇化率都排名靠前，充分显示了广东经济建设的丰硕成果。农村改水率和人均教育经费投入等民生指标也处于较高水平，今后可继续提高。每千人口医疗机构床位数目前只排在第 30 位，应设法尽快提高。

在协调程度方面，工业固体废物综合利用率较高，但城市生活垃圾无害化率相对较低。COD、氨氮和二氧化硫排放变化效应都处于全国前 10 名，充分体现了广东省应对环保压力开展减排工作的成效。能源消耗变化效应处于全国中游水平，今后可把工作重点适当向节能方面倾斜。此外，今后可以凭借全省雄厚的经济实力加大环保事业的资源投入，提高环境污染治理投资占 GDP 比重。

从年度进步情况来看，广东 2011～2012 年度总进步指数为 1.81%，全国排名第 21 位。具体到二级指标：生态活力的进步指数为 0.05%，居全国第 24 位；环境质量进步指数为 2.13%，居全国第 8 位；社会发展的进步指数为 4.39%，居全国第 29 位；协调程度的进步指数为 2.03%，居全国第 20 位。从数据可见，广东 2011～2012 年度四项二级指标都实现了进步，其中环境质量的进步较快，协调程度提升的速度进入全国中游水平，生态活力和社会发展在较高平台上仍能有所进步，但继续前进面临较大困难。

二 分析与展望

广东多年致力于生态文明建设，珠三角地区的 9 个城市都已成为国家环保模范。2012 年 4 月 27 日《人民日报》在首页刊文，介绍当地环保再造惠百姓的成功经验。同年，习近平同志在十八大以后把广东作为工作考察的第一站。省环保部门在贯彻落实总书记讲话精神时提出争当全国环保工作的排头兵，以绿色金融、生态补偿、排污权交易、环保专项资金分配使用改革为重点加强环保经济政策改革创新，以环评审批特别是辐射项目审批改革、排污许可证管理、环境监管监测的网格化、精细化改革为重点加强环保法制政策创新，发挥环保调控作用，以促进产业转型升级、深化污染减排为经济发展腾出容量。

在生态活力方面，2012 年 1 月，省林业局正式更名为林业厅，由省政府直属机构调整为省政府组成部门。全省林业工作正以"加快转型升级、建设幸福广东"为核心，确立构筑以珠江水系、沿海重要绿化带、北部连绵山体为主要框架的区域生态安全体系。截至 2012 年底，森林蓄积量达 4.55 亿立方米，森林生态效益总值达 9796 亿元，林业产业总产值突破 3300 亿元，连续 5 年居全国首位。在各市县中，广州被授予国家森林城市称号，深圳、东莞被评为全国绿化模范城市，还有 5 个县被评为全国绿化模范县。2000 年以来，广东率先以实施省人大议案形式加快自然保护区发展，目前已成为自然保护区数量最多的省份，被国家林业局列为全国自然保护区建设示范省。全省正在强化建设自然保护区及森林公园、湿地公园，全面构建稳固的南粤区域生态安全屏障，实施生态景观林带、森林碳汇和森林进城围城三大重点林业生态工程。三大工程不仅追求森林数量增长，更注重打造优美林相，提升生态质量。三大工程的顺利实施，将有效提升生态活力的年度进步率，保持生态活力在全国的领先地位。

在环境质量方面，广东在经济发展高平台上能实现环境质量的较快进步，是加强治理工作的结果。2012 年新建成污水处理设施 48 座，全省所有 67 个县和珠三角地区的 73 个中心镇全部建成污水处理设施。环保部门还着手编制《南粤水更清行动计划（2012~2020）》，确定今后进一步改善水环境和水体质量的目标和工作方案。为解决机动车污染给人居环境造成的问题，环保厅、交通厅等四厅（委）联合制定《广东省"十二五"机动车污染物总量减排实施方案》，要求到 2015 年机动车氮氧化物排放量比 2010 年下降 10% 以上，进一步改善大气环境质量。农药、化肥过量施用带来的土壤污染是环境质量的突出问题，对此广大农村正按照《广东省农村环境保护行动计划（2011~2013）》的要求，普遍开展"生态市—生态县—生态乡镇—生态村"系列生态示范区创建。2012年12月，省委办公厅、省政府办公厅印发新的《广东省环境保护责任考核办法》，把各市环境保护工作的组织领导、环境质量状况、环境环保法律法规执行情况、主要污染物总量减排目标和任务完成情况、环境基础设施建设情况、城乡环境综合整治和污染执法情况列入考核范围。同月，省环保厅印发新的"环境保护责任考核指标体系"，详细规定了环境质量、污染控制、环境管理三大类16项指标的具体内容。依托这两份文件，深入开展环境治理及考核工作，将给南粤大地带来更清洁的明天。

在社会发展方面，广东经济社会发展长期处于全国领先水平，近年来应对经济下行的巨大压力，努力开展稳增长、调结构工作，狠抓稳定投资，扎实推进重大项目建设，大力开展广货"全国行""网上行"等活动，促进消费持续畅旺。以核心技术攻关和产品推广应用为重点，加快发展战略性新兴产业。在多方努力下，经济社会多项指标继续有所增长，人均GDP上升3288元，人均教育经费投入增长326.06元，服务业产值占GDP比例、城镇化率和农村改水率分别上升了1.17个、0.90个和2.38个百分点。目前，全省人均医疗机构床位数相对较低，今后可以加大投入继续健全农村三级医疗卫生服务网络和城市社区卫生服务体系，充分调动社会参与，发挥民营医疗机构的作用。面向未来，广东要继续在经济社会发展中领跑全国，必须在创新上下足功夫，以更深入的行政体制和社会管理体制改革促进发展。

在协调程度方面，由于广东经济和人口总量较大，火电厂、水泥、工业锅炉、生活污水都构成了污染物的主要来源。近年来，全省在环保要求倒逼产业升级方面开展大量工作，许多传统工业区腾笼换鸟加快生产转型。"十一五"期间，全省经济总量增长超过75%，而主要污染物排放量削减近19%，单位GDP能耗累计下降16.4%。2007年全省单位GDP能耗为0.747吨标准煤/万元，2012年上半年为0.531吨标准煤/万元，下降了28.9%。2012年，传统制造业的绿色改造取得重要进展，全省燃煤火电机组累计2563万千瓦机组投运脱硝设施，占全国脱硝机组装机容量的1/3强，5条水泥生产线建成烟气脱硝设施，脱硝规模超过2000万吨熟料/年，占全国1/5强。广东COD、氨氮、二氧化硫排放变化效应和能源消耗变化效应现处于全国上游、中游水平，相对其他省市还有较大优势。但在继续增大经济总量的过程中不应放松生态红线，应时刻注意把经济社会发展和生态环境保护两项工作相衔接，全面落实《珠江三角洲地区改革发展规划纲要（2008～2020年）》《珠江三角洲环境保护一体化规划（2009～2020年）》等的要求。2012年1月，《广东省环境监管能力建设"十二五"规划》出台，提出到2015年全省所有地级以上市环境监测站标准化建设全面达标、县级站标准化建设硬件达标率达85%以上、基本建立"天地合一"的立体环境质量监测网络等目标。在这个规划的引领下，开展细致的监测、监督、应急处理、执法工作，将给经济社会、生态环境协调发展提供可靠的政策保障。

G.25

第二十五章[*]

广西

一 广西2012年生态文明建设状况

2012年，广西生态文明指数（ECI）得分为85.40分，排名全国第13位。具体二级指标得分及排名情况见表1。去除"社会发展"二级指标后，广西绿色生态文明指数（GECI）得分为75.70分，排名全国第7位。

表1 2012年广西生态文明建设二级指标情况

二级指标	得分	排名	等级
生态活力(满分为41.40分)	24.64	15	3
环境质量(满分为34.50分)	23.77	5	1
社会发展(满分为20.70分)	9.70	29	4
协调程度(满分为41.40分)	27.29	3	1

广西2012年生态文明建设的基本特点是，环境质量和协调程度居于全国第一等级，其中协调程度进入前三位，生态活力处于中游偏下水平，社会发展的排名较为靠后。在生态文明建设的类型上，广西属于环境优势型（见图1）。

2012年广西生态文明建设三级指标数据见表2。

在生态活力方面，森林覆盖率高居全国第4位，但森林质量只处于全国中游水平。今后在普遍开展国土绿化的同时应切实加强森林保护，提高森林质量。建成区绿化覆盖率和自然保护区的有效保护都排在第20位，应设法提高。

在环境质量方面，地表水体质量、环境空气质量和水土流失率都跻身全国

---

* 执笔人：仲亚东，博士。

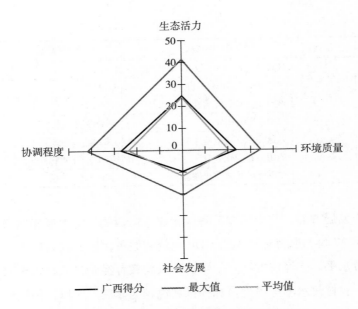

图1 2012年广西生态文明建设评价雷达图

前6名，体现全自治区水体、空气和土壤保护的工作成效。但化肥施用超标量和农药施用强度相对较高，在继续提高农业生产力时应加以注意。

表2 广西2012年生态文明建设评价结果

一级指标	二级指标	三级指标	指标数据	排名
生态文明指数（ECI）	生态活力	森林覆盖率	52.71%	4
		森林质量	37.43 立方米/公顷	18
		建成区绿化覆盖率	37.50%	20
		自然保护区的有效保护	6.00%	20
		湿地面积占国土面积比重	2.76%	24
	环境质量	地表水体质量	92.60%	5
		环境空气质量	3.58	6
		水土流失率	4.39%	5
		化肥施用超标量	11.14 千克/公顷	18
		农药施用强度	184.43 千克/公顷	21
	社会发展	人均GDP	27952 元	27
		服务业产值占GDP比例	35.41%	23
		城镇化率	43.53%	25
		人均教育经费投入	1278.47 元/人	25
		每千人口医疗机构床位数	3.35 张	27
		农村改水率	60.96%	27

续表

一级指标	二级指标	三级指标	指标数据	排名
生态文明指数（ECI）	协调程度	环境污染治理投资占 GDP 比重	1.46%	15
		工业固体废物综合利用率	67.42%	17
		城市生活垃圾无害化率	98.00%	7
		COD 排放变化效应	29.06 吨/千米	10
		氨氮排放变化效应	3.02 吨/千米	10
		能源消耗变化效应	-66.32 千克标准煤/公顷	13
		二氧化硫排放变化效应	0.20 千克/公顷	20

在社会发展方面，与全国多数省区相比，广西的经济发展相对滞后，人均 GDP 排在第 27 位，服务业产值占 GDP 比例和城镇化率的排名稍靠前，但也处于全国下游水平。受经济发展水平影响，人均教育经费投入、每千人口医疗机构床位数、农村改水率等民生指标的排名也较为靠后。所以，加快经济建设和社会建设步伐仍是广西的重点任务。

在协调程度方面，城市生活垃圾无害化处理率排在全国第 7 位，COD 排放、氨氮排放变化效应和能源消耗变化效应都排在全国第 15 位以前，这些是广西在促进经济与生态环境协调发展方面的工作成就。但工业生产能力不断增长给治理工作带来巨大挑战，目前工业固体废物综合利用率仅排在全国第 17 位。

从年度进步情况来看，广西 2011~2012 年度的总进步指数为 5.19%，在全国排名第 8 位。具体到二级指标，生态活力的进步指数为 0.06%，居全国第 23 位；环境质量进步指数为 5.99%，居全国第 4 位；社会发展的进步指数为 11.26%，居全国第 9 位；协调程度的进步指数为 6.62%，居全国第 12 位。从数据可见，广西 2011~2012 年度的环境质量得到很大改善，社会发展的速度令人倍感鼓舞，协调程度也实现了不小的进步，相比之下生态活力则需要加强。

二 分析与展望

总体而言，广西长期以来环境质量得到了较好发展，但经济和社会事业发展相对滞后。近年来，广西实施"以空间换时间、以资源换产业、以存量换增量"的发展战略，全自治区已由工业化初期稳步向工业化中期迈进，各项事业获得全面进步。目前，社会发展和协调程度进步都较快，生态环境还可以为经济社会发展提供较好基础。随着工业化进程的进一步推进，必须采取更有效的措施保证经济社会和生态环境共同进步。

在生态活力方面，广西地处亚热带，具备发展林业和原生态保护的良好条件，近年广泛开展的"绿满八桂"造林绿化、"北部湾绿色生态屏障"和"西江千里绿色走廊"等造林工程，促进了林权改革、林业经济和生态建设全面发展。2008～2012年创造了7项全国第一（人工林面积第一、速丰林面积第一、桉树面积第一、经济林面积第一、木材采伐限额第一、木材产量第一、石漠化减少面积第一）。全自治区已有5个城市成为国家园林城市，3个城市成为国家森林城市。多年困扰广西的石漠化问题正得到逐步解决，2005～2011年石漠化面积减少了19%，是8个石漠化省区中减少最多的省区。同时，原生态保护工作也得到较好开展，2012年12月联合国教科文组织中国人与生物圈国家委员会为广西猫儿山国家级自然保护区加入世界生物圈保护区举行了颁证仪式。目前，广西还有大面积的低产林分，影响林业经营整体水平。对此，自治区林业部门在2012年9月发出《关于加快低产林改造的意见》，要求用10年时间改造2000万亩低产林，在低产商品林区要大力培育速生丰产林、木本油料林、珍贵用材林、竹林，使改造后的林分综合产值提高50%以上，培育树种多样、复层异龄、结构复杂、色彩丰富、价值较高的混交林，实现从粗放型到集约型发展的转变，走内涵式的林业发展道路。顺利完成这一任务，将在山上再造一个广西，进一步增强全自治区的生态活力。

在环境质量方面，广西的环境质量一向较好，本年度地表水体质量和环境空气质量分别排在第5位、第6位，但目前承受着来自工业化的强大压力。为此，全自治区通过多渠道筹措资金，扎实推进重点区域重点行业企业减排工程建设，2012年103家制糖企业全部建成末端废水生化处理设施，97家淀粉企业建成厌氧—好氧处理设施，火电企业全部安装脱硫设施，完成造纸、淀粉、酒精、化工等19家行业企业废水深度治理重点工程，组织实施446项规模化畜禽养殖减排工程项目。2007～2012年，城镇污水处理率和集中处理率分别由 39.5% 和 11.8% 提高到 77% 和 65%。针对目前农药、化肥过量施用的问题，今后应按照自治区环境保护和生态发展"十二五"规划要求，开展土壤环境功能区划研究，构建土壤环境分区分类管理体系。

在社会发展方面，广西在面临经济下行压力的同时，依托自然资源禀赋，经过不懈努力，维护投资强劲增长、经济实力增强、民生不断改善的良好局面。2012 年，全自治区地区生产总值比上年增长 11.3%，财政收入增长 17.4%。制造业发展是广西经济的重要带动力量，2007~2012 年工业对经济增长的贡献率由 49.2% 提高到 52.1%。目前，广西还正在完成边远地区、民族地区脱贫致富的艰巨任务。2007~2012 年，共改造 60 多万农村贫困户的危房，全自治区范围已消除农村茅草树皮房，全面完成开展大石山区人畜饮水工程建设大会战等兴边富民行动和桂西北 50 户以上少数民族村寨防火改造，基本健全县、乡、村三级医疗卫生服务体系。广西社会发展进步率居于全国上游水平，但绝对发展水平处于第四等级，各项民生指标也都排在各省区 20 名之后，要实现与全国同步全面建成小康社会的任务，还需长期保持高于全国的发展速度，以发展带动民生事业，以广西速度引领美丽广西建设。

在协调程度方面，广西目前的协调程度位于全国第一等级，COD 排放变化效应、氨氮排放变化效应和能源消耗变化效应都在全国前 15 名，今后制造业增长还有很大潜力。但有色金属等区域特色产业的污染排放一向较高，曾发生过龙江镉污染等震惊全国的事件。自 2010 年以来，广西环保部门陆续发布《广西重点企业清洁生产审核评估技术细则》《关于开展重点企业强制性清洁生产审核工作的补充通知》《关于重点企业清洁生产评估、验收等有关事项的通知》《关于进一步规范重点企业清洁生产验收申报材料的通知》等文件，对相关企业实行强制清洁生产审核制度。目前已培育南方公司等一批符合规范的生产企业，正在推进贺州华润循环经济示范区和梧州、玉林再生资源循环利用示范园区规划建设。为加强相关领域的行政治理力量，2012 年 4 月自治区环保部门专门成立产业转型升级攻坚办公室，切实防范环境风险。同年 8 月，自治区环保部门制定《广西环境保护科技发展"十二五"规划》，要求围绕减排约束性指标研究一批控源减排共性和关键技术，围绕环境质量持续改善构建环境管理技术体系，围绕环境风险防范构建风险管理和风险控制技术体系。2012年10月，自治区党委、政府制定《广西壮族自治区党政领导干部环境保护过错问责暂行办法》，规定辖区范围内发生级别为"较大"以上的环境污染、生态破坏事件（事故）的，将视党政领导干部环境保护过错情节轻重情况，采取责令公开道歉、停职检查、引咎辞职、责令辞职、免职等方式进行问责。

第二十六章*

海南

一 海南 2012 年生态文明建设状况

2012 年，海南生态文明指数（ECI）得分为 93.27 分，排名全国第 1 位。具体二级指标得分及排名情况见表 1。去除"社会发展"二级指标后，海南绿色生态文明指数（GECI）得分为 80.54 分，全国排名第 1 位。

表 1 2012 年海南生态文明建设二级指标情况

二级指标	得分	排名	等级
生态活力（满分为 41.40 分）	28.59	6	2
环境质量（满分为 34.50 分）	25.30	3	1
社会发展（满分为 20.70 分）	12.72	13	3
协调程度（满分为 41.40 分）	26.66	6	1

从二级指标得分情况来看，生态活力、环境质量和协调程度 3 个二级指标得分较为靠前，均处于第一或第二等级，社会发展指标处于第三等级。在生态文明建设类型上，海南属于均衡发展型（见图 1）。

海南 2012 年生态文明建设的三级指标数据及排名见表 2。

从表 2 可以看出，在生态活力方面，森林覆盖率、自然保护区的有效保护两个权重较大的指标得分较高，排名靠前，但建成区绿化覆盖率从 2011 年的 41.81% 下降到 2012 年的 41.19%，排名从第 5 位下降为第 8 位。在环境质量方面，除了新增指标化肥施用超标量排名第 29 位，其他指标排名均没有变化。

---

* 执笔人：巩前文，博士。

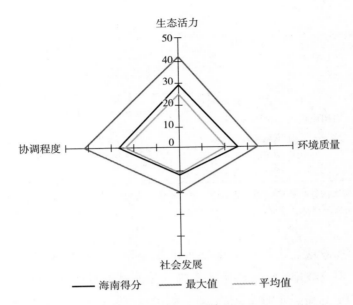

图1　2012年海南生态文明建设评价雷达图

在社会发展方面，虽然排名与2011年相比持平，但各指标的绝对值均高于2011年，与自身相比，有明显进步。在协调程度方面，COD排放变化效应、

表2　海南2012年生态文明建设评价结果

一级指标	二级指标	三级指标	指标数据	排名
生态文明 指数（ECI）	生态活力	森林覆盖率	51.98%	5
		森林质量	41.27 立方米/公顷	12
		建成区绿化覆盖率	41.19%	8
		自然保护区的有效保护	7.00%	17
		湿地面积占国土面积比重	9.13%	6
	环境质量	地表水体质量	100.00%	1
		环境空气质量	1.93	1
		水土流失率	1.25%	2
		化肥施用超标量	307.74 千克/公顷	29
		农药施用强度	46.38 千克/公顷	31
	社会发展	人均GDP	32377 元	22
		服务业产值占GDP比例	46.91%	6
		城镇化率	51.60%	15
		人均教育经费投入	1974.42 元/人	11
		每千人口医疗机构床位数	3.20 张	28
		农村改水率	79.10%	16

续表

一级指标	二级指标	三级指标	指标数据	排名
生态文明 指数（ECI）	协调程度	环境污染治理投资占 GDP 比重	1.57%	13
		工业固体废物综合利用率	61.74%	20
		城市生活垃圾无害化率	99.90%	1
		COD 排放变化效应	0	29
		氨氮排放变化效应	0	29
		能源消耗变化效应	−127.51 千克标准煤/公顷	21
		二氧化硫排放变化效应	−0.22 千克/公顷	31

注：2012 年海南省的 COD 排放变化效应、氨氮排放变化效应两个指标数值趋近于 0，主要原因是 COD 排放变化和氨氮排放变化非常小，小到可以忽略。

氨氮排放变化效应、二氧化硫排放变化效应等 3 个指标排名靠后，反映了 COD 减排、氨氮减排、二氧化硫减排等工作效果不明显。但是，环境污染治理投资占 GDP 比重、工业固体废物综合利用率、城市生活垃圾无害化率等 3 个指标不仅与自身相比取得显著改善，其全国排名也进步明显。

从年度变化情况来看，海南 2011～2012 年度生态文明建设进步指数为 3.78%，排名全国第 11 位。具体到二级指标，生态活力进步指数为 −0.21%，居全国第 26 位；环境质量进步指数为 4.90%，居全国第 5 位；社会发展进步指数为 8.69%，居全国第 19 位；协调程度进步指数为 4.36%，居全国第 17 位。从数据比较来看，海南 2011～2012 年度生态文明建设进步指数的正向变化主要得益于环境质量、社会发展和协调程度等二级指标的提高，而生态活力的负向变化依旧是生态文明发展的制约因素。

结合三级指标来看，环境质量、社会发展和协调程度等方面表现出了较大的进步，主要得益于部分三级指标较高的进步率（见表 3）。

表 3　海南 2011～2012 年度部分三级指标变动情况

三级指标	进步率（%）
农药施用强度	38.85
人均 GDP	12.04
服务业产值占 GDP 比例	3.10
城镇化率	2.18

续表

三级指标	进步率(%)
人均教育经费投入	20.54
农村改水率	5.47
环境污染治理投资占 GDP 比重	41.44
工业固体废物综合利用率	29.19
城市生活垃圾无害化率	9.36

二 分析与展望

海南早在 1999 年就提出了生态文明发展战略，并在全国率先开展生态省建设实践，自觉成为全国生态文明建设的排头兵。2010 年初，《国务院关于推进海南国际旅游岛建设发展的若干意见》将海南定位为"全国生态文明建设示范区"，在中央的支持下，海南进一步加快生态文明建设步伐，采取了诸多有效措施。

一是精心设计，规划先行。1999 年，海南在提出建设生态省之后，认真编制了《海南生态省建设规划纲要》，根据海南的实际条件，因地制宜制订了落实科学发展观的具体目标与任务。2008 年，海南又在全国率先编制了《海南省社会主义新农村建设总体规划》，这是生态省建设的又一个创新性举措。规划认真，目标超前，对国内其他地区生态文明建设具有理论指导与实践借鉴意义。2008~2012 年，海南又相继编制了国际旅游岛建设发展规划纲要、主体功能区规划、城乡一体化规划等 8 个总体规划、西部地区开发建设等 14 个区域规划、国际旅游岛风貌等 16 个专项规划，充分考虑生态文明建设要求。

二是发展保护，互利双赢。过去 10 年，海南坚持"在发展中保护、在保护中发展"。生态环境保护方面，全省共建成 68 个自然保护区，其中热带雨林、珊瑚礁、红树林等重要生态系统得到有效保护。产业发展方面，海南提出优先发展生态型产业，构筑以生态农业和生态旅游为主，生态工业共同发展的生态产业格局，尤其是油气化工、汽车、林浆纸一体化等一批支撑海南长远发

展的新型工业，已经成为海南经济新的增长点。

三是创文明镇，建生态区。2008～2012年，海南大力开展海防林建设，实施"绿化宝岛"行动，新增造林面积258万亩，1105公里海防林实现断带合拢，森林覆盖率提高了4.4个百分点，达到51.98%，城市绿化覆盖率提高了10个百分点。建成25个污水处理厂和21套垃圾无害化处理设施，全省城镇生活污水和垃圾集中处理率均达到75%以上。建立稳定增长的生态补偿机制，公益林管护补助标准由每亩5元提高到20元，累计投入生态补偿资金14.9亿元。治理水土流失面积92平方公里。大气、水体和近海海域环境质量保持优良。创建省级文明生态乡镇14个、文明生态村13660个①。

在生态文明建设取得成绩的同时，也必须看到进一步推进生态文明建设存在的问题和困难。农业生产中化肥、农药投入量依旧较大，通过减少化学品投入降低农业面源污染风险压力明显；控制污染物排放，改善城乡环境的任务依然艰巨。海南下一步工作的重点是，加大COD减排、氨氮减排等的力度。同时，海南在生态文明建设方面，坚持生态立省，下大力气抓制度建设，包括划定生产、生活、生态开发管制边界，严格按主体功能区定位推动发展；健全自然资源产权制度和用途管制制度，对自然资源实行最严格的保护措施；建设资源环境承载能力监测预警机制，对水土资源、环境容量和海洋生态资源超载区域实行限制性措施；推进资源环境产品价格改革；完善生态补偿机制；加大环保执法力度，依法严厉打击违法占林、毁林开发、非法排污、乱砍滥伐等行为，坚定不移守护好海南的绿水青山、碧海蓝天。可以预见，海南的生态文明建设将再创佳绩。

---

① 涉及的数据主要源自2013年海南省政府工作报告。

G. 27

第二十七章[*]

重庆

一 重庆 2012 年生态文明建设状况

2012 年，重庆生态文明指数（ECI）得分为 90.11 分，排名全国第 5 位。去除"社会发展"二级指标后，重庆绿色生态文明指数（GECI）得分为 76.31 分，全国排名第 4 位。具体二级指标得分及排名见表 1。

表 1 2012 年重庆生态文明建设二级指标情况汇总

二级指标	得分	排名	等级
生态活力(满分为 41.40 分)	26.61	9	2
环境质量(满分为 34.50 分)	21.47	8	2
社会发展(满分为 20.70 分)	13.80	11	2
协调程度(满分为 41.40 分)	28.23	2	1

从二级指标来看，协调程度居全国领先水平，生态活力、环境质量、社会发展均居全国中上游水平。在生态文明建设的类型上，重庆属于均衡发展型（见图 1）。

整体来看，重庆 2012 年生态文明建设二级指标发展态势良好，各项三级指标也基本保持稳定或有所改善，但个别三级指标排名持续靠后，也应引起重视（见表 2）。

生态活力方面，森林覆盖率、自然保护区的有效保护及湿地面积占国土面积比重的数据与排名均未发生变化，分别居第 13 位、第 11 位和第 30 位；森

---

* 执笔人：徐保军，博士。

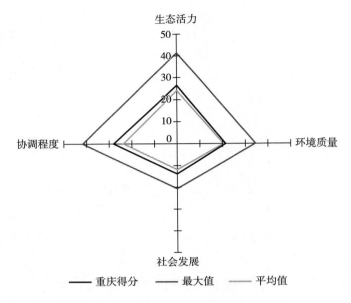

图1　2012年重庆生态文明建设评价雷达图

林质量居全国中游水平；建成区绿化覆盖率显著上升，由40.18%升至42.94%，排名上升6位至第3位，是生态活力二级指标排名提升的主要原因。

表2　重庆2012年生态文明建设评价结果

一级指标	二级指标	三级指标	指标数据	排名
生态文明指数（ECI）	生态活力	森林覆盖率	34.85%	13
		森林质量	39.49 立方米/公顷	15
		建成区绿化覆盖率	42.94%	3
		自然保护区的有效保护	10.32%	11
		湿地面积占国土面积比重	0.52%	30
	环境质量	地表水体质量	68.40%	16
		环境空气质量	3.92	9
		水土流失率	55.74%	25
		化肥施用超标量	51.10 千克/公顷	9
		农药施用强度	5.60 千克/公顷	8
	社会发展	人均GDP	38914 元	12
		服务业产值占GDP比例	39.39%	15
		城镇化率	56.98%	10
		人均教育经费投入	1726.46 元/人	15
		每千人口医疗机构床位数	4.12 张	11
		农村改水率	90.45%	8

续表

一级指标	二级指标	三级指标	指标数据	排名
生态文明 指数（ECI）	协调程度	环境污染治理投资占 GDP 比重	1.64%	11
		工业固体废物综合利用率	82.48%	9
		城市生活垃圾无害化率	99.30%	3
		COD 排放变化效应	67.60 吨/千米	3
		氨氮排放变化效应	7.93 吨/千米	3
		能源消耗变化效应	-150.70 千克标准煤/公顷	24
		二氧化硫排放变化效应	0.69 千克/公顷	11

环境质量方面，环境空气质量、化肥施用超标量、农药施用强度处于全国中上游水平，地表水体质量居全国中游水平，水土流失率无变化，仍居全国下游水平。

社会发展方面，每千人口医疗机构床位数排名第 11 位，居全国中上游水平，其余三级指标数据均有不同程度增长，人均 GDP（位列第 12 位）、人均教育经费投入（位列第 15 位）虽排名不变，但指标数据增长明显，服务业产值占 GDP 比例排名提升 3 位至第 15 位，而农村改水率排名下降 1 位至第 8 位，仍居全国中上游水平。

协调程度方面，重庆环境污染治理投资占 GDP 比重有所下降，排名也由第 4 位降至第 11 位；工业固体废物综合利用率排名不变，维持第 9 位，但指标数据提升了 5.05 个百分点；二氧化硫排放变化效应居全国中上游水平，能源消耗变化效应居全国中下游水平；城市生活垃圾无害化率、COD 排放变化效应、氨氮排放变化效应均居全国第 3 位，处于领先水平，也是重庆协调程度二级指标提升至第 2 位的主要原因。

从年度进步情况来看，重庆 2011～2012 年度生态文明进步指数为 1.79%，全国排名第 22 位。其中，生态活力的进步指数为 0.98%，居全国第 6 位；环境质量的进步指数为 1.11%，居全国第 13 位；社会发展的进步指数为 12.96%，居全国第 2 位；协调程度的进步指数为 -2.43%，居全国第 28 位。由数据可见，重庆 2011～2012 年度生态活力和社会发展进步指数全国排名靠前，尽管协调程度二级指标排名提升至全国第 2 位，但协调程度进步指数却出现了负值。

具体到三级指标，重庆 2011～2012 年度生态活力和社会发展方面进步较快，这主要得益于建成区绿化覆盖率、人均教育经费投入出现了较大进步，协调程度进步指数出现负值主要源于重庆环境污染治理投资占 GDP 比重降幅较大。部分变化较大的三级指标见表 3。

表3　重庆 2011～2012 年部分指标变动情况

三级指标	进步率（%）
建成区绿化覆盖率	6.87
人均 GDP	12.79
人均教育经费投入	22.41
工业固体废物综合利用率	6.52
环境污染治理投资占 GDP 比重	－36.68

二　分析与展望

2012 年重庆生态文明指数排名靠前，协调程度居全国领先位置，生态活力、环境质量、社会发展均居全国中上游水平，整体发展比较均衡。但从年度进步情况看，重庆总进步指数排名靠后，其中生态活力和社会发展进步指数较高，环境质量进步指数居中，而协调程度进步指数出现负值，排名靠后。

重庆在生态活力方面保持着良好态势。"十一五"期间的"森林重庆"建设策略在"十二五"期间得以延续，重庆在森林覆盖率、建成区绿化覆盖率、自然保护区的有效保护等方面均有明确的目标和行动，效果良好。《重庆市生态建设和环境保护"十二五"规划》明确提出至 2015 年重庆市森林覆盖率达到 45%、自然保护区面积占国土面积比例达到 10.8% 等目标①。在具体执行中，一方面，重庆的造林绿化步伐稳健有效，另一方面，生态功能区保护机制的日渐完善也有利于巩固已有成果。近年来，以建设"国家森林城市""生态园林城市"为契机，重庆营造了浓厚的生态建设氛围，

---

① 《重庆市生态建设和环境保护"十二五"规划》，参见重庆市政府网，http：//www.cq.gov.cn/publicinfo/web/views/Show！detail.action？sid＝1057486。

这对于重庆生态活力的维持与进步均起着积极作用。但重庆地区尤其是三峡库区生态脆弱、生态建设与恢复任务繁重也是不争的事实，生态群落单一、森林覆盖率偏低等导致重庆生态安全压力巨大，要实现既定目标任重而道远。

在环境质量方面，近几年重庆的空气质量改善明显。地表水体质量一度下降严重，但《重点流域水污染防治规划（2011～2015年）重庆市实施方案》等政策为重庆地表水体质量的恢复提供了一定保证，而在"十二五"规划中，重庆水环境监测预警体系的日趋完善也是既定目标，如何尽快将政策落实到行动上是地表水体质量恢复的保证。就排名而言，相比其他省份，重庆在化肥、农药施用方面表现相对较好，但依然存在一系列问题。如何加快农业结构调整，实现传统自然农业向现代生态农业转型，在农药减量控制前提下，做到节肥增效是重庆未来农业的发展方向。较之上述几个要素，水土流失率是影响重庆环境质量的主要短板，也是影响重庆环境质量全国排名的重要因素。重庆尤其是三峡库区特殊的地质构造，加之水力侵蚀活跃，导致当地生态环境十分脆弱，也使该地区成为全国水土流失最严重的地区，一旦植被破坏或过度垦殖，极易造成水土流失。重庆市政府把水土流失的预防、治理、水土保持监测等作为该地区的重点工作，并提出了2015年前累计新增治理水土流失面积7000平方公里的目标，但在具体执行和操作上势必存在一定难度，需要同森林建设、生态功能区建设统筹进行。

从社会发展看，近年来重庆经济规模不断扩大。社会发展进步指数排名第2位，一定程度上说明重庆社会发展进步增长点较多，效果显著，重庆社会发展二级指标也提升至第二等级。但不容忽视的事实是，重庆人均GDP、人均教育经费投入等指标同发达地区仍有不小差距，重庆原有的经济发展模式、产业结构仍需调整，如服务业产值占GDP比例在全国尚属中等水平，仍需提高。重庆市政府也在积极扶持第三产业的发展，试图把重庆打造成长江上游地区的金融中心，但在具体执行中，科技进步对于转型发展支撑不足、社会研发投入明显不足的现状仍需改进。

从协调程度看，重庆社会经济发展与环境质量间协调程度较高，在全国处于领先地位，但2012年，重庆协调程度进步指数出现负值，排名靠后，主要

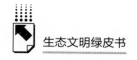

原因在于 2012 年重庆环境污染治理投资总额较上年度呈下降趋势①，占 GDP
比重由 2.59% 降至 1.64%，需注意加大污染治理投入力度。尽管从城市生活
垃圾无害化率、COD 排放变化效应、氨氮排放变化效应来看，重庆的协调程
度高于全国水准，但重庆的能源消费结构依然以煤为主，煤炭高硫、污染重的
特征势必给环境带来巨大压力。虽然二氧化硫等有害气体排放得到了较好控
制，但能源消耗变化效应的排名意味着重庆在能耗管理、节能减排方面仍需努
力。

---

① 见中华人民共和国环境保护部《2012 年环境统计年报：环境污染治理投资》，http：//
zls. mep. gov. cn/hjtj/nb/2012tjnb/201312/t20131225_ 265542. htm。

第二十八章*

四川

一 四川 2012 年生态文明建设状况

2012 年,四川生态文明指数(ECI)得分为 87.05 分,排名全国第 9 位。去除"社会发展"二级指标后,四川绿色生态文明指数(GECI)得分为 76.05 分,全国排名第 6 位。具体二级指标得分及排名见表 1。

表 1 2011 年四川生态文明建设二级指标情况汇总

二级指标	得分	排名	等级
生态活力(满分为 41.40 分)	32.53	2	1
环境质量(满分为 34.50 分)	20.32	12	2
社会发展(满分为 20.70 分)	11.00	23	3
协调程度(满分为 41.40 分)	23.21	19	3

从二级指标来看,四川生态活力处于全国领先水平,环境质量处于中上游水平,社会发展和协调程度则居全国中下游水平。在生态文明建设的类型上,四川属于生态优势型(见图 1)。

四川 2012 年生态文明建设三级指标数据及排名见表 2。

生态活力方面,四川森林质量、自然保护区的有效保护排名靠前,均居全国第 3 位;森林覆盖率、湿地面积占国土面积比重的指标数据与排名未发生变化;建成区绿化覆盖率增长 0.47 个百分点,排名上升 2 位至第 16 名。

环境质量方面,地表水体质量、化肥施用超标量、农药施用强度在全国处

---

* 执笔人:徐保军,博士。

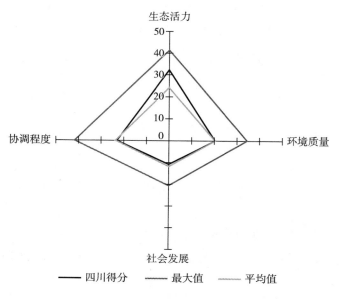

图1　2012年四川生态文明建设评价雷达图

于中上游水平；环境空气质量有所下降，排名由第17位降至第22位；水土流失率指标数据未变，全国排名保持在第19位。

表2　四川2012年生态文明建设评价结果

一级指标	二级指标	三级指标	指标数据	排名
生态文明指数（ECI）	生态活力	森林覆盖率	34.31%	14
		森林质量	96.16 立方米/公顷	3
		建成区绿化覆盖率	38.69%	16
		自然保护区的有效保护	18.50%	3
		湿地面积占国土面积比重	1.98%	25
	环境质量	地表水体质量	82.40%	9
		环境空气质量	5.08	22
		水土流失率	30.56%	19
		化肥施用超标量	37.02 千克/公顷	7
		农药施用强度	6.25 千克/公顷	9
	社会发展	人均GDP	29608 元	24
		服务业产值占GDP比例	34.53%	28
		城镇化率	43.53%	26
		人均教育经费投入	1272.56 元/人	26
		每千人口医疗机构床位数	4.57 张	3
		农村改水率	59.26%	28

续表

一级指标	二级指标	三级指标	指标数据	排名
生态文明指数(ECI)	协调程度	环境污染治理投资占 GDP 比重	0.75%	27
		工业固体废物综合利用率	45.89%	27
		城市生活垃圾无害化率	88.30%	17
		COD 排放变化效应	39.20 吨/千米	6
		氨氮排放变化效应	3.50 吨/千米	8
		能源消耗变化效应	−35.75 千克标准煤/公顷	6
		二氧化硫排放变化效应	0.15 千克/公顷	24

　　社会发展方面，除每千人口医疗机构床位数四川处于领先水平，居全国第3位，其余各项三级指标均处于全国中下游水平。人均 GDP、服务业产值占GDP 比例、城镇化率、农村改水率、人均教育经费投入指标数据均有所提升，但同期其他省份也处于进步之中，四川的进步并未反映在排名变化上，甚至人均教育经费投入在全国的排名出现明显下滑，由第 21 位降至第 26 位。

　　协调程度方面，COD 排放变化效应、氨氮排放变化效应、能源消耗变化效应均居全国中上游水平，但环境污染治理投资占 GDP 比重（第 27 位）、工业固体废物综合利用率（第 27 位）、二氧化硫排放变化效应（第 24 位）在全国排名靠后，均处于下游水平，城市生活垃圾无害化率指标数据有小幅下跌，排名下降 4 位至第 17 位。本年度，四川协调程度各项三级指标并无明显改善，其中工业固体废物综合利用率、城市生活垃圾无害化率指标数据不升反降。

　　从年度进步情况来看，四川 2011～2012 年度生态文明进步指数为1.64%，全国排名第 24 位。其中，生态活力的进步指数为 0.11%，居全国第20 位；环境质量的进步指数为 0.55%，居全国第 18 位；社会发展的进步指数为 11.60%，居全国第 7 位；协调程度的进步指数为 −0.91%，居全国第 24位。由数据可见，四川 2011～2012 年度社会发展进步指数较高，全国排名靠前，但其余三项二级指标进步程度有限，进步指数在全国排名均处中下游水平，协调程度进步指数甚至出现负值。

　　具体到三级指标，四川 2011～2012 年度社会发展方面进步较快，主要得益于人均 GDP、人均教育经费投入、每千人口医疗机构床位数上升较快，协调程度进步指数出现负值，主要原因在于工业固体废物综合利用率、能源消耗

变化效应、二氧化硫排放变化效应下降明显。部分变化较大的三级指标见表3。

表3　四川 2011~2012 年部分指标变动情况

三级指标	进步率（%）
自然保护区的有效保护	−0.43
人均 GDP	13.30
人均教育经费投入	14.36
每千人口医疗机构床位数	31.70
工业固体废物综合利用率	−3.39
城市生活垃圾无害化率	−0.15
能源消耗变化效应	−13.13
二氧化硫排放变化效应	−5.31

二　分析与展望

2012 年四川生态活力保持良好，生态优势依然明显。但从年度进步情况看，四川总进步指数排名靠后，除社会发展进步指数全国排名靠前外，其余三项指标进步指数排名均比较靠后。其中，协调程度进步指数出现负值，值得加以关注。未来，四川生态文明建设应在发挥生态环境优势，努力加快社会发展的同时，着力处理好社会发展与生态环境之间的关系。

从生态活力方面来讲，四川自然生态条件较为优越，自然保护区面积大，森林覆盖率全国排名虽居中游，但在活立木蓄积量上全国领先，森林质量很好，这些要素使得四川在生态活力方面有得天独厚的优势。但同时也应注意到，四川的森林结构并不十分合理，人工林中幼龄林比例偏低，不利于森林资源的可持续发展，在引种方面也存在盲目引种的问题，导致引种树木不适应当地气候和土壤环境，生长缓慢、质量不高。另外，与上年度相比，2012 年自然保护区的有效保护虽然排名保持在第 3 位，但指标数据存在小幅下跌，也应引起注意。因此，四川要想维持自身生态活力的优势，除了加强自然保护区的有效保护，防止过度开发，维持森林质量外，也应注意合理规划森林结构，科学引种。

从环境质量来看，近几年四川的环境质量呈下降态势。这种局面同四川的环境空气质量、地表水体质量、水土流失率有关。四川应重点关注地表水体质量。四川水资源相对丰富，原来水质较好，但由于保护不力，近几年已经开始出现水体质量问题，如岷江、沱江流域跨界断面水质超标等问题。同时，由于四川主要位于中国水系的上游地带，也应承担相应的水资源保护义务，如果四川境内水污染得不到治理，将直接影响中下游地区。另外，之前对江河水源区保护不力、水源涵养林砍伐严重也加剧了四川的水土流失。化肥施用超标量、农药施用强度方面的数据与排名虽然较好，但在施用总量方面也需进一步控制，争取向生态农业方向发展。总之，四川要想阻止环境质量全国排名下滑趋势甚至重回全国前列，势必要做好重点和敏感地区的环境保护，加强对水资源的保护和管理。

在社会发展方面，四川的医疗条件在全国排名靠前，但由于历史和环境原因，四川经济底子薄、区域发展不均衡的现状并未改变。尽管从社会发展进步指数来看，四川发展态势良好，增长点较多，但如果从人均 GDP、服务业产值占 GDP 比例、城镇化率等三级指标数据来看，四川同排名中上游省份的差距依然较大。以人均教育经费投入为例，尽管 2012 年度较 2011 年度增长了 14.36%，但由于基数较低，此项三级指标的全国排名反从 2011 年的第 21 位降至 2012 年的第 26 位，经济发展差距由此可见一斑。对四川而言，应借助西部大开发战略，克服原来交通基础设施薄弱的缺陷，大力发展自身的特色优势产业，走新型工业化、城镇化发展之路，与此同时，绝不能忽视社会发展同环境质量的和谐。四川省"十二五"规划纲要[①]也对交通运输系统的完善、经济结构的调整提出了相对明确的目标。

在协调程度方面，2012 年四川协调程度进步指数出现负值，排名靠后。在三级指标数据方面，工业固体废物综合利用率、城市生活垃圾无害化率在全国排名本就不靠前，在 2012 年又均出现小幅下滑。环境污染治理投资占 GDP

---

① 全文参见中国经济网，http://district.ce.cn/zt/zlk/bg/201206/11/t20120611_23397575_1.shtml。

比重虽有所提升，但与全国平均水平差距仍然不小，是国内环境污染治理投资占 GDP 比重低于 1% 的 7 个省份之一①，说明环境污染治理投资仍需加强。虽然从 COD 排放变化效应、氨氮排放变化效应、能源消耗变化效应的数据来看，四川表现尚可，但二氧化硫排放问题有反复迹象，说明四川在节能减排、企业技术升级方面依然有很长的路要走。

---

① 见中华人民共和国环境保护部《2012 年环境统计年报：环境污染治理投资》，http：//zls. mep. gov. cn/hjtj/nb/2012tjnb/201312/t20131225_ 265542. htm。

G.29

第二十九章[*]

贵州

一 贵州 2012 年生态文明建设状况

2012 年，贵州生态文明指数（ECI）得分为 80.83 分，排名全国第 18 位。去除"社会发展"二级指标，绿色生态文明指数（GECI）得分为 70.26 分，全国排名第 15 位。各项二级指标情况见表 1。

表 1 2012 年贵州生态文明建设二级指标情况汇总

二级指标	得分	排名	等级
生态活力（满分为 41.40 分）	21.69	26	4
环境质量（满分为 34.50 分）	25.68	2	1
社会发展（满分为 20.70 分）	10.57	24	3
协调程度（满分为 41.40 分）	22.90	21	3

贵州 2012 年生态文明建设的特点是：环境质量居于全国领先水平；生态活力、社会发展、协调程度处于全国下游水平。在生态文明建设类型上，贵州属于环境优势型（见图 1）。

2012 年贵州生态文明建设三级指标数据见表 2。

具体来看，在生态活力方面，贵州的森林覆盖率居于中游水平，森林质量居于全国中上游水平。自然保护区的有效保护保持相对稳定，处于全国中游偏下水平。建成区绿化覆盖率和湿地面积占国土面积比重两项指标仍处于全国下游水平，导致生态活力排名靠后。

---

* 执笔人：陈丽鸿，硕士生导师。

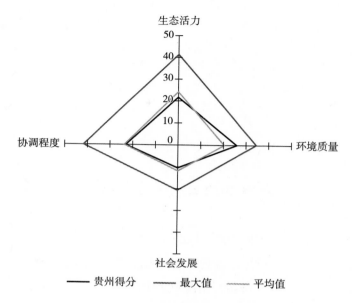

图 1　2012 年贵州生态文明建设评价雷达图

在环境质量方面，2012 年贵州空气主要污染物含量综合指数较低，环境空气质量优良，在全国排名第 5 位。化肥施用超标量是负值，居于全国前列。农

表 2　贵州 2012 年生态文明建设评价结果

一级指标	二级指标	三级指标	指标数据	排名
生态文明指数（ECI）	生态活力	森林覆盖率	31.61%	16
		森林质量	43.11 立方米/公顷	10
		建成区绿化覆盖率	32.80%	28
		自然保护区的有效保护	5.40%	22
		湿地面积占国土面积比重	0.45%	31
	环境质量	地表水体质量	74.30%	14
		环境空气质量	3.23	5
		水土流失率	41.39%	24
		化肥施用超标量	−35.58 千克/公顷	2
		农药施用强度	2.79 千克/公顷	2
	社会发展	人均 GDP	19710 元	31
		服务业产值占 GDP 比例	47.91%	4
		城镇化率	36.41%	30
		人均教育经费投入	1300.34 元/人	24
		每千人口医疗机构床位数	3.73 张	21
		农村改水率	65.69%	23

续表

一级指标	二级指标	三级指标	指标数据	排名
生态文明 指数（ECI）	协调程度	环境污染治理投资占 GDP 比重	1.01%	24
		工业固体废物综合利用率	61.76%	19
		城市生活垃圾无害化率	91.90%	11
		COD 排放变化效应	5.47 吨/千米	24
		氨氮排放变化效应	0.63 吨/千米	23
		能源消耗变化效应	−142.36 千克标准煤/公顷	23
		二氧化硫排放变化效应	1.11 千克/公顷	4

药施用强度继续减少，处于全国领先地位。地表水体质量仍居于全国中游水平。水土流失率指标仍位于全国下游水平。

在社会发展方面，2012 年贵州服务业产值占 GDP 比例排名位居全国上游水平。人均教育经费投入、每千人口医疗机构床位数和农村改水率排名均处于全国中下游水平。人均 GDP 和城镇化率排在全国后两位。

在协调程度方面，二氧化硫排放变化效应处于全国上游水平，列第 4 位。城市生活垃圾无害化率和工业固体废物综合利用率处于全国中游水平，环境污染治理投资占 GDP 比重、COD 排放变化效应、氨氮排放变化效应、能源消耗变化效应 4 项指标均位列全国中下游水平。

从年度进步情况来看，2011～2012 年度贵州的生态文明总进步指数为 5.47%，全国排名第 7 位。二级指标中，环境质量和社会发展较上一年度进步明显，对生态文明建设进步贡献较大，生态活力和协调程度的进步指数在全国排名位于中游水平（见表 3）。

表3 2011～2012 年贵州生态文明建设二级指标进步指数

	生态活力	环境质量	社会发展	协调程度
进步指数（%）	0.23	6.30	15.49	5.02
全国排名	14	3	1	13

具体到三级指标来看，由于地表水体质量进一步改善、农药施用强度降低，2011～2012 年度环境质量进步显著，而社会发展的进步主要得益于人均

GDP 和人均教育经费投入的提高。生态活力中建成区绿化覆盖率略有上升。协调程度中工业固体废物综合利用率、COD 排放变化效应、氨氮排放变化效应进步率较高，能源消耗变化效应进步率为负值。部分变化较大的三级指标见表4。

表4　贵州 2011~2012 年部分指标变动情况

三级指标	进步率(%)
地表水体质量	22.41
农药施用强度	3.35
人均 GDP	20.09
每千人口医疗机构床位数	46.67
人均教育经费投入	23.28
工业固体废物综合利用率	17.10
COD 排放变化效应	27.36
氨氮排放变化效应	27.32
能源消耗变化效应	-7.93

二　分析与展望

总体而言，贵州生态文明指数全国排名居中，但发展不够均衡。环境质量表现突出，处于全国领先地位，而生态活力、社会发展和协调程度不够理想，排名均处于中下游水平。从年度进步情况看，生态文明总进步指数排名靠前，其中环境质量和社会发展进步指数较高，处于全国前列，生态活力和协调程度进步指数排位居中。

在生态活力方面，贵州政府一直倡导科学利用资源，积极保护生态，构建生态安全保障体系，加强生态基础建设，重视森林、湿地和自然保护区的保护与管理。在国家和省两级生态补偿基金的资助下，加强了对生态区位重要地区和生态环境脆弱地区林地资源的有效保护，2012 年修改了《贵州省实施〈森林和野生动物类型自然保护区管理办法〉细则》，对于违反该细则的行为，采用严格的处罚规则，以法规制度的形式加大对自然保护区的保护力度。贵州地处云贵高原，受地形地貌影响，森林质量不高，生态环境脆弱，植被恢复难度大，生态活力受到制约。从生态活力的年度进步情况看，虽然建成区绿化覆盖率得以提高，但整体进步乏力。为了进一步激发生态活力，贵州在《贵州省林地保护利用规划大纲（2010～2020年）》中提出了全省林地保有量、森林保有量、森林蓄积量等方面的规划目标和任务，要"严格保护林地、节约集约利用林地、优化林地资源配置，提高林地保护利用效率"①，为森林的健康可持续发展、进一步提高生态活力提供了保障。

在环境质量方面，贵州处于领先地位。地表水体质量继续改善，城市环境空气质量优良，农药施用强度继续降低，化肥施用超标量低于国际超标值，保持了环境质量的优势。贵州通过实施《贵州三峡库区上游区及影响区水污染防治规划（2012～2015）》，开展主要流域的污染防治，实行环境保护河长制和生态补偿机制，加大对饮用水水源地环境保护的投入。贵阳市作为2012年第一批实施《环境空气质量标准》（GB3095－2012）的省会城市，高度重视新空气质量标准的实施工作，积极推动、落实新空气质量标准的检测。贵州坚持现代集约持续农业理念，因地制宜努力发展生态农业，优化用肥技术，扩种绿肥，控制化肥施用量，减少农药施用量，为稳定环境质量作出了不懈努力。未来贵州将"实行最严格的水资源管理制度、环境保护制度、生态环境保护责任追究制度和环境损害赔偿制度"②，完善的制度对生态文明建设必将产生积极影响。

在社会发展方面，贵州整体处在全国下游水平，但进步指数高居全国第一位，这得益于全贵州人民和政府的共同努力。服务业产值占GDP比例表现优异，人均GDP和人均教育经费投入虽仍处于全国下游水平，但增速明显。贵州坚持结构调整、提速转型的发展思路，通过深化改革、招商引资、对外贸易、区域合作"引金入黔"，人均GDP增速超过20%。发展以旅游为重点的现代服务业，第三产业比重接近50%，对GDP贡献显著。在国家的支持下，贵州加快黔中经济区发展，县域经济日趋活跃，城镇化建设稳步推进。2012

---

① 参见《贵州省林地保护利用规划大纲（2010～2020年）》。

② 参见贵州省2013年政府工作报告，2013年1月26日。

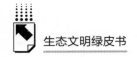

年，贵州基层医疗卫生条件得到改善，每千人口医疗机构床位数较上一年度增加46.3%。对于贵州生态文明建设来讲，贫穷落后、经济总量不足是制约因素。未来，随着《国务院关于进一步促进贵州经济社会又好又快发展的若干意见》① 的落实，2015年贵州人均GDP有望达到5000美元，为促进社会发展提供更强的驱动力。

在协调程度方面，《贵州省"十二五"主要污染物总量减排考核办法的通知》规范了减排目标考核和总量预算的方法原则。贵州出台了处理工业废弃物的具体措施，加快推进危险物和医疗废物集中处置设施建设，加强危险废物经营和废弃电子产品环境监管，工业固体废物综合利用率提高了17.1%。2012年度，贵州"以优化经济发展、改善环境质量为目的，构建减排工程体系，提升减排项目效益"②，COD排放量、氨氮排放量、二氧化硫排放量均有所下降，对改善水体和空气质量有一定作用。值得注意的是，本年度环境污染治理投资比重降低，进步率为负值。未来，贵州应以转型调整为契机，以发展绿色循环低碳产业带动经济发展，增加环境污染治理资金投入，通过实施煤层气综合利用、"三废"治理和综合利用等重大环境治理工程，控制能源消费总量的增长，继续降低COD等的排放量，提高贵州生态、环境、资源之间的协调程度，向均衡发展方向努力。

---

① 《国务院关于进一步促进贵州经济社会又好又快发展的若干意见》，2012年1月16日。
② 参见《2012年度贵州省环境状况公报》，2013年6月5日。

第三十章[*]

云南

一 云南 2012 年生态文明建设状况

2012 年，云南生态文明指数（ECI）得分为 83.53 分，排名全国第 15 位。具体二级指标得分及排名情况见表 1。去除"社会发展"二级指标后，云南绿色生态文明指数（GECI）得分为 73.39 分，全国排名第 11 位。

表 1   2012 年云南生态文明建设二级指标情况

二级指标	得分	排名	等级
生态活力（满分为 41.40 分）	27.60	8	2
环境质量（满分为 34.50 分）	24.15	4	1
社会发展（满分为 20.70 分）	10.13	25	3
协调程度（满分为 41.40 分）	21.64	27	4

云南 2012 年生态文明建设的基本特点是，环境质量居全国第 4 位，仅次于西藏、贵州、海南，生态活力居于全国上游水平，社会发展和协调程度居全国下游水平。在生态文明建设的类型上，云南属于环境优势型（见图 1）。

2012 年云南生态文明建设三级指标数据见表 2。

具体来看，在生态活力方面，云南拥有较高的森林覆盖率，且单位面积蓄积量较大，森林质量排名处于全国领先地位。建成区绿化覆盖率、自然保护区的有效保护也居于全国中上游水平。湿地面积占国土面积比重仍处于全国下游水平。

在环境质量方面，地表水体质量继续提高，全国排名第 7 位，空气主要污

---

* 执笔人：陈丽鸿，硕士生导师。

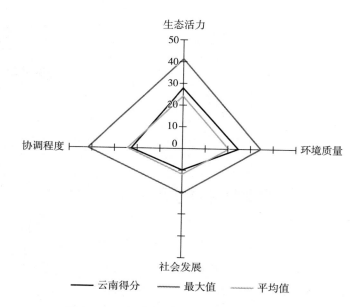

图1　2012年云南生态文明建设评价雷达图

染物含量综合指数较低，环境空气质量优良，全国排名领先。农药施用强度与化肥施用超标量均居于全国中游水平。

表2　云南2012年生态文明建设评价结果

一级指标	二级指标	三级指标	指标数据	排名
生态文明 指数（ECI）	生态活力	森林覆盖率	47.50%	7
		森林质量	85.48 立方米/公顷	4
		建成区绿化覆盖率	39.30%	13
		自然保护区的有效保护	7.50%	15
		湿地面积占国土面积比重	0.61%	29
	环境质量	地表水体质量	90.40%	7
		环境空气质量	3.19	4
		水土流失率	36.15%	23
		化肥施用超标量	78.75 千克/公顷	12
		农药施用强度	7.99 千克/公顷	13
	社会发展	人均GDP	22195 元	29
		服务业产值占GDP比例	41.09%	13
		城镇化率	39.31%	28
		人均教育经费投入	1421.55 元/人	20
		每千人口医疗机构床位数	3.94 张	16
		农村改水率	67.88%	20

续表

一级指标	二级指标	三级指标	指标数据	排名
生态文明 指数（ECI）	协调程度	环境污染治理投资占 GDP 比重	1.28%	16
		工业固体废物综合利用率	49.50%	26
		城市生活垃圾无害化率	82.70%	21
		COD 排放变化效应	4.73 吨/千米	25
		氨氮排放变化效应	0.52 吨/千米	26
		能源消耗变化效应	−73.14 千克标准煤/公顷	15
		二氧化硫排放变化效应	0.16 千克/公顷	23

在社会发展方面，云南每千人口医疗机构床位数和服务业产值占 GDP 比例两项指标处于全国中上游水平。农村改水率和人均教育经费投入处于全国中下游水平。人均 GDP 和城镇化率排名有所提升。

在协调程度方面，环境污染治理投资占 GDP 比重较上年有所下降，排名也下降，与能源消耗变化效应均居于全国中游水平。城市生活垃圾无害化率较上年有所提高，与二氧化硫排放变化效应、氨氮排放变化效应、COD 排放变化效应、工业固体废物综合利用率均位于全国中游偏下水平。

从年度进步情况来看，云南 2011～2012 年度的总进步指数为 0.96%，全国排名第 27 位。二级指标中，生态活力与协调程度进步指数均为负值。环境质量进步指数和社会发展进步指数排名居全国中游（见表 3）。

表 3   2011～2012 年云南生态文明建设二级指标进步指数

	生态活力	环境质量	社会发展	协调程度
进步指数（%）	−0.97	0.60	9.60	−1.13
全国排名	31	17	12	25

具体到三级指标来看，自然保护区的有效保护进步率出现负增长，是拉低生态活力进步指数的主要因素。良好的地表水体质量和环境空气质量使环境质量保持进步，但化肥施用超标量和农药施用强度的增加影响了环境质量的进步。

人均 GDP、城镇化率、人均教育经费投入的提高，是本年度社会发展进步的主要原因。城市生活垃圾无害化率进步幅度较大，环境污染治理投资占GDP 比重进步率均出现负增长，导致本年度协调程度进步不理想，出现下滑。部分变化较大的三级指标见表4。

表4　云南 2011～2012 年部分指标变动情况

三级指标	进步率(%)
自然保护区的有效保护	− 3.47
地表水体质量	7.75
人均 GDP	15.21
人均教育经费投入	22.58
城市生活垃圾无害化率	11.56
环境污染治理投资占 GDP 比重	− 4.48
能源消耗变化效应	− 8.82

二　分析与展望

总体来看，云南生态文明指数全国排名居中，但发展并不均衡。环境质量处于全国领先地位，生态活力也排名靠前，但社会发展和协调程度不够理想。从年度进步情况看，生态文明总进步指数排名不太理想，其中，环境质量和社会发展进步指数居全国中上游，而生态活力和协调程度的进步指数则出现了负值。

在生态活力方面，云南有较高的森林覆盖率和良好的森林质量，是生态文明建设的优势和基础。云南自 2009 年制定了《七彩云南生态文明建设规划纲要（2009～2020）》以来，深入推进七彩云南保护行动和森林云南建设，完成营造林 5100 万亩，森林覆盖率超过 53%①。森林防火、资源林政管理得到加强。这些措施有效保证了云南的生态活力在全国的领先位置。从年度进步情况看，云南 2011～2012 年生态活力提升乏力，进步指数出现了负增长，在全国排名也靠后，这主要源于自然保护区的有效保护出现了小幅度下降。

---

① 《2013 年云南省人民政府工作报告》，《云南日报》2013 年 2 月 21 日。

目前，云南省级自然保护区被环保部纳入了全国环境卫星遥感监测监察试点，提升保护区规范化管理是今后云南工作的重点。未来，云南应进一步因地制宜，对森林进行差别化保护利用，加大工矿废弃地、生态重要区域的生态修复力度，提高森林经营水平，落实《云南省生物多样性保护西双版纳约定》和《云南省生物多样性保护条例》，改变生态活力增速下滑的局面。

在环境质量方面，云南环境空气质量具有得天独厚的优势，为经济社会发展奠定了基础。六大水系和九大高原湖泊水质保持稳定，城镇集中式饮用水水源保护进一步加强，地表水体质量继续得到改善。2012 年，云南进一步落实《"十二五"低碳节能减排综合性工作方案》和《进一步加强"十二五"全省主要污染物总量减排工作的若干意见》，加强对省内企业污染减排的督察，环境监察执法力度加大，确保了环境质量进步指数的正增长。云南要求 14 条入湖河道水质达到滇池"十二五"考核规划要求，全面推进《三峡库区及其上游水污染防治规划（2011～2015 年)》项目，重点推进金沙江一级支流牛栏江的水环境保护工作①，成效初步显现。云南水土流失率相对较高，2012 年重点在水源涵养地区、土壤侵蚀严重地区实施了生态修复、水土流失综合治理工程。值得关注的是，化肥施用量虽未超标，但与农药施用强度年度进步率均为负增长，减缓了环境质量进步的步伐。未来应继续推广测土配方施肥，大力发展特色优势农业、绿色农业和生态农业，严格控制农药、化肥的使用量，减少对水质的污染，实现经济与环境的协调发展。

在社会发展方面，云南经济总量较小、基础薄弱，城镇化率、人均 GDP 水平较低，是生态文明建设的短板。可喜的是，2012 年社会发展的进步指数居于全国中上游，尤其是人均 GDP 和人均教育经费投入两方面进步较明显。2012 年云南集中力量加快实体经济的发展，跨境经济合作区和边境经济合作区建设也取得了良好的进展，推进与央企、民企和周边省市合作，大力发展招商引资，经济总量上升，人均 GDP 增幅为 15.21%。云南的旅游业一直走在全国的前列，2012 年精心策划建设 10 大历史文化旅游项目，加快推进旅游二次

---

① 《云南省 2012 年环境状况公报》，2013 年 6 月 4 日。

创业，对服务业产值增长贡献显著。未来应注意进一步合理配置城乡卫生资源，改善基层医疗卫生机构条件相对落后的现状。

从协调程度看，七项三级指标中，除城市生活垃圾无害化率和二氧化硫排放变化效应两项指标外，其余五项指标的年度进步率出现下滑，导致协调程度进步指数出现了负增长，成为生态文明建设的劣势指标。2012 年，通过改造污水处理厂、推进火电和水泥行业脱硝项目等措施，云南主要污染物总量排放较 2011 年有所下降，减排目标任务完成，但排放效果不理想，如不加以控制，对水体和空气质量的影响将会加剧。面对这一态势，云南省政府 2013 年在环境建设上作出了详细的工作部署，下达了各项主要污染物减排目标，重点加强城镇生活污水、畜禽养殖污染、制胶制糖废水污染的减排工作，筹建"中国昆明高原湖泊国际研究中心""云南省高原湖泊流域污染过程与管理重点实验室"① 等科技减排工程。云南应坚持"生态立省、环境优先"的发展战略，加大环境污染治理投资力度，进一步处理好经济建设与环境保护的关系。

---

① 王建华：《深入学习贯彻党的十八大精神，谋求重点工作突破，推动生态文明建设》，七彩云南保护行动网，2013 年 2 月 7 日。

第三十一章[*]

西藏

一 西藏 2012 年生态文明建设状况

2012 年，西藏生态文明指数（ECI）得分为 88.53 分，全国排名第 7 位。去除"社会发展"指标，绿色生态文明指数（GECI）得分 77.00 分，全国排名第 3 位。2012 年西藏各项二级指标的得分、排名和等级情况见表 1。

表 1　2012 年西藏生态文明建设二级指标情况汇总

二级指标	得分	排名	等级
生态活力（满分为 41.40 分）	26.61	9	2
环境质量（满分为 34.50 分）	27.98	1	1
社会发展（满分为 20.70 分）	11.54	20	3
协调程度（满分为 41.40 分）	22.40	24	3

从二级指标来看，西藏的环境质量评价排名第 1 位，居于全国上游水平；生态活力排名第 9 位，居于全国中上游水平；协调程度、社会发展排名靠后，居于全国中下游水平。从生态文明建设类型上看，西藏属于环境优势型（见图 1）。

西藏生态文明建设的三级指标见表 2。在所有 23 个三级指标中，西藏 2012 年排名前 10 位的有 11 个指标，主要体现在生态活力和环境质量方面。在生态活力的三级指标中，森林质量和自然保护区的有效保护都是第 1 名，居于全国最高水平；在环境质量的三级指标中，所有指标都在前 10 名，地表水体质量（第 2 位）、环境空气质量（第 3 位）、水土流失率（第 7 位）、化肥施

---

* 执笔人：高兴武，博士，硕士生导师。

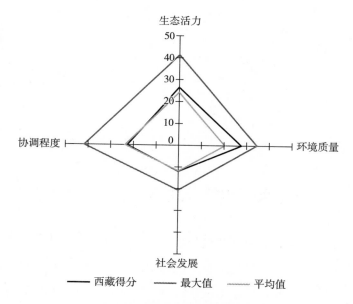

图1 2012年西藏生态文明建设评价雷达图

用超标量（第4位）、农药施用强度（第5位）的良好排名保障了西藏较高的环境质量水平。

西藏的社会发展在全国排名靠后，城镇化率和每千人口医疗机构床位数二项指标都排在全国倒数第一，但经济发展结构相对优化，三大产业中服务业产值占GDP比例达到53.89%。同时，重视教育投入也为经济社会发展提供了可持续发展的动力。西藏土地广袤，人口稀少，又以农牧业生产方式为主，因而城镇化率一直很低，这种特征会继续保留下去。根据全国功能区规划，西藏大部分地区是限制进行大规模高强度工业化、城镇化开发的重点生态功能区。

西藏的协调程度在全国排名靠后，从有数据的指标来看，主要是工业发展过程中资源投入效率和环境污染治理没有跟上，如环境污染治理投资占GDP比重、工业固体废物综合利用率和二氧化硫排放变化效应排在全国后3位。西藏工业发展相对落后，农牧业生产中化肥农药施用量较少，对环境和生态的影响不大。但随着工业和农牧业现代化的转型，资源能源的投入和对环境生态的压力会逐步增大。因此，西藏要把经济社会发展与生态环境和资源协调起来，走内涵式和集约型的经济发展道路。

表2　2012 年西藏生态文明建设评价结果

一级指标	二级指标	三级指标	指标数据	排名
生态文明指数（ECI）	生态活力	森林覆盖率	11.91%	24
		森林质量	153.52 立方米/公顷	1
		建成区绿化覆盖率	32.41%	30
		自然保护区的有效保护	33.90%	1
		湿地面积占国土面积比重	4.26%	17
	环境质量	地表水体质量	99.90%	2
		环境空气质量	2.75	3
		水土流失率	9.37%	7
		化肥施用超标量	-20.45 千克/公顷	4
		农药施用强度	3.78 千克/公顷	5
	社会发展	人均GDP	22936 元	28
		服务业产值占GDP比例	53.89%	3
		城镇化率	22.75%	31
		人均教育经费投入	2723.71 元/人	5
		每千人口医疗机构床位数	2.59 张	31
		农村改水率	—	—
	协调程度	环境污染治理投资占GDP比重	0.57%	30
		工业固体废物综合利用率	1.61%	31
		城市生活垃圾无害化率	—	—
		COD 排放变化效应	141.24 吨/千米	2
		氨氮排放变化效应	13.69 吨/千米	1
		能源消耗变化效应	—	—
		二氧化硫排放变化效应	0.00 千克/公顷	29

西藏 2011～2012 年度生态文明总进步指数为 -1.52%，排名第 29 位。其中生态活力有较大进步，而协调程度退步较大（见表3）。

表3　西藏 2011～2012 年度生态文明建设进步指数

	生态文明	生态活力	环境质量	社会发展	协调程度
进步指数（%）	-1.52	4.96	0.39	5.91	-13.29
全国排名	29	1	19	26	30

2011 年西藏的环境污染治理投资占 GDP 比重由 2010 年的 0.06% 增长到 2011 年的 4.66%，拉升了总进步指数，2012 年该指标正常回落，也带动了总进步指数的回落。同时环境质量已经是全国最好的，进步的空间有限，进步指数相对较低，也带动了总进步指数的回落。好在建成区绿化覆盖率有较大提升，促进了生态活力提高。部分变化较大的三级指标见表 4。

表 4　西藏 2011～2012 年部分指标变动情况

三级指标	进步率(%)
建成区绿化覆盖率	34.70
人均 GDP	14.24
人均教育经费投入	23.67
环境污染治理投资占 GDP 比重	−87.77
工业固体废物综合利用率	−40.80
COD 排放变化效应	14.09

二　分析与展望

2012 年西藏生态文明建设总体进步明显，生态文明指数和绿色生态文明指数在全国的排名都有所上升，这主要得益于西藏环境质量、生态活力优势和社会发展水平的持续提高。但随着西藏工业的进步，农牧业规模扩大和市场化进程加快，生产中的资源能源投入加大，西藏未来发展的生态及环境压力会逐步增大。

西藏全区地处青藏高原高海拔高寒地带，植物年生长速度较慢，森林覆盖率一直不高，属于生态脆弱区。资源环境承载能力不高，农牧业的容量有限，开发密度和开发强度都难以提高，因此全国功能区规划把西藏大部分地区归入限制开发区域（重点生态功能区），也是国家重要的生态安全屏障①。藏西北的羌塘高原荒漠生态功能区，其荒漠生态系统保存完整，拥有藏羚羊、黑颈鹤等珍稀特有物种。目前土地沙化、病虫害和溶洞滑塌等灾害日益增多，应加强

---

① 《全国主体功能区规划》，中国政府网，2011 年 8 月 8 日。

草原草甸保护，维护草畜平衡，打击盗猎，保护野生珍稀动物。藏东南的高原边缘森林生态功能区主要以亚热带常绿阔叶林为主，山高谷深，人迹罕至，多数地区仍处于原始状态，要重点保护原始的自然生态系统。藏中南地区是我国重要的农林畜产品生产加工业、藏医药产业、旅游业以及矿产资源和水力资源的重要基地，要以拉萨为中心提高大城市功能，做大做强农林畜产品加工、旅游和藏药产业，有序开发利用矿产资源。同时，加强雅鲁藏布江、拉萨河、年楚河、尼洋河等流域的生态多样性系统保护。

根据生态文明发展指数现状，从西藏经济社会、生态环境和资源能源实际出发，结合西藏发展定位，今后西藏生态文明建设可考虑从以下方面开展。

生态方面以保护为主，在保护中改善和增强生态功能。西藏被称为"地球第三极"，是南亚、东南亚地区的"江河源"和"生态源"，也是中国乃至东半球气候的"启动器"和"调节区"。2009年国务院通过的《西藏生态安全屏障保护与建设规划》和《全国主体功能区规划》把西藏作为生态功能区，是从西藏实际出发为西藏发展作出的战略定位。根据这一定位，西藏应充分依托西藏生态和资源优势，大力发展绿色能源产业，发展生态旅游、藏医药等特色产业；充分利用高原独特的生态资源优势，坚持保护优先、适度开发、点状发展，因地制宜发展资源环境可承载的特色产业。把生态资源优势转化为经济优势，实施生态立区战略、科学发展促进战略和环境安全保障战略，把西藏建成一个生态经济、绿色发展的示范大区。西藏生态环境脆弱，一旦破坏，短期内难以恢复，甚至完全丧失生态功能。西藏历年来的建成区绿化覆盖率一直偏低，主要原因是绿化恢复难、恢复慢。因此，经济社会建设要以生态环境保护为开发建设的前提，尽量不破坏、少破坏或破坏后尽快恢复。

环境保护方面，以形成环境保护型产业结构为发展目标，推进绿色发展、循环发展、低碳发展。西藏在环境质量上排位第一，始终保持着全国先进水平，这与西藏工业化发展水平较低有关，也是西藏传统生态型农牧业生产方式的结果。西藏有良好的生态和优良的环境，这就是西藏的优势和发展的基础。西藏要把推进绿色发展、循环发展、低碳发展，形成环境保护型产业发展格局作为未来发展的定位和目标，把生态优势变成经济优势，把环境质量变成经济发展质量，走生态良好型、环境友好型和资源节约型的发展道路和发展模式。

经济社会发展方面，要扬长避短，走生态经济发展模式。2012 年，西藏生产总值中，第一、二、三产业增加值所占比重分别为 11.5%、34.5%、54.0%①。其中工业产值只占 34.5%，但工业生产对生态环境的影响很大。就二氧化硫排放变化效应这一指标来看，江苏 2012 年第一、二、三产业增加值比例为 6.3%、50.2%、43.5%，而二氧化硫排放变化效应是西藏的 123 倍。可见，西藏的工业还是一种粗放式的发展方式。因此，西藏应扬长避短，以农牧业发展和服务业发展为主，走生态经济发展模式。首先，要以提高农牧业劳动生产率、资源产出率和商品化率为发展方向，推进农牧业的现代化。目前，西藏已经建成了一大批优质粮油生产、无公害蔬菜种植、标准化奶牛规模养殖、特色藏猪藏鸡养殖、绒山羊养殖等特色产业基地。农林牧渔业总产值跨过100 亿元大关，由 2003 年的 58.63 亿元增长到 2012 年的 117.95 亿元，农牧民人均纯收入连续 10 年保持两位数增长，2012 年达到 5645 元②。未来西藏农牧业现代化的发展，要继续以增加农牧民收入、促进可持续发展为目标，利用现代科技和装备，以家庭承包经营为基础，以市场化社会化为途径，走农牧工贸、产加销一体化的农牧业产业发展道路。其次，要突出西藏优势和特色，加快藏西北绒山羊、藏东北牦牛、藏东南林下资源、藏药材、藏中优质粮油菜等优势产业的发展步伐，培育一批带动产业发展的龙头企业，将全区打造成重要的高原特色农产品基地③。

① 《2012 年西藏自治区国民经济和社会发展统计公报》。
② 德庆白珍、普布次仁：《西藏已初步探索出中国特色西藏特点的农牧业现代化路子》，中国广播网，2013 年 1 月 8 日。
③ 《西藏农牧业现代化转型点评》，中国行业研究网，2010 年 11 月 23 日。

第三十二章*

陕西

一 陕西 2012 年生态文明建设状况

2012 年，陕西生态文明指数（ECI）得分为 76.55 分，排名全国第 25 位。具体二级指标得分及排名情况见表 1。去除"社会发展"二级指标后，陕西绿色生态文明指数（GECI）得分为 64.05 分，全国排名第 23 位。

表 1　2012 年陕西生态文明建设二级指标情况

二级指标	得分	排名	等级
生态活力（满分为 41.40 分）	23.66	18	3
环境质量（满分为 34.50 分）	16.87	25	3
社会发展（满分为 20.70 分）	12.51	15	3
协调程度（满分为 41.40 分）	23.52	16	3

陕西 2012 年生态文明建设的基本特点是，社会发展和协调程度居于全国中游水平，生态活力居全国中下游水平，环境质量欠佳，居于全国下游。在生态文明建设的类型上，陕西属于相对均衡型（见图 1）。

2012 年陕西生态文明建设三级指标数据见表 2。

具体来看，在生态活力方面，森林质量、建成区绿化覆盖率以及森林覆盖率均居全国前列，分别位于第 9、10、11 位。而自然保护区的有效保护和湿地面积占国土面积比重都处于全国下游水平。

在环境质量方面，农药施用强度低，居全国第 3 位。地表水体质量居于全

＊ 执笔人：孙宇，博士。

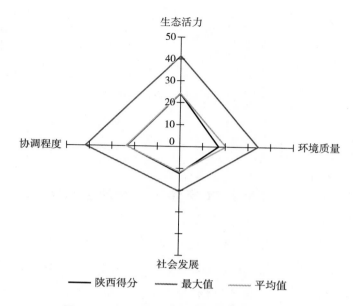

图1 2012年陕西生态文明建设评价雷达图

国中游水平。但是水土流失率、环境空气质量都居于全国下游，化肥施用超标量高，位列全国最后。

表2 陕西2012年生态文明建设评价结果

一级指标	二级指标	三级指标	指标数据	排名
生态文明指数（ECI）	生态活力	森林覆盖率	37.26%	11
		森林质量	44.06 立方米/公顷	9
		建成区绿化覆盖率	40.36%	10
		自然保护区的有效保护	5.70%	21
		湿地面积占国土面积比重	1.42%	27
	环境质量	地表水体质量	69.20%	15
		环境空气质量	6.02	29
		水土流失率	61.44%	27
		化肥施用超标量	340.80 千克/公顷	31
		农药施用强度	3.06 千克/公顷	3
	社会发展	人均GDP	38564 元	14
		服务业产值占GDP比例	34.66%	26
		城镇化率	50.02%	18
		人均教育经费投入	1827.16 元/人	12
		每千人口医疗机构床位数	4.16 张	10
		农村改水率	54.38%	30

续表

一级指标	二级指标	三级指标	指标数据	排名
生态文明 指数（ECI）	协调程度	环境污染治理投资占 GDP 比重	1.25%	19
		工业固体废物综合利用率	61.29%	21
		城市生活垃圾无害化率	88.50%	16
		COD 排放变化效应	12.14 吨/千米	14
		氨氮排放变化效应	0.83 吨/千米	18
		能源消耗变化效应	-69.82 千克标准煤/公顷	14
		二氧化硫排放变化效应	0.59 千克/公顷	12

在社会发展方面，每千人口医疗机构床位数、人均教育经费投入及人均 GDP 都位于全国中上游水平。城镇化率处于全国中游偏下水平。服务业产值占 GDP 比例和农村改水率居于全国下游。

在协调程度方面，二氧化硫排放变化效应、能源消耗变化效应以及 COD 排放变化效应居于全国中上游。城市生活垃圾无害化率、氨氮排放变化效应、环境污染治理投资占 GDP 比重及工业固体废物综合利用率都居于全国中游偏下水平。

从年度进步情况来看，陕西 2011～2012 年度的总进步指数为 1.94%，全国排名第 20 位。具体到二级指标，生态活力的进步指数为 0.37%，居全国第 12 位。环境质量进步指数为 -0.70%，居全国第 22 位；社会发展的进步指数为 11.28%，居全国第 8 位；协调程度的进步指数为 1.04%，居全国第 21 位。从数据可见，陕西 2011～2012 年度社会发展和生态活力的进步指数居全国上游，环境质量、协调程度的进步指数居全国下游，且环境质量的进步指数呈现负值。

具体到三级指标来看，陕西 2011～2012 年度社会发展进步指数居全国前列，这主要得益于人均教育经费投入和人均 GDP 较大幅度的增长以及城镇化率的提高。生态活力的进步，主要得益于建成区绿化覆盖率的提高。而环境质量和协调程度的进步指数居全国下游的原因在于，除了地表水体质量较 2011 年有了一定提高外，其他三级指标都进步不大，城市生活垃圾无害化率、农药施用强度、化肥施用超标量、能源消耗变化效应还出现了负增长。部分变化较大的三级指标见表 3。

表3　陕西2011～2012年部分指标变动情况

三级指标	进步率(%)
建成区绿化覆盖率	4.34
地表水体质量	14.38
人均GDP	15.24
城镇化率	5.75
人均教育经费投入	32.69
城市生活垃圾无害化率	-1.96
农药施用强度	-2.87
化肥施用超标量	-31.14
能源消耗变化效应	-8.09

二　分析与展望

总体而言，2012年陕西生态文明指数在全国排名靠后，虽然社会发展和协调程度居于全国中游水平，但生态活力和环境质量欠佳，居于全国中下游水平。从年度进步情况看，陕西总进步指数处于全国中下游水平，其中生态活力和社会发展进步指数较好，环境质量、协调程度进步指数居全国下游，特别是环境质量进步指数还出现了负值，排名也靠后，值得加以关注。

在生态活力方面，陕西高度重视生态的改善，采取多种措施建设绿色陕西、生态陕西。2012年全省开展全民义务植树活动，全年累计1020多万人次参加，栽植各类苗木8537万株。为了改善公路、铁路沿线绿化面貌，省政府在公路、铁路两侧营造千里绿色长廊，全力推进重点区域绿化。同时还开展了关中大地园林化建设项目，推动庭院绿化、村庄绿化、路渠绿化和一村一片林的"三化一片林"绿色家园建设，出台了《陕西省"三化一片林"绿色家园建设标准》和具体办法。经过不懈努力，陕西生态建设再上新台阶，2012年森林覆盖率、森林质量和建成区绿化覆盖率都居全国上游水平。值得注意的是，陕西的湿地面积仅占全省总面积的1.42%，2006年陕西颁布了《湿地保护条例》，强调了湿地资源的监管和责任，今后应继续通过湿地保护区和国家级湿地公园的建设，保护湿地动植物资源和生态平衡。

在环境质量方面，2012年陕西实施了《渭河流域水污染防治三年行动方案（2012~2014）》，从工农业污染、城市生活污水处理等多方面采取措施，全方位改善渭河流域水体质量。从2012年的数据看，陕西地表水体质量比2011年有了较大的改善。陕西的环境空气质量不容乐观，以煤为主的能源结构造成的煤烟型污染和机动车排放引起的光化学污染共存，导致大气环境中细颗粒物和臭氧浓度明显偏高，雾霾年均日数明显增加，对人民身体健康构成严重威胁。为了改善环境空气质量，2012年陕西出台了《陕西省全面改善城市环境空气质量工作方案》，提出要强化排放总量控制、淘汰落后产能、推进清洁生产、转变发展方式、优化能源结构，推进绿色低碳的生产生活方式。希望陕西能够以此为契机，加强大气污染整治，让三秦大地天空更蓝。陕西是全国水土流失最为严重的省份之一，水土流失面积占全省总面积的61.44%。在"十二五"期间，全省计划实现总投资107亿元，治理水土流失面积3.25万平方公里。2012年陕西已经治理水土流失面积6604平方公里，今后应坚持生态保护与经济发展协调统一，继续依托小流域综合治理，淤地坝、坡耕地综合整治，能源开发区综合治理等重点项目，加快水土流失综合治理步伐，全面实现水土保持工作大发展。从2012年的数据看，陕西的化肥施用超标量全国最高。陕西已经认识到了过度施用化肥对土壤环境和食品安全的危害，出台了《陕西省现代农业发展规划（2011~2017年）》，提出要推广生态农业生产技术，科学施用化肥、农药，开展万吨有机肥加工项目，治理和控制农业污染。

在社会发展方面，近年来陕西经济一直保持高速增长态势。2012年人均GDP达38564元，较2011年有大幅提升，位居全国中游水平。在经济发展的同时，陕西加大了教育经费的投入，2012年教育支出693亿元，占财政支出的20.8%，在校舍建设、学生生活改善、贫困学生补助等方面取得了较好的成绩。在改善医疗条件方面，加快推进西北妇女儿童医院、西北医科大学和全科医师培养基地等重点项目，乡村医疗机构改革全部完成，县级公立医院改革全面铺开，医疗卫生服务和保障能力不断提高[①]。2012年陕西又有111万农村居民进城落户，城镇化率达到50.02%，比2011年有较大提高。在民生方面，

①　参见《陕西省2013年政府工作报告》。

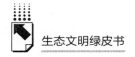

陕西应重视农村公共设施建设。陕西的农村改水率只有 54.38%，居全国第 30 位，应引起重视。陕西服务业发展相对缓慢，服务业产值占 GDP 比例较低。陕西旅游、文化、教育等资源具有先天优势，今后应继续抓住西部大开发的机遇，加快物流、电子商务、信息技术、金融等现代服务业的发展。2010 年陕西也出台了《陕西省服务业发展规划（2010～2015）》，系统全面地对服务业发展的目标、重点、布局等作出了全面的规划。

从协调程度看，陕西重视环境与经济的协调发展。2012 年二氧化硫排放量 84.38 万吨，比上年削减 8.0%。氮氧化物排放量 80.82 万吨，削减 2.9%。COD 排放量 53.63 万吨，削减 3.9%。氨氮排放量 6.19 万吨，削减 2.4%[①]。陕西应狠抓节能减排不放松，继续严格控制污染物排放，加强秦岭、渭河、汉江、丹江等重点区域的保护与治理，同时强化大气污染监测防治工作。随着城镇化的发展，陕西的生活垃圾处理能力略显不足，2012 年城市生活垃圾无害化率比 2011 年略有降低。为了加快城镇生活垃圾处理设施建设，2012 年底陕西出台了《陕西省"十二五"城镇生活垃圾无害化处理设施建设规划》，明确了城镇生活垃圾无害化处理的目标和具体任务。相信只要能把相关政策落到实处，陕西经济与环境的协调程度会更好。

---

① 参见《2012 年陕西省国民经济和社会发展统计公报》。

第三十三章 *

甘肃

一 甘肃 2012 年生态文明建设状况

2012 年，甘肃生态文明指数（ECI）得分为 75.95 分，排名全国第 26 位。具体二级指标得分及排名情况见表 1。去除"社会发展"二级指标后，甘肃绿色生态文明指数（GECI）得分为 66.03 分，排名全国第 19 位。

表 1 2012 年甘肃生态文明建设二级指标情况汇总

二级指标	得分	排名	等级
生态活力（满分为 41.40 分）	23.66	18	3
环境质量（满分为 34.50 分）	19.17	16	3
社会发展（满分为 20.70 分）	9.92	27	4
协调程度（满分为 41.40 分）	23.21	19	3

甘肃生态活力、环境质量和协调程度位于全国中游偏下水平，社会发展处于全国下游水平。在生态文明建设的类型上属于低度均衡型（见图 1）。

2012 甘肃生态文明建设三级指标数据见表 2。

具体来看，在生态活力方面，自然保护区的有效保护处于全国领先位置，森林覆盖率虽然比较低，但是整体森林质量处于全国中游水平。受自然环境因素影响，甘肃建成区绿化覆盖率处于全国下游水平。湿地面积占国土面积比重处于全国中下游水平。

---

* 执笔人：王广新，博士，硕士生导师。

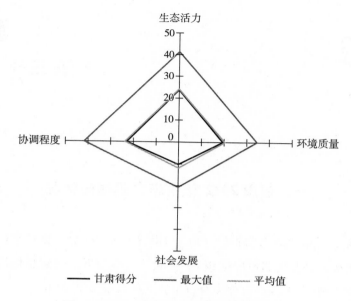

图1 2012年甘肃生态文明建设评价雷达图

甘肃环境质量在2012年度等级评价有所提高，主要表现在环境空气质量和化肥施用超标量有了比较显著的改善（分别位于全国第10位和第5位）。地

表2 甘肃2012年生态文明建设评价结果

一级指标	二级指标	三级指标	指标数据	排名
生态文明指数（ECI）	生态活力	森林覆盖率	10.42%	26
		森林质量	41.31 立方米/公顷	11
		建成区绿化覆盖率	30.02%	31
		自然保护区的有效保护	16.20%	4
		湿地面积占国土面积比重	2.8%	23
	环境质量	地表水体质量	60.80%	18
		环境空气质量	4.04	10
		水土流失率	64.13%	29
		化肥施用超标量	−0.28 千克/公顷	5
		农药施用强度	17.99 千克/公顷	26
	社会发展	人均GDP	21978 元	30
		服务业产值占GDP比例	40.17%	13
		城镇化率	38.75%	29
		人均教育经费投入	1213.57 元/人	21
		每千人口医疗机构床位数	3.85 张	19
		农村改水率	63.21%	25

续表

一级指标	二级指标	三级指标	指标数据	排名
生态文明 指数（ECI）	协调程度	环境污染治理投资占 GDP 比重	2.15%	7
		工业固体废物综合利用率	53.87%	24
		城市生活垃圾无害化率	41.7%	30
		COD 排放变化效应	3.29 吨/千米	28
		氨氮排放变化效应	0.71 吨/千米	20
		能源消耗变化效应	-31.3 千克标准煤/公顷	5
		二氧化硫排放变化效应	0.31 千克/公顷	18

表水体质量居全国中等水平，水土流失率和农药施用强度则处于全国下游水平。

在社会发展方面，服务业产值占 GDP 比例处于全国中等水平。每千人口医疗机构床位数、人均教育经费投入处于全国中等水平，人均 GDP、城镇化率、农村改水率处于全国下游水平。

在协调程度方面，甘肃加大了环境治理力度。环境污染治理投资占 GDP 比重位于全国第 7 位。

进步指数分析显示，甘肃 2011～2012 年总进步指数为 7.98%，排名全国第 3 位。具体二级指标进步指数见表 3。

表 3　2011～2012 年甘肃生态文明建设二级指标进步率

	生态活力	环境质量	社会发展	协调程度
进步指数(%)	1.11	1.17	9.53	19.76
全国排名	5	12	13	2

2011～2012 年甘肃生态文明建设的总进步指数呈积极上升态势，其中协调程度、生态活力的进步指数居全国前列，环境质量和社会发展进步指数居全国中游。具体到三级指标上，环境污染治理投资占 GDP 比重、地表水体质量、建成区绿化率、工业固体废物综合利用率、COD 排放变化效应、氨氮排放变化效应等变化较大，具体见表 4。

表4 甘肃 2011～2012 年部分指标变动情况

三级指标	进步率（%）
环境污染治理投资占 GDP 比重	80.67
建成区绿化覆盖率	7.79
工业固体废物综合利用率	5.23
地表水体质量	10.55
农药施用强度	−7.12
化肥施用超标量	−5.18
COD 排放变化效应	21.25
氨氮排放变化效应	23.58
二氧化硫排放变化效应	20.26

二 分析与展望

号称"雍凉之地"的甘肃是中国黄河水系、长江水系的重要途经地，是中国西北重要的生态屏障、黄土高原生态安全屏障、黄河上游生态安全屏障、长江上游生态安全屏障、河西内陆河生态安全屏障，在全国生态系统中占据非常重要的位置。甘肃近年来在生态活力、环境质量和协调程度方面取得了长足的进步。但是应该看到，甘肃生态文明建设类型仍然处于低度均衡型。未来的发展方向是逐步探索生态活力、环境质量、社会发展、协调程度的稳步发展，即在动态发展中协调稳定，在经济快速增长和生态环境持续好转之间寻求协调。

在经济和社会发展方面，要大力发展以循环经济、战略性新兴产业、现代服务业、文化旅游业等为主体的生态经济，注重提升生态经济在整个经济中的比重。加强对循环经济的科学研究和投入力度，逐步探索出具有甘肃特色的循环经济发展模式。战略性新兴产业中，生物医药、现代中药和生物创新、软件及信息服务产业、装备制造业是产业升级、建构循环经济的着力点。同时，着重结合甘肃自身优势，着力发展新能源技术和产业，如风能和太阳能产业。以新型现代化丝绸之路带动经济可持续发展，加快内引外联，通过新型现代化丝绸之路带动循环经济、战略性新兴产业、现代服务业、文化旅游产业发展。通过政策支持、资金投入、科学研究、战略指导等扶植新兴产业。同时要注意新兴产业中工业废料的二次污染问题。应进一步转变产业结构，提高第三产业在经济结构中的比重，大力发展诸如文化、旅游、生态农业等绿色产业。

在生态活力方面，甘肃作为黄土高原、黄河上游、长江上游的生态安全屏障，生态安全具有战略地位。甘肃的水土流失率达到64.13%，水土流失问题严重，水体质量较差。应在引洮供水一期及配套工程、甘南黄河重要水源补给生态功能区生态保护等项目基础上，继续推进疏勒河中下游生态保护与修复、黑河流域综合治理、敦煌水资源合理利用与生态保护工程，加大对水土流失和自然保护区的治理力度。加大对黄土高原地区水土流失以及生态修复的科学研究力度和财政支持力度，引领生态科技发展，以科学带动生态环境的良性、健康、可持续发展。要加强区域生态保护与恢复，实施祁连山生态保护与综合治理规划，加快人工增雨雪体系建设，对冰川、湿地、森林、草原进行抢救性保护。实施草原生态补助奖励政策，采取禁牧补助、草畜平衡奖励、牧草良种补贴、山羊牦牛良种补贴、基本草原划定、草原规范化承包、草原动态监测等基本管理办法[1]。加强河西走廊内陆河区地下水超采治理，维持合理的地下水水位。加快建设甘南湿地自然保护区，加强湿地保护，恢复水源涵养功能。考虑到甘肃的生态安全屏障功能，以及生态、环境、资源、发展中的补偿性，应该充分考虑生态转移贡献率因素，并实施相应的生态补偿政策。

在环境保护方面，要进一步加强环境污染综合防治，推进城镇生活污水、生活垃圾、危险废物、医疗废物处置等环保基础设施建设。甘肃制定了氨氮减排引导资金政策，推进全省城镇污水处理厂污染减排工作，制定了氨氮减排引导资金政策，推进污水处理厂脱氮除磷升级改造工程，并给予适当的环保补助资金支持[2]。经过综合治理，甘肃二氧化硫排放量有较大回落。甘肃工业固体废物综合利用率为53.87%，在全国仍然处于较低水平，环境

---

[1]　王朝霞：《我省抓紧落实草原生态补奖政策》，《甘肃日报》2012年4月14日。
[2]　王生元：《甘肃建立氨氮减排引导资金政策，推进全省城镇污水处理厂污染减排工作》，http://www.donews.com/dzh/201205/1217772.html。

污染综合防治任重而道远。应加强废物循环利用研究，大力推进废物资源化全过程污染控制技术研发，发展废物预处理专用技术，加快废物资源化利用技术研发。开展甘肃省环境承载力的研究与评估，以环境承载力模型为依据，建立基于 GIS 的环境承载力监控预警体系，形成系统化、定量化的分析方法体系。

第三十四章[*]

青海

一 青海 2012 年生态文明建设状况

2012 年，青海生态文明指数（ECI）得分为 80.23 分，排名全国第 19 位。具体二级指标得分及排名情况见表 1。去除"社会发展"二级指标后，青海绿色生态文明指数（GECI）得分为 68.37 分，排名全国第 17 位。

表 1 2012 年青海生态文明建设二级指标情况汇总

二级指标	得分	排名	等级
生态活力（满分为 41.40 分）	23.66	18	3
环境质量（满分为 34.50 分）	23.38	7	2
社会发展（满分为 20.70 分）	11.86	18	3
协调程度（满分为 41.40 分）	21.33	28	4

青海 2012 年生态文明建设的基本特征是，环境质量位于全国中上游水平，生态活力、社会发展和协调程度位于全国中下游水平。在生态文明建设的类型上青海属于相对均衡型（见图 1）。

2012 年青海生态文明建设三级指标数据见表 2。

具体来看，在生态活力方面，自然保护区占辖区面积比重在全国排名靠前，自然保护区的有效保护居第 2 位。湿地面积占国土面积比重为 5.72%，排在全国第 14 位。森林覆盖率和建成区绿化覆盖率这两项指标居全国下游水平。

在环境质量方面，化肥施用超标量为 - 57.19 千克/公顷，全国排名第

---

* 执笔人：王广新，博士，硕士生导师。

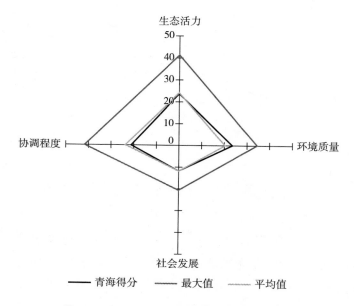

图1　2012年青海生态文明建设评价雷达图

1位（排名越靠前，化肥施用超标量越低）。农药施用强度为3.26千克/公顷，排在全国第4位（排名越靠前，农药施用强度越低）。地表水体质量达到

表2　青海2012年生态文明建设评价结果

一级指标	二级指标	三级指标	指标数据	排名
生态文明指数（ECI）	生态活力	森林覆盖率	4.57%	30
		森林质量	11.88立方米/公顷	30
		建成区绿化覆盖率	32.5%	29
		自然保护区的有效保护	30.2%	2
		湿地面积占国土面积比重	5.72%	14
	环境质量	地表水体质量	95.8%	4
		环境空气质量	4.47	18
		水土流失率	28.38%	18
		化肥施用超标量	−57.19千克/公顷	1
		农药施用强度	3.26千克/公顷	4
	社会发展	人均GDP	33181元	21
		服务业产值占GDP比例	32.97%	29
		城镇化率	47.44%	20
		人均教育经费投入	2732.39元/人	4
		每千人口医疗机构床位数	4.31张	6
		农村改水率	79.87%	13

续表

一级指标	二级指标	三级指标	指标数据	排名
生态文明指数(ECI)	协调程度	环境污染治理投资占 GDP 比重	1.27%	18
		工业固体废物综合利用率	55.53%	22
		城市生活垃圾无害化率	89.2%	14
		COD 排放变化效应	−1.95 吨/千米	29
		氨氮排放变化效应	−0.61 吨/千米	30
		能源消耗变化效应	−10.45 千克标准煤/公顷	1
		二氧化硫排放变化效应	0.01 千克/公顷	28

95.8%，居全国第 4 位。水土流失率和环境空气质量这两项指标处于全国中游水平。

在社会发展方面，人均教育经费投入居全国第 4 位。农村改水率为 79.87%，居全国第 13 位。人均 GDP、服务业产值占 GDP 比例、城镇化率三项指标处于全国中下游水平。

在协调程度方面，能源消耗变化效应位居全国第 1 位。COD 排放变化效应、氨氮排放变化效应、二氧化硫排放变化效应、环境污染治理投资占 GDP 比重则处于全国中下游水平。

进步指数分析显示，青海 2011~2012 年总进步指数为 1.56%，排名全国第 25 位。具体二级指标进步指数见表 3。

表 3　2011~2012 年青海生态文明建设二级指标进步指数

	生态活力	环境质量	社会发展	协调程度
进步指数(%)	0.66	1.3	11.7	−2.39
全国排名	8	11	6	27

2011~2012 年青海生态文明建设总进步指数排名第 25 位，生态活力、环境质量和社会发展的进步指数居全国上游，而协调程度进步指数为负值，排名靠后。具体到三级指标上，人均教育经费投入增幅最大，人均 GDP、每千人口医疗机构床位数、地表水体质量、建成区绿化覆盖率都有较大幅度增长，工业固体废物综合利用率增长幅度不大，还有很大空间。而环境污染治

理投资占 GDP 比重为负值，值得加以注意。部分变化较大的三级指标见表4。

表4　青海 2011～2012 年部分指标变动情况

三级指标	进步率(%)
人均 GDP	12.39
人均教育经费投入	44.82
每千人口医疗机构床位数	9.83
工业固体废物综合利用率	0.43
地表水体质量	2.68
建成区绿化覆盖率	4.63
环境污染治理投资占 GDP 比重	-19.11
能源消耗变化效应	-10.04

二　分析与展望

青海是国家重要的生态安全屏障，目前处于相对均衡的发展状态。在国家的大力支持和帮扶下，青海先后投入资金近百亿元，组织实施了生态环境综合治理、天然林保护、退耕还林还草、"三北"防护林、退牧还草、水土保持等生态环境建设工程，全省生态和环境恶化的趋势得到很大程度的遏制。

从数据来看，青海的部分三级指标有优良表现。其中，能源消耗变化效应排名全国第1位，自然保护区的有效保护排名全国第2位，地表水体质量和人均教育经费投入排名全国第4位，每千人口医疗机构床位数排名全国第6位。另外，青海 2012 年的生态文明建设类型属于相对均衡型，说明青海初步形成了建设、保护和管理整体推进的生态治理新格局。

在社会发展方面，青海积极打造全国循环经济示范区，走低碳、绿色、集聚、循环的新型工业化道路，在壮大经济总量中加快转变发展方式，建设国家循环经济发展先行区。以格尔木、德令哈、大柴旦、乌兰工业园为载体，加快推进产业体系规划中 176 个项目的实施。按照"减量化、再利用、资源化"

的循环发展理念发展①。在规划体系建设、政策措施研究、科学技术攻关、对外招商引资、节能降耗减排、生态环境保护、基础设施建设等领域取得了积极进展，特色优势产业培育初见成效，循环经济产业框架基本形成。青海明确提出"推动太阳能综合利用示范基地建设，构建青海太阳能、高原风能、水电等可再生能源互补的能源体系"的战略目标②。青海加速发展新能源产业，在抓好单晶硅、多晶硅生产的同时，带动和构建光伏产业链，建设国家重要的太阳能光伏产业基地和最大的太阳能发电基地。加速发展新材料产业，以新型电子材料、新型合金材料、新型化工材料、新型建筑材料等为主要发展方向，培育新的经济增长点。青海在发展循环经济的同时，应进一步调整产业结构，提高第三产业在经济结构中的比重，大力发展诸如文化、旅游、生态农业等绿色产业。

青海从2011年开始建立了部省会商制度，进一步推动柴达木循环经济试验区建设、高原现代农牧业发展、三江源生态保护与民生改善工程③，推动了青海循环经济、高原现代生态农牧业、新能源、三江源生态保护与建设等领域在绿色发展上的战略性突破。建立了三江源生态综合监测与评估示范区，针对青海湖的生态环境问题，提出青海湖流域生态环境综合治理模式。

青海严控在三江源地区、环青海湖流域、湟水流域敏感区及其他重要生态功能区的重金属污染物排放，加快淘汰涉重金属企业落后产能，推进相关企业聚集和升级改造。集中治理重点防控区，建立完善涉重金属企业环境监管体系，建设完备高效的污染防治设施，推进工艺技术、生产装备、运行管理等关键环节污染深度处理，减少污染物排放，降低环境风险，实现清洁生产。尽管如此，2012年数据中，青海省的工业固体废物综合利用率为55.53%，全国排名第22位，利用率仍然偏低，还有很大的提升空间。环境污染治理投资占GDP比重偏低，二氧化硫排放变化效应、氨氮排放变化效应、COD排放变化效应变化幅度不大，这些都影响了青海在协调程度方面的进展，需要加以重视。

---

① 《青海柴达木循环经济试验区总体规划》，http://news.xinhuanet.com/fortune/2010－03/19/content_13206036.htm。
② 贾明、马悍德：《向绿色进军：一个资源大省的转型方略》，《青海日报》2014年7月21日。
③ 贾明、马悍德：《向绿色进军：一个资源大省的转型方略》，《青海日报》2014年7月21日。

G.35

第三十五章*
宁夏

一 宁夏2012年生态文明建设状况

2012年，宁夏生态文明指数（ECI）得分为69.38分，排名全国第30位。具体二级指标得分及排名情况见表1。去除"社会发展"二级指标后，宁夏绿色生态文明指数（GECI）得分为56.65分，全国排名第30位。

表1 2012年宁夏生态文明建设二级指标情况

二级指标	得分	排名	等级
生态活力（满分为41.40分）	19.71	30	4
环境质量（满分为34.50分）	16.87	25	3
社会发展（满分为20.70分）	12.72	13	3
协调程度（满分为41.40分）	20.07	30	4

宁夏2012年生态文明建设的基本特点是，环境质量、社会发展居全国中下游水平，生态活力、协调程度居全国下游水平。在生态文明建设的类型上，宁夏属于低度均衡型（见图1）。

2012年宁夏生态文明建设三级指标数据见表2。

具体来看，在生态活力方面，自然保护区的有效保护在全国排名靠前，居第10位。建成区绿化覆盖率和湿地面积占国土面积比重排名居全国中游，分别位于第17位、第18位。森林覆盖率、森林质量居全国下游水平。

在环境质量方面，农药施用强度居全国第1位，施用强度最低。环境空气

---

* 执笔人：张秀芹，博士，硕士生导师。

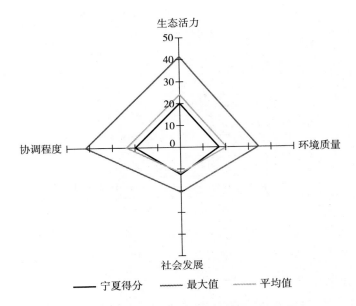

图1　2012年宁夏生态文明建设评价雷达图

质量居全国上游水平。化肥施用超标量居全国中游水平。地表水体质量差，水土流失最为严重。

表2　宁夏2012年生态文明建设评价结果

一级指标	二级指标	三级指标	指标数据	排名
生态文明指数（ECI）	生态活力	森林覆盖率	9.84%	27
		森林质量	9.63 立方米/公顷	31
		建成区绿化覆盖率	38.37%	17
		自然保护区的有效保护	10.30%	10
		湿地面积占国土面积比重	3.85%	18
	环境质量	地表水体质量	5.80%	30
		环境空气质量	4.40	10
		水土流失率	71.37%	31
		化肥施用超标量	92.76 千克/公顷	14
		农药施用强度	2.21 千克/公顷	1
	社会发展	人均GDP	36394 元	16
		服务业产值占GDP比例	41.96%	10
		城镇化率	50.67%	17
		人均教育经费投入	2054.67 元/人	8
		每千人口医疗机构床位数	4.10 张	12
		农村改水率	79.79%	14

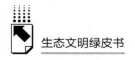
续表

一级指标	二级指标	三级指标	指标数据	排名
生态文明 指数(ECI)	协调程度	环境污染治理投资占 GDP 比重	2.38%	6
		工业固体废物综合利用率	69.03%	15
		城市生活垃圾无害化率	70.60%	27
		COD 排放变化效应	7.40 吨/千米	21
		氨氮排放变化效应	0.73 吨/千米	19
		能源消耗变化效应	−117.20 千克标准煤/公顷	18
		二氧化硫排放变化效应	0.18 千克/公顷	21

在社会发展方面，人均教育经费投入、服务业产值占 GDP 比例居全国上游水平，分别位列第 8 位、第 10 位。人均 GDP、城镇化率、每千人口医疗机构床位数、农村改水率均居全国中游水平。

在协调程度方面，环境污染治理投资占 GDP 比重全国排名靠前，居于第 6 位。工业固体废物综合利用率居全国中游水平，氨氮排放变化效应、能源消耗变化效应居全国中下游水平。COD 排放变化效应、二氧化硫排放变化效应居全国下游水平。城市生活垃圾无害化率较低，全国排名第 27 位。

从年度进步情况来看，宁夏 2011～2012 年度的生态文明进步指数为10.23%，全国排名第 1 位。具体到二级指标，生态活力的进步指数为0.35%，居全国第 13 位。环境质量进步指数为 17.54%，居全国第 1 位；社会发展的进步指数为 9.10%，居全国第 17 位；协调程度的进步指数为 14.60%，居全国第 6 位。从数据可见，宁夏 2011～2012 年度环境质量进步指数居全国首位，协调程度进步指数全国排名靠前，生态活力进步指数排名居全国中上游，社会发展进步指数全国排名处于中下游。

具体到三级指标来看，宁夏 2011～2012 年度环境质量、协调程度方面出现了长足的进步，这主要得益于地表水体质量、工业固体废物综合利用率、COD 排放变化效应、氨氮排放变化效应等都出现了很大的进步。生态活力的进步主要得益于建成区绿化覆盖率的提高。社会发展的进步主要得益于人均GDP、人均教育经费投入、每千人口医疗机构床位数的提高。部分变化较大的三级指标见表 3。

表3　宁夏2011～2012年部分指标变动情况

三级指标	进步率(%)
地表水体质量	70.59
人均GDP	10.14
人均教育经费投入	30.75
每千人口医疗机构床位数	8.72
工业固体废物综合利用率	12.56
COD排放变化效应	86.57
氨氮排放变化效应	87.86
建成区绿化覆盖率	2.46

二　分析与展望

总体而言，宁夏生态文明指数全国排名靠后。环境质量和社会发展情况稍好，生态活力及协调程度排名都较差，整体目前仍属于低度均衡型。从年度进步情况看，宁夏生态文明进步指数全国排名首位，其环境质量进步指数全国排名第1位、协调程度进步指数全国排名第6位、生态活力进步指数全国排名第13位、社会发展进步指数全国排名第17位，发展趋向较为理想。

在生态活力方面，自然保护区的有效保护同2011年一样，依然稳居全国第10位，这对于西部省份来说难能可贵。值得一提的是，其建成区绿化覆盖率同比增长2.46%。这些成绩与宁夏深入推进生态环境保护工作密不可分。宁夏积极争取自然保护区国家专项资金，加强自然生态保护；扎实组织开展生态示范创建工作；强化自然保护区监管，积极做好国家自然保护区评估工作；成立专门组织机构，高度重视生物多样性保护工作。然而，还应清醒地看到，在取得成绩的同时，宁夏在生态活力方面还有不足。其森林覆盖率及森林质量是下一步重点关注的领域。未来宁夏应加强实施人工造林工程，提升森林覆盖率及森林质量。《宁夏回族自治区2013年政府工作报告》明确提出，"实施封山禁牧、退耕还林（草）、防沙治沙、湿地保护、绿化美化五大生态工程。全力打造沿黄景观林、贺兰山东麓百万亩葡萄、中部干旱带防风固沙林和六盘山水源涵养林四大绿色长廊"。随着这些工程的实施和推进，可以预见，宁夏在

生态活力方面会有大的进步。

在环境质量方面，宁夏的环境空气质量在全国排名靠前，尤其是农药施用强度在全国最低。而地表水体质量差、水土流失率高成为生态环境建设的制约因素。除继续推进"五大生态工程"、全面建设"四大绿色长廊"、进一步加强湖泊水系保护利用、加大耕地保护力度等外，未来宁夏应进一步抓好主要污染物总量减排、强化重点流域区域污染防治。唯有如此，水土保持能力才会增强，地表水体质量才能真正改善。宁夏十分重视污染物总量减排和污染防治工作，自治区政府印发了《关于进一步加快主要行业污染减排工作的通知》《自治区"十二五"节能减排综合性工作方案》，出台了《自治区"十二五"主要污染物总量减排统计监测考核办法》《自治区跨行政区域重点河流断面水质目标考核暂行办法》等政策法规。《宁夏回族自治区 2012 年政府工作报告》也明确提出，"大力推进全国节水型社会和防沙治沙示范省区建设"。随着这些政策法规、措施的实施，宁夏的环境质量应有改观。以地表水体质量为例，此指标在本年度全国排名虽低，但同自身相比，同比进步率为 70.59%。这表明相关的政策法规、措施已初见成效，关键在于能否继续推进。

在社会发展方面，宁夏人均教育经费投入、服务业产值占 GDP 比例居全国中上游水平，医疗卫生条件居全国中上游水平。这些领域对宁夏的社会发展起了重要作用。近年来，宁夏较为重视教育投入，教育事业稳步发展。2010年建成西北最大的职业教育实验基地，中职招生增速全国第一。2011 年在西部率先实现基本普及高中阶段教育目标。在发展现代服务业方面，宁夏着力构建消费需求旺、经济带动强、就业容量大的现代服务业体系，如做优做精特色旅游、做大做强综合物流、做新做特现代金融、做活做旺城乡市场等。在医疗卫生方面，着力让城乡群众都享有基本医疗卫生服务。着力改进医疗卫生设施，推进城乡卫生服务机构标准化。在经济发展方面，近年来，宁夏经济保持了较高的增长率。这和宁夏推行的打优势牌、走特色路、构建具有地方特色的现代产业体系等密不可分。在城镇化率方面，宁夏还有进步的空间，未来应进一步加速推动沿黄城市带崛起。以沿黄经济区上升为国家战略为契机，全面提高沿黄城市带的规划建设水平，充分发挥引领全区科学发展、跨越发展的主体功能，拓展黄河金岸。加大进城农民工、大中专毕业生等群体的公租房供给，引导人口向沿黄城镇聚集，打造黄河善谷。进一步突破中南部山城建设，推进固原和山区大县城建设，大幅提升固原区域中心城市辐射带动力，切实增强各县城自我发展能力。

从协调程度看，宁夏社会经济发展与环境质量的协调程度不高。虽环境污染治理投资占 GDP 比重排名全国靠前，但由于当前经济发展模式、产业结构等因素影响，经济发展对环境"反哺"的力度还不够。投资（而非出口与消费）是宁夏经济增长的第一拉动力，其中煤电、冶金、建材、化肥等产业项目投资比例最大。比较而言，这些产业的转型难度高、环境威胁大。宁夏工业正处于蓄势发力、转型突破的关键时期，必须进一步做大增量、调优存量，在发展中转型、在优化中升级。为此，宁夏通过产业集群式发展、集约式发展、园区组团式发展来加速新型工业化，在引领经济结构转型升级上务求更大实效。这些措施无疑会促进社会经济发展与生态环境的协调发展。然而必须看到，因这些产业的自身特点，经济发展与生态环境之间的张力还会在相当长时间内存在。宁夏的 COD 排放变化效应、氨氮排放变化效应、能源消耗变化效应、二氧化硫排放变化效应等指标的全国排名情况可以印证上述观点。未来宁夏应深入推进节能减排，促进工业循环式发展。要进一步创新激励机制，落实国家淘汰落后产能新标准，对腾出能耗和污染物排放空间的地区、园区和企业，实施等量置换，优先安排项目。大力发展循环经济，推进园区内、企业中和产业间循环，延长产业链，力促清洁生产、减量排放。严格执行新上项目环境和能耗评估制度，继续推进高耗能行业能耗限额管理。从当前的数据，如 COD 排放变化效应、氨氮排放变化效应的进步率可以看出宁夏在这一方面已取得一定成就。要进一步提高协调程度，还需要从根本上入手，即调整产业结构。未来宁夏应大力发展有机农业，着力提高第三产业的比例。除此之外，在提高协调程度方面，提高城市生活垃圾无害化率应是一个可以通过努力实现的领域。现阶段宁夏的城市垃圾处理以掩埋为主，应加强城市生活垃圾的监督管理，按行政区划严格落实环境卫生管理责任，按照标准设置生活垃圾收集转运站，配备必要的垃圾收运设施设备，逐步实现城市生活垃圾的减量化、资源化、无害化。

第三十六章[*]

新疆

一 新疆 2012 年生态文明建设状况

2012 年，新疆生态文明指数（ECI）为 78.53 分，排名全国第 22 位。具体二级指标得分及排名情况见表 1。去除"社会发展"二级指标后，新疆绿色生态文明指数（GECI）为 66.02 分，全国排名第 20 位。

表1　2012 年新疆生态文明建设二级指标情况汇总

二级指标	得分	排名	等级
生态活力（满分为 41.40 分）	22.67	24	3
环境质量（满分为 34.50 分）	21.08	10	2
社会发展（满分为 20.70 分）	12.51	15	3
协调程度（满分为 41.40 分）	22.27	25	3

新疆 2012 年生态文明建设的基本特点是，环境质量居于全国上游水平，生态活力、社会发展、协调程度居全国中下游水平。在生态文明建设的类型上，新疆属于相对均衡型（见图 1）。

2012 年新疆生态文明建设三级指标数据见表 2。

具体来看，在生态活力方面，自然保护区的有效保护、森林质量在全国排名靠前，分别居于第 6 位和第 8 位。森林覆盖率、建成区绿化覆盖率、湿地面积占国土面积比重排名均较靠后。

在环境质量方面，地表水体质量、农药施用强度指标在全国处于上游水

---

* 执笔人：张秀芹，博士，硕士生导师。

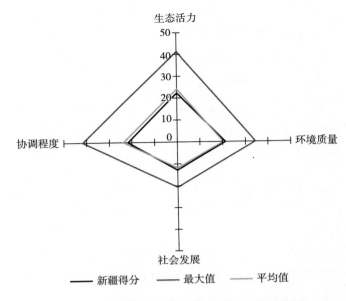

图 1　2012 年新疆生态文明建设评价雷达图

平。水土流失率、环境空气质量分别居全国第 28 位和第 22 位。化肥施用超标量居全国第 18 位。

表 2　新疆 2012 年生态文明建设评价结果

一级指标	二级指标	三级指标	指标数据	排名
生态文明指数（ECI）	生态活力	森林覆盖率	4.02%	31
		森林质量	45.49 立方米/公顷	8
		建成区绿化覆盖率	35.88%	25
		自然保护区的有效保护	13.0%	6
		湿地面积占国土面积比重	0.86%	28
	环境质量	地表水体质量	91.20%	6
		环境空气质量	5.08	22
		水土流失率	61.95%	28
		化肥施用超标量	151.08 千克/公顷	18
		农药施用强度	3.87 千克/公顷	6
	社会发展	人均 GDP	33796 元	18
		服务业产值占 GDP 比例	36.02%	21
		城镇化率	43.98%	24
		人均教育经费投入	2085.32 元/人	7
		每千人口医疗机构床位数	5.60 张	1
		农村改水率	92.84%	6

续表

一级指标	二级指标	三级指标	指标数据	排名
生态文明指数（ECI）	协调程度	环境污染治理投资占 GDP 比重	3.40%	1
		工业固体废物综合利用率	51.56%	25
		城市生活垃圾无害化率	78.70%	25
		COD 排放变化效应	−6.25 吨/千米	30
		氨氮排放变化效应	−0.37 吨/千米	29
		能源消耗变化效应	−22.51 千克标准煤/公顷	3
		二氧化硫排放变化效应	−0.04 千克/公顷	30

在社会发展方面，每千人口医疗机构床位数、农村改水率、人均教育经费投入在全国排名靠前，分别居于第 1 位、第 6 位和第 7 位。人均 GDP 处于全国中游偏下水平。城镇化率、服务业产值占 GDP 比例较弱，处于全国中下游水平。

在协调程度方面，环境污染治理投资占 GDP 比重、能源消耗变化效应在全国排名靠前，分别居于第 1 位、第 3 位。工业固体废物综合利用率、城市生活垃圾无害化率、COD 排放变化效应、氨氮排放变化效应、二氧化硫排放变化效应均处于全国下游水平。

从年度进步情况来看，新疆 2011～2012 年度的总进步指数为 5.76%，全国排名第 6 位。具体到二级指标，生态活力的进步指数为 −0.30%，居全国第 28 位。环境质量进步指数为 −2.45%，居全国第 26 位；社会发展的进步指数为 9.40%，居全国第 16 位；协调程度的进步指数为 16.85%，居全国第 4 位。从数据可见，新疆 2010～2012 年度的总进步主要得益于社会发展和协调程度二级指标的进步。

进一步看，新疆 2011～2012 年度社会发展和协调程度方面出现了较大的进步，这主要得益于环境污染治理投资占 GDP 比重、COD 排放变化效应、氨氮排放变化效应、人均教育经费投入、人均 GDP 等方面出现了较大的进步。部分变化较大的三级指标见表 3。

表 3　新疆 2011～2012 年部分指标变动情况

三级指标	进步率（%）
人均 GDP	12. 33
人均教育经费投入	24. 64
环境污染治理投资占 GDP 比重	69. 15
COD 排放变化效应	54. 19
氨氮排放变化效应	54. 40

二　分析与展望

总体而言，新疆生态文明指数排名靠后。除了环境质量情况较好，生态活力、社会发展、协调程度均较弱。但从年度进步情况看，新疆生态文明进步指数全国排名靠前，居第 6 位，总体发展趋向较为理想。

在生态活力方面，自然保护区的有效保护同 2011 年一样，依然稳居全国第 6 位，森林质量也很好。对于气候条件较差的西部省份来说，这难能可贵。这些成绩同新疆全面贯彻落实"环保优先、生态立区"理念密不可分。2012年全区已建立自治区级以上自然保护区 28 个，其中国家级自然保护区 9 个，自治区级自然保护区 19 个。这对于保持和提高新疆的生态活力起着非常重要的作用。然而，新疆的森林覆盖率、建成区绿化覆盖率、湿地养护还存在不足。未来新疆应加强实施人工造林工程、湿地保护工程建设，提升森林覆盖率、扩大湿地面积。继续加强天山、阿尔泰山天然林，平原绿化林和荒漠植被保护工程建设，做好天山北坡谷地森林植被保护与修复等。加强退耕还林、退牧还草、优质饲草料基地、重点防护林及湿地保护工程建设。

在环境质量方面，新疆具有良好的地表水体质量，农药施用强度的绝对值不高，在全国排名靠前。2011 年，随着各城市中心区域工业企业搬迁、城市管网的不断完善，全区河流上游水质正在从"良好"向"优"悄然转变。2012 年，全区河流总体水质状况优良。近几年来，新疆认真贯彻实施《新疆维吾尔自治区农业现代化建设规划纲要》，着力提高农业生产经营规模化、标准化、产业化水平，实现农业发展方式由产品数量型向市场经营型、质量效益型、精深加工型、绿色环保型转变。其农药施用强度排名靠前主要得益于农业发展方式的转型。然而，其环境空气质量差、水土流失率高、化肥施用超标量高成为生态环境建设的制约因素。以环境空气质量为例，受工业发展规模、人口、降水量等因素影响，近几年来虽总体空气质量无显著变化，但部分城市仍然出现下降趋势。2012年，吐鲁番、阿克苏等9个城市空气质量下降。要在环境质量方面有所突破，除加强三北防护林工程、退牧还草项目的建设，推进大气污染综合防治体系的建立，继续加大国土整治的资金投入，巩固小流域水土保持综合治理的效果外，新疆还应进一步抓好主要污染物总量减排、强化重点流域区域污染防治。加大重点行业脱硫脱硝工程建设，坚决淘汰落后产能，加强超排企业综合整治，搬迁人口密集区重污染企业等。

在社会发展方面，新疆在经济实力不断增强的基础上，积极推进民生建设，成效显著。在改善农村水、电、路、气等民生设施方面，在提高基本医疗保障水平方面，以及发展教育方面都有突出成绩。新疆2012年政府工作报告指出："民生建设力度之大、范围之广、速度之快、受益之多、影响之深，前所未有。"然而，相比较而言，其经济发展总量还有进步的空间。新疆2012年主要经济指标增速实现历史性突破，比2005年翻了一番。但从全国来看，新疆的人均GDP仍然处于全国中游偏下的位置，需要在未来继续保持经济增长的势头，优化经济结构，进一步提升服务业在整个经济中的比重；全面实施新型城镇化行动计划。在服务业方面，应继续坚持商贸、金融、旅游、餐饮、物流、信息等生产性服务业和生活性服务业全面发展，整体提升第三产业水平。在城镇化方面，抓好乌鲁木齐国际城市、喀什国家级开放创新试验区、伊宁—霍尔果斯国际合作与沿边开发开放试验区建设。积极推进昌吉、石河子国家创新型城市发展。加强区域中心城市及一批成长性好的城镇建设。完善城市产业体系，促进产业聚集，增强吸纳就业能力，实现城市带动农村一体化发展。加快园林城市、节水型城市、低碳生态城市建设。做好风景名胜区和历史文化名城保护工作。当前新疆一批环境友好型城市、资源节约型数字化卫星城镇及中心乡镇加快发展，功能不断完善。城镇化效果显著，发展势头良好。

在协调程度方面，新疆的社会经济发展与环境质量的协调程度不高。虽然环境污染治理投资占GDP比重全国排名第1位，能源消耗变化效应排名全国靠前，但由于当前经济发展模式、产业结构等因素影响，其经济发展对环境"反哺"的力度还不够。投资（而非出口与消费）是新疆经济增长的第一拉动力。在投资中，产业投资项目包括煤化工、有色金属等比例最大。2012 年，新疆依然要推动油气生产基地建设、煤炭煤电煤化工产业发展以及金属加工、装备制造业、建材加工业发展，虽也有新能源、新材料、节能环保、生物、信息等战略性新兴产业，但传统产业依然引领工业发展。必须看到，受这些产业自身特点的制约，新疆经济发展与生态环境之间的张力还会在相当长的时间内存在。新疆的 COD 排放变化效应、氨氮排放变化效应、二氧化硫排放变化效应等指标的情况可以印证上述观点。新疆面临在发展中转型、在优化中升级的课题。集约、循环、低碳、环保是新疆工业生产转变的重要方向。在这些方面，新疆通过着力建设工业园区，提升工业园区聚集发展能力，大力发展循环经济和清洁生产，加强企业技术改造，促进重点产业优化升级，并通过工业化和信息化的融合提升工业化水平。从 COD 排放变化效应、氨氮排放变化效应的进步率可以看出新疆在这一方面已取得一定成就。未来新疆应大力发展有机农业，着力提高第三产业的比例。除此之外，提高城市生活垃圾无害化率、工业固体废物综合利用率应是可以通过努力实现的领域。新疆当前的基础设施建设重点领域为水利、综合交通运输体系、电力电源项目、信息化，如能向生产生活废弃物基础处理设施建设方面倾斜，新疆的协调程度预期会有较大的改观。

G.37

参考文献

人民出版社编《中共中央关于全面深化改革若干重大问题的决定》，人民出版社，2013。

胡锦涛：《坚定不移沿着中国特色社会主义道路前进，为全面建成小康社会而奋斗——在中国共产党第十八次全国代表大会上的报告》，人民出版社，2012。

江泽民：《在庆祝中国共产党成立八十周年大会上的讲话》，人民出版社，2001。

中共中央文献研究室编《毛泽东邓小平江泽民论科学发展》，中央文献出版社、党建读物出版社，2008。

中共中央文献研究室编《科学发展观重要论述摘编》，中央文献出版社、党建读物出版社，2008。

中共中央宣传部编《科学发展观学习读本》，学习出版社，2008。

中共中央宣传部理论局编《中国特色社会主义理论体系学习读本》，学习出版社，2008。

姜春云：《姜春云调研文集——生态文明与人类发展卷》，中央文献出版社、新华出版社，2010。

〔美〕蕾切尔·卡逊著《寂静的春天》，吕瑞兰、李长生译，吉林人民出版社，1997。

〔美〕丹尼斯·米都斯等著《增长的极限》，李宝恒译，吉林人民出版社，1997。

世界环境与发展委员会：《我们共同的未来》，王之佳、柯金良等译，吉林人民出版社，2004。

《21世纪议程》，国家环境保护局译，中国环境科学出版社，1993。

〔美〕赫尔曼·E. 戴利、肯尼思·N. 汤森编《珍惜地球》，马杰、钟斌、朱又红译，商务印书馆，2001。

〔美〕约翰·贝米拉·福斯特著《生态危机与资本主义》，耿建新、宋兴无译，上海译文出版社，2006。

〔美〕霍尔姆斯·罗尔斯顿著《环境伦理学：大自然的价值以及人对大自然的义务》，杨通进译，中国社会科学出版社，2000。

〔美〕巴里·康芒纳著《封闭的循环》，侯文蕙译，吉林人民出版社，1997。

〔英〕罗宾·柯林伍德著《自然的观念》，吴国盛、柯映红译，华夏出版社，1990。

〔英〕阿诺德·汤因比著《人类与大地母亲》，徐波等译，上海人民出版社，2001。

〔英〕马凌诺斯基著《文化论》，费孝通译，华夏出版社，2002。

〔英〕大卫·布林尼著《生态学》，李彦译，生活·读书·新知三联书店，2003。

〔英〕乔·特里威克（Jo Treweek）著《生态影响评价》，国家环境保护总局环境工程评估中心译，中国环境科学出版社，2006。

〔美〕大卫·弗里德曼（David Freedman）等著《统计学》，魏宗舒、施锡铨等译，中国统计出版社，1997。.

〔美〕莱斯特·R. 布朗著《生态经济：有利于地球的经济构想》，林自新、戢守志等译，东方出版社，2002。

〔美〕杰弗里·希尔著《自然与市场：捕获生态服务链的价值》，胡颖廉译，中信出版社，2006。

〔德〕弗里德希·亨特布尔格、弗莱德·路克斯、玛尔库斯·史蒂文著《生态经济政策：在生态专制和环境灾难之间》，葛竟天、从明才、姚力、梁媛译，东北财经大学出版社，2005。

〔美〕加勒特·哈丁著《生活在极限之内》，戴星翼、张真译，上海译文出版社，2007。

〔美〕罗纳德·哈里·科斯著《企业、市场与法律》，盛洪、陈郁译，格致出版社、上海三联书店、上海人民出版社，2009。

〔美〕理查德·瑞吉斯特著《生态城市——建设与自然平衡的人居环境》，王如松、胡聃译，社会科学文献出版社，2002。

〔美〕理查德·瑞杰斯特著《生态城市伯克利：为一个健康的未来建设城市》，沈清基、沈贻译，中国建筑工业出版社，2004。

〔西〕米格尔·鲁亚诺著《生态城市：60个优秀案例研究》，吕晓惠译，中国电力出版社，2007。

〔英〕迈克·詹克斯、伊丽莎白·伯顿、凯蒂·威廉姆斯编著《紧缩城市——一种可持续发展的城市形态》，周玉鹏、龙洋、楚先锋译，中国建筑工业出版社，2004。

〔美〕马修·卡恩著、孟凡玲译《绿色城市：城市发展与环境》，中信出版社，2007。

中国科学院可持续发展战略研究组：《2009中国可持续发展战略报告：探索中国特色的低碳道路》，科学出版社，2009。

中国科学院可持续发展战略研究组：《2008中国可持续发展战略报告：政策回顾与展望》，科学出版社，2008。

中国现代化战略研究课题组、中国科学院中国现代化研究中心：《中国现代化报告2007：生态现代化研究》，北京大学出版社，2007。

国务院发展研究中心课题组：《主体功能区形成机制和分类管理政策研究》，中国发展出版社，2008。

中国环境监测总站：《京津冀、长三角、珠三角区域及直辖市、省会城市和计划单列市空气质量报告》，2013。

中国环境监测总站：《中国生态环境质量评价研究》，中国环境科学出版社，2004。

环境保护部、中国科学院：《全国生态功能区划》，2008。

国家环境保护总局编著《全国生态现状调查与评估》（综合卷），中国环境科学出版社，2005。

中国可持续发展林业战略研究项目组：《中国可持续发展林业战略研究》（战略卷），中国林业出版社，2003。

严耕主编《中国省域生态文明建设评价报告（ECI 2013）》，社会科学文献出版社，2013。

严耕、王景福主编《中国生态文明建设》，国家行政学院出版社，2013。

严耕主编《中国省域生态文明建设评价报告（ECI 2012）》，社会科学文献出版社，2012。

严耕主编《中国省域生态文明建设评价报告（ECI 2011）》，社会科学文献出版社，2011。

严耕、林震、杨志华等著《中国省域生态文明建设评价报告（ECI 2010）》，社会科学文献出版社，2010。

严耕、杨志华著《生态文明的理论与系统建构》，中央编译出版社，2009。

严耕、林震、杨志华主编《生态文明理论构建与文化资源》，中央编译出版社，2009。

张慕萍、贺庆棠、严耕主编《中国生态文明建设的理论与实践》，清华大学出版社，2008。

卢风著《人类的家园》，湖南大学出版社，1996。

卢风著《启蒙之后》，湖南大学出版社，2003。

卢风著《从现代文明到生态文明》，中央编译出版社，2009。

余谋昌著：《生态文明论》，中央编译出版社，2010。

李惠斌、薛晓源、王治河主编《生态文明与马克思主义》，中央编译出版社，2008。

薛晓源、李惠斌主编《生态文明研究前沿报告》，华东师范大学出版社，2007。

廖福霖编著《生态文明建设理论与实践》，中国林业出版社，2001。

《生态文明建设读本》编撰委员会：《生态文明建设读本》，浙江人民出版社，2010。

本书编写组：《生态文明建设学习读本》，中共中央党校出版社，2007。

陈学明著《生态文明论》，重庆出版社，2008。

刘湘溶著《生态文明论》，湖南教育出版社，1999。

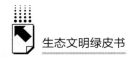

姬振海主编《生态文明论》，人民出版社，2007。

沈国明著《21世纪生态文明：环境保护》，上海人民出版社，2005。

吴风章主编《生态文明构建——理论与实践》，中央编译出版社，2008。

杨通进、高予远编《现代文明的生态转向》，重庆出版社，2007。

诸大建主编《生态文明与绿色发展》，上海人民出版社，2008。

国家林业局宣传办公室、广州市林业局：《生态文明建设理论与实践》，中国农业出版社，2008。

江泽慧等著《中国现代林业》，中国林业出版社，2008。

北京大学中国持续发展研究中心、东京大学生产技术研究所：《可持续发展：理论与实践》，中央编译出版社，1997。

迟福林著《第二次改革——中国未来30年的强国之路》，中国经济出版社，2010。

刘思华著《刘思华选集》，广西人民出版社，2000。

许启贤主编《世界文明论研究》，山东人民出版社，2001。

庄锡昌等编《多维视角中的文化理论》，浙江人民出版社，1987。

周海林著《可持续发展原理》，商务印书馆，2004。

叶裕民主编《中国城市化与可持续发展》，科学出版社，2007。

章友德著《城市现代化指标体系研究》，高等教育出版社，2006。

王玉梅编著《可持续发展评价》，中国标准出版社，2008。

左其亭、王丽、高军省著《资源节约型社会评价——指标·方法·应用》，科学出版社，2009。

中华人民共和国国家统计局编《中国统计年鉴》（1991～2013），中国统计出版社。

国家统计局、环境保护部编《中国环境统计年鉴》（2003～2013），中国统计出版社。

国家统计局《中国能源统计年鉴》（2003～2013），中国统计出版社。

中华人民共和国水利部《中国水资源公报》（2001～2012），中国水利水电出版社。

国家林业局第八次全国森林资源清查结果新闻发布会，http：//cftv. forestry.

gov. cn。

国家林业局:《2011 中国林业发展报告》,http://www. forestry. gov. cn/
CommonAction. do? dispatch = index&colid = 62(2013 - 05 - 18)。

国家林业局:《2012 中国林业发展报告》,http://www. forestry. gov. cn/
CommonAction. do? dispatch = index&colid = 62 2013 - 05 - 18。

国家统计局农村社会经济调查司:《中国农村统计年鉴》(1991~2011),
中国统计出版社。

环境保护部:《环境保护部开展华北平原排污企业地下水污染专项检
查》,http://www. zhb. gov. cn/gkml/hbb/qt/201305/t20130509 _ 251858. htm
(2013 - 05 - 26)。

环境保护部、国家质量监督检验检疫总局:《环境空气质量标准》
(GB3095 - 2012),2012 年 2 月 29 日发布。

经济合作与发展组织统计数据,http://stats. oecd. org/。

联合国环境规划署环境数据,http://geodata. grid. unep. ch/。

联合国粮食及农业组织(FAO)统计资料,http://www. fao. org/corp/
statistics/zh/。

联合国统计司千年发展目标指标,http://unstats. un. org/unsd/mdg/Data.
aspx。

世界卫生组织:《世界卫生组织关于颗粒物、臭氧、二氧化氮和二氧化硫
的空气质量准则(2005 年全球更新版)风险评估概要》,http://www.
who. int/publications/list/who_ sde_ phe_ oeh_ 06_ 02/zh/(2013 - 05 - 21)。

世界银行数据库,http://data. worldbank. org. cn/indicator/。

世界资源研究所统计数据集,http://earthtrends. wri. org/publications/
data - sets。

中华人民共和国国家统计局:《环境统计数据 2011》,http://www.
stats. gov. cn/tjsj/qtsj/hjtjzl/hjtjsj2011/(2013 - 05 - 25)。

北京林业大学生态文明研究中心:《中国省级生态文明建设评价报告》,
《中国行政管理》2009 年第 11 期。

严耕、杨志华、林震等:《2009 年各省生态文明建设评价快报》,《北京林

业大学学报》（社会科学版）2010 年第 1 期。

杨志华、严耕：《中国当前生态文明建设六大类型及其策略》，《马克思主义与现实》2012 年第 6 期。

杨志华、严耕：《中国当前生态文明建设关键影响因素及建设策略》，《南京林业大学学报》（人文社会科学版）2012 年第 4 期。

吴明红、严耕：《高校生态文明教育的路径探析》，《黑龙江高教研究》，2012 年第 12 期。

严耕、林震、吴明红：《中国省域生态文明建设的进展与评价》，《中国行政管理》2013 年第 10 期。

耶鲁大学环境法律与政策中心、哥伦比亚大学国际地球科学信息网络中心：《2006 环境绩效指数（EPI）报告》（上），高秀平、郭沛源译，《世界环境》2006 年第 6 期。

耶鲁大学环境法律与政策中心、哥伦比亚大学国际地球科学信息网络中心：《2006 环境绩效指数（EPI）报告》（下），高秀平、郭沛源译，《世界环境》2007 年第 1 期。

潘岳：《论社会主义生态文明》，《绿叶》2006 年第 10 期。

钟明春：《生态文明研究述评》，《前沿》2008 年第 8 期。

申曙光：《生态文明及其理论与现实基础》，《北京大学学报》1994 年第 3 期。

齐联：《致公党中央在提案中建议要建立生态文明指标体系》，《中国绿色时报》2008 年 3 月 6 日第 A01 版。

关琰珠、郑建华、庄世坚：《生态文明指标体系研究》，《中国发展》2007 年第 2 期。

杨开忠：《谁的生态最文明》，《中国经济周刊》2009 年第 32 期。

杨开忠、杨咏、陈洁：《生态足迹分析理论与方法》，《地球科学进展》，2000 年第 6 期。

申振东等：《建设贵阳市生态文明城市的指标体系与监测方法》，http：//www. gyjgdj. gov. cn/contents/63/9485. html。

浙江省统计局：《浙江省生态文明建设的统计测度与评价》，http：//

www. zj. stats. gov. cn/art/2010/1/18/art−281−38807. html。

浙江省发展计划委员会课题组：《生态省建设评价指标体系研究》，《浙江经济》2003 年第 7 期。

蒋小平：《河南省生态文明评价指标体系的构建研究》，《河南农业大学学报》2008 年第 1 期。

叶文虎、仝川：《联合国可持续发展指标体系述评》，《中国人口·资源与环境》1997 年第 3 期。

杜斌、张坤民、彭立颖：《国家环境可持续能力的评价研究：环境可持续性指数 2005》，《中国人口·资源与环境》2006 年第 1 期。

国家林业局：《中国森林可持续经营标准与指标》（中华人民共和国林业行业标准 LY/T1594−2002）。

张丽君：《可持续发展指标体系建设的国际进展》，《国土资源情报》2004 年第 4 期。

谢洪礼：《关于可持续发展指标体系的述评》（一），《统计研究》1998 年第 6 期。

谢洪礼：《关于可持续发展指标体系的述评》（二），《统计研究》1999 年第 1 期。

钟茂初、张学刚：《环境库兹涅茨曲线理论及研究的批评综论》，《中国人口·资源与环境》2010 年第 2 期。

Arthur P. J. Mol, David A. Sonnenfeld and Gert Spaargaren, The Ecological Modernisation Reader, Routledge, London and New York, 2009.

Cai D. W. "Understand the Role of Chemical Pesticides and Prevent Misuses of Pesticides". *Bulletin of Agricultural Science and Technology*, 2008 (1).

The Ramsar Convention on Wetlands, The List of Wetlands of International Importance (2013−3−21), http://www. ramsar. org/cda/en/ramsar-documents-list/main/ramsar/1−31−218_4000_0__ (2013−04−01).

后　记

北京林业大学生态文明研究中心于 2007 年率先开启了中国省域生态文明建设量化评价研究，自 2010 年首次发布生态文明绿皮书《中国省域生态文明建设评价报告（ECI 2010）》以来，已连续出版 4 部。

本书是课题组长期研究的成果。课题研究、全书构思及统稿工作均由严耕主持，吴明红、林震、樊阳程、杨智辉、田浩、金灿灿、杨志华等协助严耕做了大量研究和编写工作。

本书的撰写采取分工协作的方式，各部分执笔者已在书中标明。第一部分是生态文明建设评价总报告，凝练了课题组的主要观点。第二部分是 ECCI 的理论与分析，由五个相互独立的分报告组成。第一章"ECCI 2014 设计与算法"，介绍了 ECCI 最新的改进和评价、分析方法；第二章"国际比较"，初次探索构建 ECCI 国际版，从国际比较中发现对我国生态文明建设的启示；第三章"生态文明建设类型"，分析我国各省域生态文明建设的优势与短板；第四章"相关性分析"，探寻生态文明建设的主要影响因素；第五章"年度进步指数"，检验我国年度生态文明建设的成效。第三部分是省域生态文明建设分析，对我国 31 个省、自治区、直辖市（不含港澳台）的生态文明建设状况进行了评价和分析，提出针对性的政策建议。

研究生陈铭、刘宇、张梦媛、郭轶方、王琦、李星等也参与了资料收集和数据整理等编写工作，本书的完成，他们功不可没。

由于部分重要数据缺失，相应指标未能如愿纳入 ECCI，加之作者水平所限，研究中还有诸多不足之处，恳请读者批评指正！

本书得到北京市科委项目（编号：D0805063430000）资助，在此一并致谢！

法律声明

"皮书系列"（含蓝皮书、绿皮书、黄皮书）由社会科学文献出版社最早使用并对外推广，现已成为中国图书市场上流行的品牌，是社会科学文献出版社的品牌图书。社会科学文献出版社拥有该系列图书的专有出版权和网络传播权，其LOGO（📖）与"经济蓝皮书"、"社会蓝皮书"等皮书名称已在中华人民共和国工商行政管理总局商标局登记注册，社会科学文献出版社合法拥有其商标专用权。

未经社会科学文献出版社的授权和许可，任何复制、模仿或以其他方式侵害"皮书系列"和LOGO（📖）、"经济蓝皮书"、"社会蓝皮书"等皮书名称商标专用权的行为均属于侵权行为，社会科学文献出版社将采取法律手段追究其法律责任，维护合法权益。

欢迎社会各界人士对侵犯社会科学文献出版社上述权利的违法行为进行举报。电话：010－59367121，电子邮箱：fawubu@ssap.cn。

社会科学文献出版社

我们是图书出版者,更是人文社会科学内容资源供应商;

我们背靠中国社会科学院,面向中国与世界人文社会科学界,坚持为人文社会科学的繁荣与发展服务;

我们精心打造权威信息资源整合平台,坚持为中国经济与社会的繁荣与发展提供决策咨询服务;

我们以读者定位自身,立志让爱书人读到好书,让求知者获得知识;

我们精心编辑、设计每一本好书以形成品牌张力,以优秀的品牌形象服务读者,开拓市场;

我们始终坚持"创社科经典,出传世文献"的经营理念,坚持"权威、前沿、原创"的产品特色;

我们"以人为本",提倡阳光下创业,员工与企业共享发展之成果;

我们立足于现实,认真对待我们的优势、劣势,我们更着眼于未来,以不断的学习与创新适应不断变化的世界,以不断的努力提升自己的实力;

我们愿与社会各界友好合作,共享人文社会科学发展之成果,共同推动中国学术出版乃至内容产业的繁荣与发展。

社会科学文献出版社社长
中国社会学会秘书长

2014 年 1 月

"皮书"起源于十七、十八世纪的英国，主要指官方或社会组织正式发表的重要文件或报告，多以"白皮书"命名。在中国，"皮书"这一概念被社会广泛接受，并被成功运作、发展成为一种全新的出版形态，则源于中国社会科学院社会科学文献出版社。

皮书是对中国与世界发展状况和热点问题进行年度监测，以专家和学术的视角，针对某一领域或区域现状与发展态势展开分析和预测，具备权威性、前沿性、原创性、实证性、时效性等特点的连续性公开出版物，由一系列权威研究报告组成。皮书系列是社会科学文献出版社编辑出版的蓝皮书、绿皮书、黄皮书等的统称。

皮书系列的作者以中国社会科学院、著名高校、地方社会科学院的研究人员为主，多为国内一流研究机构的权威专家学者，他们的看法和观点代表了学界对中国与世界的现实和未来最高水平的解读与分析。

自 20 世纪 90 年代末推出以经济蓝皮书为开端的皮书系列以来，至今已出版皮书近1000 余部，内容涵盖经济、社会、政法、文化传媒、行业、地方发展、国际形势等领域。皮书系列已成为社会科学文献出版社的著名图书品牌和中国社会科学院的知名学术品牌。

皮书系列在数字出版和国际出版方面成就斐然。皮书数据库被评为"2008~2009 年度数字出版知名品牌"；经济蓝皮书、社会蓝皮书等十几种皮书每年还由国外知名学术出版机构出版英文版、俄文版、韩文版和日文版，面向全球发行。

2011 年，皮书系列正式列入"十二五"国家重点出版规划项目，一年一度的皮书年会升格由中国社会科学院主办；2012 年，部分重点皮书列入中国社会科学院承担的国家哲学社会科学创新工程项目。

经 济 类

经济类皮书涵盖宏观经济、城市经济、大区域经济，
提供权威、前沿的分析与预测

经济蓝皮书

2014年中国经济形势分析与预测

李　扬／主编　　2013年12月出版　　定价：69.00元

◆　本书课题为"总理基金项目"，由著名经济学家李扬领衔、联合数十家科研机构、国家部委和高等院校的专家共同撰写，对2013年中国宏观及微观经济形势，特别是全球金融危机及其对中国经济的影响进行了深入分析，并且提出了2014年经济走势的预测。

世界经济黄皮书

2014年世界经济形势分析与预测

王洛林　张宇燕／主编　　2014年1月出版　　定价：69.00元

◆　2013年的世界经济仍旧行进在坎坷复苏的道路上。发达经济体经济复苏继续巩固，美国和日本经济进入低速增长通道，欧元区结束衰退并呈复苏迹象。本书展望2014年世界经济，预计全球经济增长仍将维持在中低速的水平上。

工业化蓝皮书

中国工业化进程报告（2014）

黄群慧　吕　铁　李晓华　等／著　　2014年11月出版　　估价：89.00元

◆　中国的工业化是事关中华民族复兴的伟大事业，分析跟踪研究中国的工业化进程，无疑具有重大意义。科学评价与客观认识我国的工业化水平，对于我国明确自身发展中的优势和不足，对于经济结构的升级与转型，对于制定经济发展政策，从而提升我国的现代化水平具有重要作用。

金融蓝皮书

中国金融发展报告（2014）

李　扬　王国刚 / 主编　2013 年 12 月出版　　定价 :65.00 元

◆　由中国社会科学院金融研究所组织编写的《中国金融发展报告（2014）》，概括和分析了 2013 年中国金融发展和运行中的各方面情况，研讨和评论了 2013 年发生的主要金融事件。本书由业内专家和青年精英联合编著，有利于读者了解掌握 2013 年中国的金融状况，把握 2014 年中国金融的走势。

城市竞争力蓝皮书

中国城市竞争力报告 No.12

倪鹏飞 / 主编　　2014 年 5 月出版　　定价 :89.00 元

◆　本书由中国社会科学院城市与竞争力研究中心主任倪鹏飞主持编写，汇集了众多研究城市经济问题的专家学者关于城市竞争力研究的最新成果。本报告构建了一套科学的城市竞争力评价指标体系，采用第一手数据材料，对国内重点城市年度竞争力格局变化进行客观分析和综合比较、排名，对研究城市经济及城市竞争力极具参考价值。

中国省域竞争力蓝皮书

"十二五"中期中国省域经济综合竞争力发展报告

李建平　李闽榕　高燕京 / 主编　　2014 年 3 月出版　　定价 :198.00 元

◆　本书充分运用数理分析、空间分析、规范分析与实证分析相结合、定性分析与定量分析相结合的方法，建立起比较科学完善、符合中国国情的省域经济综合竞争力指标评价体系及数学模型，对 2011~2012 年中国内地 31 个省、市、区的经济综合竞争力进行全面、深入、科学的总体评价与比较分析。

农村经济绿皮书

中国农村经济形势分析与预测 (2013~2014)

中国社会科学院农村发展研究所　国家统计局农村社会经济调查司 / 著

2014 年 4 月出版　　定价 :69.00 元

◆　本书对 2013 年中国农业和农村经济运行情况进行了系统的分析和评价，对 2014 年中国农业和农村经济发展趋势进行了预测，并提出相应的政策建议，专题部分将围绕某个重大的理论和现实问题进行多维、深入、细致的分析和探讨。

西部蓝皮书

中国西部发展报告（2014）

姚慧琴　徐璋勇／主编　　2014 年 7 月出版　　定价 :89.00 元

◆　本书由西北大学中国西部经济发展研究中心主编，汇集了源自西部本土以及国内研究西部问题的权威专家的第一手资料，对国家实施西部大开发战略进行年度动态跟踪，并对 2014 年西部经济、社会发展态势进行预测和展望。

气候变化绿皮书

应对气候变化报告（2014）

王伟光　郑国光／主编　　2014 年 11 月出版　　估价 :79.00 元

◆　本书由社科院城环所和国家气候中心共同组织编写，各篇报告的作者长期从事气候变化科学问题、社会经济影响，以及国际气候制度等领域的研究工作，密切跟踪国际谈判的进程，参与国家应对气候变化相关政策的咨询，有丰富的理论与实践经验。

就业蓝皮书

2014 年中国大学生就业报告

麦可思研究院／编著　　王伯庆　周凌波／主审
2014 年 6 月出版　　定价 :98.00 元

◆　本书是迄今为止关于中国应届大学毕业生就业、大学毕业生中期职业发展及高等教育人口流动情况的视野最为宽广、资料最为翔实、分类最为精细的实证调查和定量研究；为我国教育主管部门的教育决策提供了极有价值的参考。

企业社会责任蓝皮书

中国企业社会责任研究报告（2014）

黄群慧　彭华岗　钟宏武　张　蒽／编著
2014 年 11 月出版　　估价 :69.00 元

◆　本书系中国社会科学院经济学部企业社会责任研究中心组织编写的《企业社会责任蓝皮书》2014 年分册。该书在对企业社会责任进行宏观总体研究的基础上，根据 2013 年企业社会责任及相关背景进行了创新研究，在全国企业中观层面对企业健全社会责任管理体系提供了弥足珍贵的丰富信息。

社 会 政 法 类

社会政法类皮书聚焦社会发展领域的热点、难点问题，提供权威、原创的资讯与视点

社会蓝皮书

2014 年中国社会形势分析与预测

李培林　陈光金　张　翼 / 主编　2013 年 12 月出版　　定价 :69.00 元

◆　本报告是中国社会科学院"社会形势分析与预测"课题组 2014 年度分析报告，由中国社会科学院社会学研究所组织研究机构专家、高校学者和政府研究人员撰写。对 2013 年中国社会发展的各个方面内容进行了权威解读，同时对 2014 年社会形势发展趋势进行了预测。

法治蓝皮书

中国法治发展报告 No.12（2014）

李　林　田　禾 / 主编　　2014 年 2 月出版　　　定价 :98.00 元

◆　本年度法治蓝皮书一如既往秉承关注中国法治发展进程中的焦点问题的特点，回顾总结了 2013 年度中国法治发展取得的成就和存在的不足，并对 2014 年中国法治发展形势进行了预测和展望。

民间组织蓝皮书

中国民间组织报告（2014）

黄晓勇 / 主编　　2014 年 11 月出版　　估价 :69.00 元

◆　本报告是中国社会科学院"民间组织与公共治理研究"课题组推出的第五本民间组织蓝皮书。基于国家权威统计数据、实地调研和广泛搜集的资料，本报告对 2013 年以来我国民间组织的发展现状、热点专题、改革趋势等问题进行了深入研究，并提出了相应的政策建议。

社会保障绿皮书

中国社会保障发展报告（2014）No.6

王延中 / 主编　2014 年 9 月出版　定价 :79.00 元

◆　社会保障是调节收入分配的重要工具，随着社会保障制度的不断建立健全、社会保障覆盖面的不断扩大和社会保障资金的不断增加，社会保障在调节收入分配中的重要性不断提高。本书全面评述了 2013 年以来社会保障制度各个主要领域的发展情况。

环境绿皮书

中国环境发展报告（2014）

刘鉴强 / 主编　　2014 年 5 月出版　　定价 :79.00 元

◆　本书由民间环保组织"自然之友"组织编写，由特别关注、生态保护、宜居城市、可持续消费以及政策与治理等版块构成，以公共利益的视角记录、审视和思考中国环境状况，呈现 2013 年中国环境与可持续发展领域的全局态势，用深刻的思考、科学的数据分析 2013 年的环境热点事件。

教育蓝皮书

中国教育发展报告（2014）

杨东平 / 主编　2014 年 5 月出版　　定价 :79.00 元

◆　本书站在教育前沿，突出教育中的问题，特别是对当前教育改革中出现的教育公平、高校教育结构调整、义务教育均衡发展等问题进行了深入分析，从教育的内在发展谈教育，又从外部条件来谈教育，具有重要的现实意义，对我国的教育体制的改革与发展具有一定的学术价值和参考意义。

反腐倡廉蓝皮书

中国反腐倡廉建设报告 No.3

李秋芳 / 主编　2014 年 1 月出版　　定价 :79.00 元

◆　本书抓住了若干社会热点和焦点问题，全面反映了新时期新阶段中国反腐倡廉面对的严峻局面，以及中国共产党反腐倡廉建设的新实践新成果。根据实地调研、问卷调查和舆情分析，梳理了当下社会普遍关注的与反腐败密切相关的热点问题。

行 业 报 告 类

　行业报告类皮书立足重点行业、新兴行业领域，
提供及时、前瞻的数据与信息　

房地产蓝皮书

中国房地产发展报告 No.11（2014）

魏后凯　李景国/主编　　2014 年 5 月出版　　定价：79.00 元

◆　本书由中国社会科学院城市发展与环境研究所组织编写，秉承客观公正、科学中立的原则，深度解析 2013 年中国房地产发展的形势和存在的主要矛盾，并预测 2014 年及未来 10 年或更长时间的房地产发展大势。观点精辟，数据翔实，对关注房地产市场的各阶层人士极具参考价值。

旅游绿皮书

2013~2014 年中国旅游发展分析与预测

宋　瑞/主编　　2013 年 12 月出版　　定价：79.00 元

◆　如何从全球的视野理性审视中国旅游，如何在世界旅游版图上客观定位中国，如何积极有效地推进中国旅游的世界化，如何制定中国实现世界旅游强国梦想的线路图？本年度开始，《旅游绿皮书》将围绕"世界与中国"这一主题进行系列研究，以期为推进中国旅游的长远发展提供科学参考和智力支持。

信息化蓝皮书

中国信息化形势分析与预测（2014）

周宏仁/主编　　2014 年 8 月出版　　定价：98.00 元

◆　本书在以中国信息化发展的分析和预测为重点的同时，反映了过去一年间中国信息化关注的重点和热点，视野宽阔，观点新颖，内容丰富，数据翔实，对中国信息化的发展有很强的指导性，可读性很强。

企业蓝皮书

中国企业竞争力报告（2014）

金 碚 / 主编　　2014 年 11 月出版　　估价 :89.00 元

◆　中国经济正处于新一轮的经济波动中，如何保持稳健的经营心态和经营方式并进一步求发展，对于企业保持并提升核心竞争力至关重要。本书利用上市公司的财务数据，研究上市公司竞争力变化的最新趋势，探索进一步提升中国企业国际竞争力的有效途径，这无论对实践工作者还是理论研究者都具有重大意义。

食品药品蓝皮书

食品药品安全与监管政策研究报告（2014）

唐民皓 / 主编　　2014 年 11 月出版　　估价 :69.00 元

◆　食品药品安全是当下社会关注的焦点问题之一，如何破解食品药品安全监管重点难点问题是需要以社会合力才能解决的系统工程。本书围绕安全热点问题、监管重点问题和政策焦点问题，注重于对食品药品公共政策和行政监管体制的探索和研究。

流通蓝皮书

中国商业发展报告（2013~2014）

荆林波 / 主编　　2014 年 5 月出版　　定价 :89.00 元

◆　《中国商业发展报告》是中国社会科学院财经战略研究院与香港利丰研究中心合作的成果，并且在 2010 年开始以中英文版同步在全球发行。蓝皮书从关注中国宏观经济出发，突出中国流通业的宏观背景反映了本年度中国流通业发展的状况。

住房绿皮书

中国住房发展报告（2013~2014）

倪鹏飞 / 主编　　2013 年 12 月出版　　定价 :79.00 元

◆　本报告从宏观背景、市场主体、市场体系、公共政策和年度主题五个方面，对中国住宅市场体系做了全面系统的分析、预测与评价，并给出了相关政策建议，并在评述 2012~2013 年住房及相关市场走势的基础上，预测了 2013~2014 年住房及相关市场的发展变化。

国别与地区类

国别与地区类皮书关注全球重点国家与地区，
提供全面、独特的解读与研究

亚太蓝皮书

亚太地区发展报告（2014）

李向阳／主编　　2014年1月出版　　定价：59.00元

◆　本书是由中国社会科学院亚太与全球战略研究院精心打造的又一品牌皮书，关注时下亚太地区局势发展动向里隐藏的中长趋势，剖析亚太地区政治与安全格局下的区域形势最新动向以及地区关系发展的热点问题，并对2014年亚太地区重大动态作出前瞻性的分析与预测。

日本蓝皮书

日本研究报告（2014）

李　薇／主编　　2014年3月出版　　定价：69.00元

◆　本书由中华日本学会、中国社会科学院日本研究所合作推出，是以中国社会科学院日本研究所的研究人员为主完成的研究成果。对2013年日本的政治、外交、经济、社会文化作了回顾、分析与展望，并收录了该年度日本大事记。

欧洲蓝皮书

欧洲发展报告 (2013~2014)

周　弘／主编　　2014年6月出版　　定价：89.00元

◆　本年度的欧洲发展报告，对欧洲经济、政治、社会、外交等方面的形势进行了跟踪介绍与分析。力求反映作为一个整体的欧盟及30多个欧洲国家在2013年出现的各种变化。

拉美黄皮书

拉丁美洲和加勒比发展报告（2013~2014）

吴白乙 / 主编　2014 年 4 月出版　定价 :89.00 元

◆　本书是中国社会科学院拉丁美洲研究所的第 13 份关于拉丁美洲和加勒比地区发展形势状况的年度报告。 本书对 2013 年拉丁美洲和加勒比地区诸国的政治、经济、社会、外交等方面的发展情况做了系统介绍，对该地区相关国家的热点及焦点问题进行了总结和分析，并在此基础上对该地区各国 2014 年的发展前景做出预测。

澳门蓝皮书

澳门经济社会发展报告（2013~2014）

吴志良　郝雨凡 / 主编　2014 年 4 月出版　定价 :79.00 元

◆　本书集中反映 2013 年本澳各个领域的发展动态，总结评价近年澳门政治、经济、社会的总体变化，同时对 2014 年社会经济情况作初步预测。

日本经济蓝皮书

日本经济与中日经贸关系研究报告（2014）

王洛林　张季风 / 主编　2014 年 5 月出版　定价 :79.00 元

◆　本书对当前日本经济以及中日经济合作的发展动态进行了多角度、全景式的深度分析。本报告回顾并展望了 2013~2014 年度日本宏观经济的运行状况。此外，本报告还收录了大量来自于日本政府权威机构的数据图表，具有极高的参考价值。

美国蓝皮书

美国研究报告（2014）

黄 平　倪 峰 / 主编　2014 年 7 月出版　定价 :89.00 元

◆　本书是由中国社会科学院美国所主持完成的研究成果，它回顾了美国 2013 年的经济、政治形势与外交战略，对 2013 年以来美国内政外交发生的重大事件以及重要政策进行了较为全面的回顾和梳理。

地方发展类

地方发展类皮书关注大陆各省份、经济区域，
提供科学、多元的预判与咨政信息

社会建设蓝皮书

2014年北京社会建设分析报告

宋贵伦　冯　虹／主编　2014年7月出版　　定价：79.00元

◆　本书依据社会学理论框架和分析方法，对北京市的人口、就业、分配、社会阶层以及城乡关系等社会学基本问题进行了广泛调研与分析，对广受社会关注的住房、教育、医疗、养老、交通等社会热点问题做出了深刻的了解与剖析，对日益显现的征地搬迁、外籍人口管理、群体性心理障碍等内容进行了有益探讨。

温州蓝皮书

2014年温州经济社会形势分析与预测

潘忠强　王春光　金　浩／主编　　2014年4月出版　定价：69.00元

◆　本书是由中共温州市委党校与中国社会科学院社会学研究所合作推出的第七本"温州经济社会形势分析与预测"年度报告，深入全面分析了2013年温州经济、社会、政治、文化发展的主要特点、经验、成效与不足，提出了相应的政策建议。

上海蓝皮书

上海资源环境发展报告（2014）

周冯琦　汤庆合　任文伟／著　　2014年1月出版　定价：69.00元

◆　本书在上海所面临资源环境风险的来源、程度、成因、对策等方面作了些有益的探索，希望能对有关部门完善上海的资源环境风险防控工作提供一些有价值的参考，也让普通民众更全面地了解上海资源环境风险及其防控的图景。

广州蓝皮书

2014 年中国广州社会形势分析与预测

张　强　陈怡霓　杨　秦 / 主编　2014 年 5 月出版　定价 :69.00 元

◆　本书由广州大学与广州市委宣传部、广州市人力资源和社会保障局联合主编，汇集了广州科研团体、高等院校和政府部门诸多社会问题研究专家、学者和实际部门工作者的最新研究成果，是关于广州社会运行情况和相关专题分析与预测的重要参考资料。

河南经济蓝皮书

2014 年河南经济形势分析与预测

胡五岳 / 主编　2014 年 3 月出版　定价 :69.00 元

◆　本书由河南省统计局主持编纂。该分析与展望以 2013 年最新年度统计数据为基础，科学研判河南经济发展的脉络轨迹、分析年度运行态势；以客观翔实、权威资料为特征，突出科学性、前瞻性和可操作性，服务于科学决策和科学发展。

陕西蓝皮书

陕西社会发展报告（2014）

任宗哲　石　英　牛　昉 / 主编　2014 年 2 月出版　定价 :65.00 元

◆　本书系统而全面地描述了陕西省 2013 年社会发展各个领域所取得的成就、存在的问题、面临的挑战及其应对思路，为更好地思考 2014 年陕西发展前景、政策指向和工作策略等方面提供了一个较为简洁清晰的参考蓝本。

上海蓝皮书

上海经济发展报告（2014）

沈开艳 / 主编　2014 年 1 月出版　定价 :69.00 元

◆　本书系上海社会科学院系列之一，报告对 2014 年上海经济增长与发展趋势的进行了预测，把握了上海经济发展的脉搏和学术研究的前沿。

广州蓝皮书

广州经济发展报告（2014）

李江涛　朱名宏／主编　　2014年5月出版　　定价：69.00元

◆　本书是由广州市社会科学院主持编写的"广州蓝皮书"系列之一，本报告对广州2013年宏观经济运行情况作了深入分析，对2014年宏观经济走势进行了合理预测，并在此基础上提出了相应的政策建议。

文 化 传 媒 类

 文化传媒类皮书透视文化领域、文化产业，探索文化大繁荣、大发展的路径

新媒体蓝皮书

中国新媒体发展报告 No.4(2013)

唐绪军／主编　　2014年6月出版　　　定价：79.00元

◆　本书由中国社会科学院新闻与传播研究所和上海大学合作编写，在构建新媒体发展研究基本框架的基础上，全面梳理2013年中国新媒体发展现状，发表最前沿的网络媒体深度调查数据和研究成果，并对新媒体发展的未来趋势做出预测。

舆情蓝皮书

中国社会舆情与危机管理报告（2014）

谢耘耕／主编　　2014年8月出版　　　定价：98.00元

◆　本书由上海交通大学舆情研究实验室和危机管理研究中心主编，已被列入教育部人文社会科学研究报告培育项目。本书以新媒体环境下的中国社会为立足点，对2013年中国社会舆情、分类舆情等进行了深入系统的研究，并预测了2014年社会舆情走势。

经济类

产业蓝皮书
中国产业竞争力报告（2014）No.4
著(编)者:张其仔　2014年11月出版 / 估价:79.00元

长三角蓝皮书
2014年率先基本实现现代化的长三角
著(编)者:刘志彪　2014年11月出版 / 估价:120.00元

城市竞争力蓝皮书
中国城市竞争力报告No.12
著(编)者:倪鹏飞　2014年5月出版 / 定价:89.00元

城市蓝皮书
中国城市发展报告No.7
著(编)者:潘家华 魏后凯　2014年9月出版 / 估价:69.00元

城市群蓝皮书
中国城市群发展指数报告(2014)
著(编)者:刘士林 刘新静　2014年10月出版 / 估价:59.00元

城乡统筹蓝皮书
中国城乡统筹发展报告（2014）
著(编)者:程志强、潘晨光　2014年9月出版 / 估价:59.00元

城乡一体化蓝皮书
中国城乡一体化发展报告（2014）
著(编)者:汝信 付崇兰　2014年11月出版 / 估价:59.00元

城镇化蓝皮书
中国新型城镇化健康发展报告（2014）
著(编)者:张占斌　2014年5月出版 / 定价:79.00元

低碳发展蓝皮书
中国低碳发展报告（2014）
著(编)者:齐晔　2014年3月出版 / 定价:89.00元

低碳经济蓝皮书
中国低碳经济发展报告（2014）
著(编)者:薛进军 赵忠秀　2014年5月出版 / 定价:69.00元

东北蓝皮书
中国东北地区发展报告（2014）
著(编)者:马克 黄文艺　2014年8月出版 / 定价:79.00元

发展和改革蓝皮书
中国经济发展和体制改革报告No.7
著(编)者:邹东涛　2014年11月出版 / 估价:79.00元

工业化蓝皮书
中国工业化进程报告（2014）
著(编)者: 黄群慧 吕铁 李晓华 等
2014年11月出版 / 估价:89.00元

工业设计蓝皮书
中国工业设计发展报告（2014）
著(编)者: 王晓红 于炜 张立群
2014年9月出版 / 估价:98.00元

国际城市蓝皮书
国际城市发展报告（2014）
著(编)者:屠启宇　2014年1月出版 / 定价:69.00元

国家创新蓝皮书
国家创新发展报告（2014）
著(编)者:陈劲　2014年9月出版 / 定价:59.00元

宏观经济蓝皮书
中国经济增长报告（2014）
著(编)者:张平 刘霞辉　2014年10月出版 / 估价:69.00元

金融蓝皮书
中国金融发展报告（2014）
著(编)者:李扬 王国刚　2013年12月出版 / 定价:65.00元

经济蓝皮书
2014年中国经济形势分析与预测
著(编)者:李扬　2013年12月出版 / 定价:69.00元

经济蓝皮书春季号
2014年中国经济前景分析
著(编)者:李扬　2014年5月出版 / 定价:79.00元

经济蓝皮书夏季号
中国经济增长报告（2013~2014）
著(编)者:李扬　2014年7月出版 / 定价:69.00元

经济信息绿皮书
中国与世界经济发展报告（2014）
著(编)者:杜平　2013年12月出版 / 定价:79.00元

就业蓝皮书
2014年中国大学生就业报告
著(编)者:麦可思研究院　2014年6月出版 / 定价:98.00元

流通蓝皮书
中国商业发展报告（2013~2014）
著(编)者:荆林波　2014年5月出版 / 定价:89.00元

民营经济蓝皮书
中国民营经济发展报告No.10（2013~2014）
著(编)者:黄孟复　2014年9月出版 / 估价:69.00元

民营企业蓝皮书
中国民营企业竞争力报告No.7（2014）
著(编)者:刘迎秋　2014年9月出版 / 估价:79.00元

农村绿皮书
中国农村经济形势分析与预测（2013~2014）
著(编)者:中国社会科学院农村发展研究所
　　　　国家统计局农村社会经济调查司 著
2014年4月出版 / 定价:69.00元

农业应对气候变化蓝皮书
气候变化对中国农业影响评估报告No.1
著(编)者:矫梅燕　2014年8月出版 / 定价:98.00元

企业公民蓝皮书
中国企业公民报告No.4
著(编)者:邹东涛　2014年11月出版 / 估价:69.00元

企业社会责任蓝皮书
中国企业社会责任研究报告（2014）
著(编)者:黄群慧 彭华岗 钟宏武 等
2014年11月出版 / 估价:59.00元

气候变化绿皮书
应对气候变化报告（2014）
著(编)者：王伟光 郑国光　2014年11月出版 / 估价：79.00元

区域蓝皮书
中国区域经济发展报告（2013~2014）
著(编)者：梁昊光　2014年4月出版 / 定价：79.00元

人口与劳动绿皮书
中国人口与劳动问题报告No.15
著(编)者：蔡昉　2014年11月出版 / 估价：69.00元

生态经济（建设）绿皮书
中国经济（建设）发展报告（2013~2014）
著(编)者：黄浩涛 李周　2014年10月出版 / 估价：69.00元

世界经济黄皮书
2014年世界经济形势分析与预测
著(编)者：王洛林 张宇燕　2014年1月出版 / 定价：69.00元

西北蓝皮书
中国西北发展报告（2014）
著(编)者：张进海 陈冬红 段庆林
2013年12月出版 / 定价：69.00元

西部蓝皮书
中国西部发展报告（2014）
著(编)者：姚慧琴 徐璋勇　2014年7月出版 / 定价：89.00元

新型城镇化蓝皮书
新型城镇化发展报告（2014）
著(编)者：沈体雁 李伟 宋敏　2014年9月出版 / 估价：69.00元

新兴经济体蓝皮书
金砖国家发展报告（2014）
著(编)者：林跃勤 周文　2014年7月出版 / 定价：79.00元

循环经济绿皮书
中国循环经济发展报告（2013~2014）
著(编)者：齐建国　2014年12月出版 / 估价：69.00元

中部竞争力蓝皮书
中国中部经济社会竞争力报告（2014）
著(编)者：教育部人文社会科学重点研究基地
　　　　南昌大学中国中部经济社会发展研究中心
2014年11月出版 / 估价：59.00元

中部蓝皮书
中国中部地区发展报告（2014）
著(编)者：朱有志　2014年10月出版 / 估价：59.00元

中国省域竞争力蓝皮书
"十二五"中期中国省域经济综合竞争力发展报告
著(编)者：李建平 李闽榕 高燕京　2014年3月出版 / 定价：198.00元

中三角蓝皮书
长江中游城市群发展报告（2013~2014）
著(编)者：秦尊文　2014年11月出版 / 估价：69.00元

中小城市绿皮书
中国中小城市发展报告（2014）
著(编)者：中国城市经济学会中小城市经济发展委员会
　　　　《中国中小城市发展报告》编纂委员会
2014年10月出版 / 估价：98.00元

中原蓝皮书
中原经济区发展报告（2014）
著(编)者：李英杰　2014年6月出版 / 定价：88.00元

社会政法类

殡葬绿皮书
中国殡葬事业发展报告（2014）
著(编)者：朱勇 副主编 李伯森　2014年9月出版 / 估价：59.00元

城市创新蓝皮书
中国城市创新报告（2014）
著(编)者：周天勇 旷建伟　2014年8月出版 / 定价：69.00元

城市管理蓝皮书
中国城市管理报告2014
著(编)者：谭维克 刘林　2014年11月出版 / 估价：98.00元

城市生活质量蓝皮书
中国城市生活质量指数报告（2014）
著(编)者：张平　2014年11月出版 / 估价：59.00元

城市政府能力蓝皮书
中国城市政府公共服务能力评估报告（2014）
著(编)者：何艳玲　2014年11月出版 / 估价：59.00元

创新蓝皮书
创新型国家建设报告（2013~2014）
著(编)者：詹正茂　2014年5月出版 / 定价：69.00元

慈善蓝皮书
中国慈善发展报告（2014）
著(编)者：杨团　2014年5月出版 / 定价：79.00元

法治蓝皮书
中国法治发展报告No.12（2014）
著(编)者：李林 田禾　2014年2月出版 / 定价：98.00元

反腐倡廉蓝皮书
中国反腐倡廉建设报告No.3
著(编)者：李秋芳　2014年1月出版 / 定价：79.00元

非传统安全蓝皮书
中国非传统安全研究报告（2013~2014）
著(编)者：余潇枫 魏志江　2014年6月出版 / 定价：79.00元

妇女发展蓝皮书
福建省妇女发展报告（2014）
著(编)者:刘群英　2014年10月出版 / 估价:58.00元

妇女发展蓝皮书
中国妇女发展报告No.5
著(编)者:王金玲　2014年9月出版 / 定价:148.00元

妇女教育蓝皮书
中国妇女教育发展报告No.3
著(编)者:张李玺　2014年10月出版 / 估价:69.00元

公共服务满意度蓝皮书
中国城市公共服务评价报告（2014）
著(编)者:胡伟　2014年11月出版 / 估价:69.00元

公共服务蓝皮书
中国城市基本公共服务力评价（2014）
著(编)者:侯惠勤 辛向阳 易定宏
2014年10月出版 / 估价:55.00元

公民科学素质蓝皮书
中国公民科学素质报告（2013~2014）
著(编)者:李群 许佳军　2014年3月出版 / 定价:79.00元

公益蓝皮书
中国公益发展报告（2014）
著(编)者:朱健刚　2014年11月出版 / 估价:78.00元

管理蓝皮书
中国管理发展报告（2014）
著(编)者:张晓东　2014年9月出版 / 估价:79.00元

国际人才蓝皮书
中国国际移民报告（2014）
著(编)者:王辉耀　2014年1月出版 / 定价:79.00元

国际人才蓝皮书
中国海归创业发展报告（2014）No.2
著(编)者:王辉耀 路江涌　2014年10月出版 / 估价:69.00元

国际人才蓝皮书
中国留学发展报告（2014）No.3
著(编)者:王辉耀　2014年9月出版 / 估价:59.00元

国际人才蓝皮书
海外华侨华人专业人士报告（2014）
著(编)者:王辉耀 苗绿　2014年8月出版 / 定价:69.00元

国家安全蓝皮书
中国国家安全研究报告（2014）
著(编)者:刘慧　2014年5月出版 / 定价:98.00元

行政改革蓝皮书
中国行政体制改革报告（2013）No.3
著(编)者:魏礼群　2014年3月出版 / 定价:89.00元

华侨华人蓝皮书
华侨华人研究报告（2014）
著(编)者:丘进　2014年11月出版 / 估价:128.00元

环境竞争力绿皮书
中国省域环境竞争力发展报告（2014）
著(编)者:李建平 李闽榕 王金南
2014年12月出版 / 估价:148.00元

环境绿皮书
中国环境发展报告（2014）
著(编)者:刘鉴强　2014年5月出版 / 定价:79.00元

基金会蓝皮书
中国基金会发展报告（2013）
著(编)者:刘忠祥　2014年6月出版 / 定价:69.00元

基本公共服务蓝皮书
中国省级政府基本公共服务发展报告（2014）
著(编)者:孙德超　2014年3月出版 / 定价:69.00元

基金会透明度蓝皮书
中国基金会透明度发展研究报告（2014）
著(编)者:基金会中心网 清华大学廉政与治理研究中心
2014年9月出版 / 定价:78.00元

教师蓝皮书
中国中小学教师发展报告（2014）
著(编)者:曾晓东　2014年11月出版 / 估价:59.00元

教育蓝皮书
中国教育发展报告（2014）
著(编)者:杨东平　2014年5月出版 / 定价:79.00元

科普蓝皮书
中国科普基础设施发展报告（2014）
著(编)者:任福君　2014年6月出版 / 估价:79.00元

劳动保障蓝皮书
中国劳动保障发展报告（2014）
著(编)者:刘燕斌　2014年9月出版 / 估价:89.00元

老龄蓝皮书
中国老龄事业发展报告（2014）
著(编)者:吴玉韶　2014年9月出版 / 估价:59.00元

连片特困区蓝皮书
中国连片特困区发展报告（2014）
著(编)者:丁建军 冷志明 游俊　2014年9月出版 / 估价:79.00元

民间组织蓝皮书
中国民间组织报告（2014）
著(编)者:黄晓勇　2014年11月出版 / 估价:69.00元

民调蓝皮书
中国民生调查报告（2014）
著(编)者:谢耕耘　2014年5月出版 / 定价:128.00元

民族发展蓝皮书
中国民族区域自治发展报告（2014）
著(编)者:郝时远　2014年11月出版 / 估价:98.00元

女性生活蓝皮书
中国女性生活状况报告No.8（2014）
著(编)者:韩湘景　2014年4月出版 / 定价:79.00元

汽车社会蓝皮书
中国汽车社会发展报告（2014）
著(编)者:王俊秀　2014年9月出版 / 估价:59.00元

青年蓝皮书
中国青年发展报告（2014）No.2
著(编)者:廉思　2014年4月出版 / 定价:59.00元

全球环境竞争力绿皮书
全球环境竞争力发展报告（2014）
著(编)者:李建平　李闽榕　王金南　2014年11月出版 / 估价:69.00元

青少年蓝皮书
中国未成年人新媒体运用报告（2014）
著(编)者:李文革　沈杰　季为民　2014年11月出版 / 估价:69.00元

区域人才蓝皮书
中国区域人才竞争力报告No.2
著(编)者:桂昭明　王辉耀　2014年11月出版 / 估价:69.00元

人才蓝皮书
中国人才发展报告（2014）
著(编)者:黄晓勇　潘晨光　2014年8月出版 / 定价:85.00元

人权蓝皮书
中国人权事业发展报告No.4（2014）
著(编)者:李君如　2014年8月出版 / 定价:99.00元

世界人才蓝皮书
全球人才发展报告No.1
著(编)者:孙学玉　张冠梓　2014年11月出版 / 估价:69.00元

社会保障绿皮书
中国社会保障发展报告（2014）No.6
著(编)者:王延中　2014年6月出版 / 定价:79.00元

社会工作蓝皮书
中国社会工作发展报告（2013~2014）
著(编)者:王杰秀　邹文开　2014年11月出版 / 估价:59.00元

社会管理蓝皮书
中国社会管理创新报告No.3
著(编)者:连玉明　2014年11月出版 / 估价:79.00元

社会蓝皮书
2014年中国社会形势分析与预测
著(编)者:李培林　陈光金　张翼　2013年12月出版 / 定价:69.00元

社会体制蓝皮书
中国社会体制改革报告No.2（2014）
著(编)者:龚维斌　2014年4月出版 / 定价:79.00元

社会心态蓝皮书
2014年中国社会心态研究报告
著(编)者:王俊秀　杨宜音　2014年9月出版 / 估价:59.00元

生态城市绿皮书
中国生态城市建设发展报告（2014）
著(编)者:刘科举　孙伟平　胡文臻　2014年6月出版 / 定价:98.00元

生态文明绿皮书
中国省域生态文明建设评价报告（ECI 2014）
著(编)者:严耕　2014年9月出版 / 估价:98.00元

世界创新竞争力黄皮书
世界创新竞争力发展报告（2014）
著(编)者:李建平　李闽榕　赵新力　2014年11月出版 / 估价:128.00元

水与发展蓝皮书
中国水风险评估报告（2014）
著(编)者:苏杨　2014年11月出版 / 估价:69.00元

土地整治蓝皮书
中国土地整治发展报告No.1
著(编)者:国土资源部土地整治中心　2014年5月出版 / 定价:89.00元

危机管理蓝皮书
中国危机管理报告（2014）
著(编)者:文学国　范正青　2014年11月出版 / 估价:79.00元

形象危机应对蓝皮书
形象危机应对研究报告（2013~2014）
著(编)者:唐钧　2014年6月出版 / 定价:149.00元

行政改革蓝皮书
中国行政体制改革报告（2013）No.3
著(编)者:魏礼群　2014年3月出版 / 定价:89.00元

医疗卫生绿皮书
中国医疗卫生发展报告No.6（2013~2014）
著(编)者:申宝忠　韩玉珍　2014年4月出版 / 定价:75.00元

政治参与蓝皮书
中国政治参与报告（2014）
著(编)者:房宁　2014年7月出版 / 定价:105.00元

政治发展蓝皮书
中国政治发展报告（2014）
著(编)者:房宁　杨海蛟　2014年5月出版 / 定价:88.00元

宗教蓝皮书
中国宗教报告（2014）
著(编)者:金泽　邱永辉　2014年11月出版 / 估价:59.00元

社会组织蓝皮书
中国社会组织评估报告（2014）
著(编)者:徐家良　2014年9月出版 / 估价:69.00元

政府绩效评估蓝皮书
中国地方政府绩效评估报告（2014）
著(编)者:贠杰　2014年9月出版 / 估价:69.00元

行业报告类

保健蓝皮书
中国保健服务产业发展报告No.2
著(编)者:中国保健协会 中共中央党校
2014年11月出版 / 估价:198.00元

保健蓝皮书
中国保健食品产业发展报告No.2
著(编)者:
　　　中国社会科学院食品药品产业发展与监管研究中心
2014年11月出版 / 估价:198.00元

保健蓝皮书
中国保健用品产业发展报告No.2
著(编)者:中国保健协会　2014年9月出版 / 估价:198.00元

保险蓝皮书
中国保险业竞争力报告（2014）
著(编)者:罗忠敏　2014年9月出版 / 估价:98.00元

餐饮产业蓝皮书
中国餐饮产业发展报告（2014）
著(编)者:邢颖　2014年6月出版 / 定价:69.00元

测绘地理信息蓝皮书
中国地理信息产业发展报告（2014）
著(编)者:徐德明　2014年12月出版 / 估价:98.00元

茶业蓝皮书
中国茶产业发展报告 （2014）
著(编)者:杨江帆 李闽榕　2014年9月出版 / 估价:79.00元

产权市场蓝皮书
中国产权市场发展报告（2014）
著(编)者:曹和平　2014年9月出版 / 估价:69.00元

产业安全蓝皮书
中国烟草产业安全报告（2014）
著(编)者:李孟刚 杜秀亭　2014年1月出版 / 定价:69.00元

产业安全蓝皮书
中国出版与传媒安全报告（2014）
著(编)者:北京交通大学中国产业安全研究中心
2014年9月出版 / 估价:59.00元

产业安全蓝皮书
中国医疗产业安全报告（2013~2014）
著(编)者:李孟刚 高献书　2014年1月出版 / 定价:59.00元

产业安全蓝皮书
中国文化产业安全蓝皮书(2014)
著(编)者:北京印刷学院文化产业安全研究院
2014年4月出版 / 定价:69.00元

产业安全蓝皮书
中国出版传媒产业安全报告（2014）
著(编)者:北京印刷学院文化产业安全研究院
2014年4月出版/ 定价:89.00元

典当业蓝皮书
中国典当行业发展报告（2013~2014）
著(编)者:黄育华 王力 张红地
2014年10月出版 / 估价:69.00元

电子商务蓝皮书
中国城市电子商务影响力报告（2014）
著(编)者:荆林波　2014年11月出版 / 估价:69.00元

电子政务蓝皮书
中国电子政务发展报告（2014）
著(编)者:洪毅 王长胜　2014年9月出版 / 估价:59.00元

杜仲产业绿皮书
中国杜仲橡胶资源与产业发展报告（2014）
著(编)者:杜红岩 胡文臻 俞瑞
2014年9月出版 / 估价:99.00元

房地产蓝皮书
中国房地产发展报告No.11（2014）
著(编)者:魏后凯 李景国　2014年5月出版 / 定价:79.00元

服务外包蓝皮书
中国服务外包产业发展报告（2014）
著(编)者:王晓红 刘德军　2014年6月出版 / 定价:89.00元

高端消费蓝皮书
中国高端消费市场研究报告
著(编)者:依绍华 王雪峰　2014年9月出版 / 估价:69.00元

会展蓝皮书
中外会展业动态评估年度报告（2014）
著(编)者:张敏　2014年11月出版 / 估价:68.00元

互联网金融蓝皮书
中国互联网金融发展报告（2014）
著(编)者:芮晓武 刘烈宏　2014年8月出版 / 定价:79.00元

基金会绿皮书
中国基金会发展独立研究报告（2014）
著(编)者:基金会中心网　2014年8月出版 / 定价:88.00元

金融监管蓝皮书
中国金融监管报告（2014）
著(编)者:胡滨　2014年5月出版 / 定价:69.00元

金融蓝皮书
中国商业银行竞争力报告（2014）
著(编)者:王松奇　2014年11月出版 / 估价:79.00元

金融蓝皮书
中国金融发展报告（2014）
著(编)者:李扬 王国刚　2013年12月出版 / 定价:65.00元

金融信息服务蓝皮书
金融信息服务业发展报告（2014）
著(编)者:鲁广锦　2014年11月出版 / 估价:69.00元

抗衰老医学蓝皮书
抗衰老医学发展报告（2014）
著(编)者:罗伯特·高德曼 罗纳德·科莱兹
　　　　尼尔·布什 朱敏 金大鹏 郭弋
2014年11月出版 / 估价:69.00元

客车蓝皮书
中国客车产业发展报告（2014）
著(编)者:姚蔚　2014年12月出版 / 估价:69.00元

科学传播蓝皮书
中国科学传播报告（2013~2014）
著(编)者:詹正茂　2014年7月出版 / 定价:69.00元

流通蓝皮书
中国商业发展报告（2013~2014）
著(编)者:荆林波　2014年5月出版 / 定价:89.00元

临空经济蓝皮书
中国临空经济发展报告（2014）
著(编)者:连玉明　2014年9月出版 / 估价:69.00元

旅游安全蓝皮书
中国旅游安全报告（2014）
著(编)者:郑向敏 谢朝武　2014年5月出版 / 定价:98.00元

旅游绿皮书
2013~2014年中国旅游发展分析与预测
著(编)者:宋瑞　2014年9月出版 / 定价:79.00元

民营医院蓝皮书
中国民营医院发展报告（2014）
著(编)者:朱幼棣　2014年10月出版 / 估价:69.00元

闽商蓝皮书
闽商发展报告（2014）
著(编)者:李闽榕 王日根　2014年12月出版 / 估价:69.00元

能源蓝皮书
中国能源发展报告（2014）
著(编)者:崔民选 王军生 陈义和
2014年8月出版 / 定价:79.00元

农产品流通蓝皮书
中国农产品流通产业发展报告（2014）
著(编)者:贾敬敦 王炳南 张玉玺 张鹏毅 陈丽华
2014年9月出版 / 估价:89.00元

期货蓝皮书
中国期货市场发展报告（2014）
著(编)者:荆林波　2014年6月出版 / 估价:98.00元

企业蓝皮书
中国企业竞争力报告（2014）
著(编)者:金碚　2014年11月出版 / 估价:89.00元

汽车安全蓝皮书
中国汽车安全发展报告（2014）
著(编)者:中国汽车技术研究中心
2014年4月出版 / 估价:79.00元

汽车蓝皮书
中国汽车产业发展报告（2014）
著(编)者:国务院发展研究中心产业经济研究部
　　　　中国汽车工程学会 大众汽车集团（中国）
2014年7月出版 / 定价:128.00元

清洁能源蓝皮书
国际清洁能源发展报告（2014）
著(编)者:国际清洁能源论坛（澳门）
2014年9月出版 / 估价:89.00元

群众体育蓝皮书
中国群众体育发展报告（2014）
著(编)者:刘国永 杨桦　2014年8月出版 / 定价:69.00元

人力资源蓝皮书
中国人力资源发展报告（2014）
著(编)者:吴江　2014年9月出版 / 估价:69.00元

软件和信息服务业蓝皮书
中国软件和信息服务业发展报告（2014）
著(编)者:洪京一 工业和信息化部电子科学技术情报研究所
2014年11月出版 / 估价:98.00元

商会蓝皮书
中国商会发展报告 No.4（2014）
著(编)者:黄孟复　2014年9月出版 / 估价:59.00元

上市公司蓝皮书
中国上市公司非财务信息披露报告（2014）
著(编)者:钟宏武 张旺 张蒽 等
2014年12月出版 / 估价:59.00元

食品药品蓝皮书
食品药品安全与监管政策研究报告（2014）
著(编)者:唐民皓　2014年11月出版 / 估价:69.00元

世界旅游城市绿皮书
世界旅游城市发展报告（2013）（中英文双语）
著(编)者:周正宇 鲁勇　2014年6月出版 / 定价:88.00元

世界能源蓝皮书
世界能源发展报告（2014）
著(编)者:黄晓勇　2014年6月出版 / 定价:99.00元

私募市场蓝皮书
中国私募股权市场发展报告（2014）
著(编)者:曹和平　2014年9月出版 / 估价:69.00元

体育蓝皮书
中国体育产业发展报告（2014）
著(编)者:阮伟 钟秉枢　2014年7月出版 / 定价:69.00元

体育蓝皮书·公共体育服务
中国公共体育服务发展报告（2014）
著(编)者:戴健　2014年12月出版 / 估价:69.00元

投资蓝皮书
中国企业海外投资发展报告（2013~2014）
著(编)者:陈文晖 薛誉华　2014年9月出版 / 定价:69.00元

物联网蓝皮书
中国物联网发展报告（2014）
著(编)者:龚六堂　2014年9月出版 / 估价:59.00元

西部工业蓝皮书
中国西部工业发展报告（2014）
著(编)者:方行明 刘方健 姜凌等
2014年9月出版 / 估价:69.00元

西部金融蓝皮书
中国西部金融发展报告（2013~2014）
著(编)者:李忠民　2014年8月出版 / 定价:75.00元

新能源汽车蓝皮书
中国新能源汽车产业发展报告（2014）
著(编)者:中国汽车技术研究中心
日产（中国）投资有限公司
东风汽车有限公司
2014年8月出版 / 定价:69.00元

信托蓝皮书
中国信托投资报告（2014）
著(编)者:杨金龙　刘屹　2014年11月出版 / 估价:69.00元

信托市场蓝皮书
中国信托业市场报告（2013~2014）
著(编)者:李旸　2014年1月出版 / 定价:198.00元

信息化蓝皮书
中国信息化形势分析与预测（2014）
著(编)者:周宏仁　2014年8月出版 / 定价:98.00元

信用蓝皮书
中国信用发展报告（2014）
著(编)者:章政 田侃　2014年9月出版 / 估价:69.00元

休闲绿皮书
2014年中国休闲发展报告
著(编)者:刘德谦　唐兵　宋瑞
2014年11月出版 / 估价:59.00元

养老产业蓝皮书
中国养老产业发展报告（2013~2014年）
著(编)者:张车伟　2014年9月出版 / 估价:69.00元

移动互联网蓝皮书
中国移动互联网发展报告（2014）
著(编)者:官建文　2014年6月出版 / 定价:79.00元

医药蓝皮书
中国医药产业园战略发展报告（2013~2014）
著(编)者:裴长洪　房书亭　吴滌心
2014年3月出版 / 定价:89.00元

医药蓝皮书
中国药品市场报告（2014）
著(编)者:程锦锥 朱恒鹏　2014年12月出版 / 估价:79.00元

中国总部经济蓝皮书
中国总部经济发展报告（2013~2014）
著(编)者:赵弘　2014年5月出版 / 定价:79.00元

珠三角流通蓝皮书
珠三角商圈发展研究报告（2014）
著(编)者:王先庆 林至颖　2014年11月出版 / 定价:69.00元

住房绿皮书
中国住房发展报告（2013~2014）
著(编)者:倪鹏飞　2013年12月出版 / 定价:79.00元

资本市场蓝皮书
中国场外交易市场发展报告（2013~2014）
著(编)者:高峦　2014年8月出版 / 定价:79.00元

资产管理蓝皮书
中国资产管理行业发展报告（2014）
著(编)者:郑智　2014年7月出版 / 定价:79.00元

支付清算蓝皮书
中国支付清算发展报告（2014）
著(编)者:杨涛　2014年5月出版 / 定价:45.00元

中国上市公司蓝皮书
中国上市公司发展报告（2014）
著(编)者:许雄斌　张平　2014年9月出版 / 定价:98.00元

文化传媒类

传媒蓝皮书
中国传媒产业发展报告（2014）
著(编)者:崔保国　2014年4月出版 / 定价:98.00元

传媒竞争力蓝皮书
中国传媒国际竞争力研究报告（2014）
著(编)者:李本乾　2014年9月出版 / 估价:69.00元

创意城市蓝皮书
武汉市文化创意产业发展报告（2014）
著(编)者:张京成　黄永林　2014年10月出版 / 估价:69.00元

电视蓝皮书
中国电视产业发展报告（2014）
著(编)者:卢斌　2014年9月出版 / 估价:79.00元

电影蓝皮书
中国电影出版发展报告（2014）
著(编)者:卢斌　2014年9月出版 / 估价:79.00元

动漫蓝皮书
中国动漫产业发展报告（2014）
著(编)者:卢斌　郑玉明　牛兴侦　2014年7月出版 / 定价:79.00元

广电蓝皮书
中国广播电影电视发展报告（2014）
著(编)者:杨明品　2014年7月出版 / 估价:98.00元

广告主蓝皮书
中国广告主营销传播趋势报告N0.8
著(编)者:中国传媒大学广告主研究所
　　　　中国广告主营销传播创新研究课题组
　　　　黄升民　杜国清　邵华冬等
2014年11月出版 / 估价:98.00元

国际传播蓝皮书
中国国际传播发展报告（2014）
著(编)者:胡正荣　李继东　姬德强
2014年7月出版 / 定价:89.00元

纪录片蓝皮书
中国纪录片发展报告（2014）
著(编)者:何苏六　2014年10月出版 / 估价:89.00元

两岸文化蓝皮书
两岸文化产业合作发展报告（2014）
著(编)者:胡惠林 李保宗　2014年7月出版 / 定价:79.00元

媒介与女性蓝皮书
中国媒介与女性发展报告（2014）
著(编)者:刘利群　2014年11月出版 / 估价:69.00元

全球传媒蓝皮书
全球传媒产业发展报告（2014）
著(编)者:胡正荣　2014年12月出版 / 估价:79.00元

视听新媒体蓝皮书
中国视听新媒体发展报告（2014）
著(编)者:庞井君　2014年11月出版 / 估价:148.00元

文化创新蓝皮书
中国文化创新报告（2014）No.5
著(编)者:于平　傅才武　2014年4月出版 / 定价:79.00元

文化科技蓝皮书
文化科技融合与创意城市发展报告（2014）
著(编)者:李凤亮　于平　2014年11月出版 / 估价:79.00元

文化蓝皮书
中国文化产业发展报告（2014）
著(编)者:张晓明　王家新　章建刚
2014年4月出版 / 定价:79.00元

文化蓝皮书
中国文化产业供需协调增长测评报（2014）
著(编)者:王亚楠　2014年2月出版 / 定价:79.00元

文化蓝皮书
中国城镇文化消费需求景气评价报告（2014）
著(编)者:王亚南　张晓明　祁述裕
2014年11月出版 / 估价:79.00元

文化蓝皮书
中国公共文化服务发展报告（2014）
著(编)者:于群 李国新　2014年10月出版 / 估价:98.00元

文化蓝皮书
中国文化消费需求景气评价报告（2014）
著(编)者:王亚南　张晓明　祁述裕　郝朴宁
2014年11月出版 / 估价:79.00元

文化蓝皮书
中国乡村文化消费需求景气评价报告（2014）
著(编)者:王亚南　2014年11月出版 / 估价:79.00元

文化蓝皮书
中国中心城市文化消费需求景气评价报告（2014）
著(编)者:王亚南　2014年11月出版 / 估价:79.00元

文化蓝皮书
中国少数民族文化发展报告（2014）
著(编)者:武翠英　张晓明　张学进
2014年11月出版 / 估价:69.00元

文化建设蓝皮书
中国文化发展报告（2013）
著(编)者:江畅　孙伟平　戴茂堂
2014年4月出版 / 定价:138.00元

文化品牌蓝皮书
中国文化品牌发展报告（2014）
著(编)者:欧阳友权　2014年4月出版 / 定价:79.00元

文化遗产蓝皮书
中国文化遗产事业发展报告（2014）
著(编)者:刘世锦　2014年9月出版 / 估价:79.00元

文学蓝皮书
中国文情报告（2013~2014）
著(编)者:白烨　2014年5月出版 / 定价:49.00元

新媒体蓝皮书
中国新媒体发展报告No.5（2014）
著(编)者:唐绪军　2014年6月出版 / 定价:79.00元

移动互联网蓝皮书
中国移动互联网发展报告（2014）
著(编)者:官建文　2014年6月出版 / 定价:79.00元

游戏蓝皮书
中国游戏产业发展报告（2014）
著(编)者:卢斌　2014年9月出版 / 估价:79.00元

舆情蓝皮书
中国社会舆情与危机管理报告（2014）
著(编)者:谢耘耕　2014年8月出版 / 定价:98.00元

粤港澳台文化蓝皮书
粤港澳台文化创意产业发展报告（2014）
著(编)者:丁未　2014年9月出版 / 估价:69.00元

地方发展类

安徽蓝皮书
安徽社会发展报告（2014）
著(编)者:程桦　2014年4月出版 / 定价:79.00元

安徽经济蓝皮书
皖江城市带承接产业转移示范区建设报告（2014）
著(编)者:丁海中　2014年4月出版 / 定价:69.00元

安徽社会建设蓝皮书
安徽社会建设分析报告（2014）
著(编)者:黄家海　王开玉　蔡宪　2014年9月出版 / 估价:69.00元

北京蓝皮书
北京公共服务发展报告（2013~2014）
著(编)者:施昌奎　2014年2月出版 / 定价:69.00元

北京蓝皮书
北京经济发展报告（2013~2014）
著(编)者:杨松　2014年4月出版 / 定价:79.00元

北京蓝皮书
北京社会发展报告（2013~2014）
著(编)者:缪青　2014年5月出版 / 定价:79.00元

北京蓝皮书
北京社会治理发展报告（2013~2014）
著(编)者:殷星辰　2014年4月出版 / 定价:79.00元

北京蓝皮书
中国社区发展报告（2013~2014）
著(编)者:于燕燕　2014年6月出版 / 定价:69.00元

北京蓝皮书
北京文化发展报告（2013~2014）
著(编)者:李建盛　2014年4月出版 / 定价:79.00元

北京旅游绿皮书
北京旅游发展报告（2014）
著(编)者:北京旅游学会　2014年7月出版 / 定价:88.00元

北京律师蓝皮书
北京律师发展报告No.2（2014）
著(编)者:王隽　周塞军　2014年9月出版 / 估价:79.00元

北京人才蓝皮书
北京人才发展报告（2014）
著(编)者:于淼　2014年10月出版 / 估价:89.00元

北京社会心态蓝皮书
北京社会心态分析报告（2013~2014）
著(编)者:北京社会心理研究所
2014年9月出版 / 估价:79.00元

城乡一体化蓝皮书
中国城乡一体化发展报告·北京卷（2014）
著(编)者:张宝秀　黄序　2014年11月出版 / 估价:79.00元

创意城市蓝皮书
北京文化创意产业发展报告（2014）
著(编)者:张京成　王国华　2014年10月出版 / 估价:69.00元

创意城市蓝皮书
重庆创意产业发展报告（2014）
著(编)者:程宁宁　2014年4月出版 / 定价:89.00元

创意城市蓝皮书
青岛文化创意产业发展报告（2013~2014）
著(编)者:马达　张丹妮　2014年6月出版 / 定价:79.00元

创意城市蓝皮书
无锡文化创意产业发展报告（2014）
著(编)者:庄若江　张鸣年　2014年11月出版 / 估价:75.00元

服务业蓝皮书
广东现代服务业发展报告（2014）
著(编)者:祁明　程晓　2014年11月出版 / 估价:69.00元

甘肃蓝皮书
甘肃舆情分析与预测（2014）
著(编)者:陈双梅　郝树声　2014年1月出版 / 定价:69.00元

甘肃蓝皮书
甘肃县域经济综合竞争力报告（2014）
著(编)者:刘进军　2014年1月出版 / 定价:69.00元

甘肃蓝皮书
甘肃县域社会发展评价报告（2014）
著(编)者:魏胜文　2014年9月出版 / 估价:69.00元

甘肃蓝皮书
甘肃经济发展分析与预测（2014）
著(编)者:朱智文　罗哲　2014年1月出版 / 定价:69.00元

甘肃蓝皮书
甘肃社会发展分析与预测（2014）
著(编)者:安文华　包晓霞　2014年1月出版 / 定价:69.00元

甘肃蓝皮书
甘肃文化发展分析与预测（2014）
著(编)者:王福生　周小华　2014年1月出版 / 定价:69.00元

广东蓝皮书
广东省电子商务发展报告（2014）
著(编)者:黄建明　祁明　2014年11月出版 / 估价:69.00元

广东蓝皮书
广东社会工作发展报告（2014）
著(编)者:罗观翠　2014年6月出版 / 定价:89.00元

广东外经贸蓝皮书
广东对外经济贸易发展研究报告（2014）
著(编)者:陈万灵　2014年6月出版 / 定价:79.00元

广西北部湾经济区蓝皮书
广西北部湾经济区开放开发报告（2014）
著(编)者:广西北部湾经济区规划建设管理委员会办公室
　　　广西社会科学院 广西北部湾发展研究院
2014年11月出版 / 估价:69.00元

广州蓝皮书
2014年中国广州经济形势分析与预测
著(编)者:庾建设 沈奎 郭志勇 2014年6月出版 / 定价:79.00元

广州蓝皮书
2014年中国广州社会形势分析与预测
著(编)者:张强 陈怡霓 　　2014年5月出版 / 定价:69.00元

广州蓝皮书
广州城市国际化发展报告（2014）
著(编)者:朱名宏 　　2014年9月出版 / 估价:59.00元

广州蓝皮书
广州创新型城市发展报告（2014）
著(编)者:李江涛 　　2014年7月出版 / 定价:69.00元

广州蓝皮书
广州经济发展报告（2014）
著(编)者:李江涛 朱名宏 　　2014年5月出版 / 定价:69.00元

广州蓝皮书
广州农村发展报告（2014）
著(编)者:李江涛 汤锦华 　　2014年8月出版 / 定价:69.00元

广州蓝皮书
广州青年发展报告（2014）
著(编)者:魏国华 张强 　　2014年9月出版 / 估价:65.00元

广州蓝皮书
广州汽车产业发展报告（2014）
著(编)者:李江涛 　　2014年10月出版 / 估价:69.00元

广州蓝皮书
广州商贸业发展报告（2014）
著(编)者:李江涛 王旭东 苟振英
2014年6月出版 / 定价:69.00元

广州蓝皮书
广州文化创意产业发展报告（2014）
著(编)者:甘新 　　2014年8月出版 / 定价:79.00元

广州蓝皮书
中国广州城市建设发展报告（2014）
著(编)者:董皞 冼伟雄 李俊夫
2014年11月出版 / 估价:69.00元

广州蓝皮书
中国广州科技和信息化发展报告（2014）
著(编)者:邹采荣 马正勇 冯元 2014年7月出版 / 定价:79.00元

广州蓝皮书
中国广州文化创意产业发展报告（2014）
著(编)者:甘新 　　2014年10月出版 / 估价:59.00元

广州蓝皮书
中国广州文化发展报告（2014）
著(编)者:徐俊忠 陆志强 顾涧清
2014年6月出版 / 定价:69.00元

广州蓝皮书
中国广州城市建设与管理发展报告（2014）
著(编)者:董皞 冯伟雄 2014年7月出版 / 定价:69.00元

贵州蓝皮书
贵州法治发展报告（2014）
著(编)者:吴大华 2014年3月出版 / 定价:69.00元

贵州蓝皮书
贵州人才发展报告（2014）
著(编)者:于杰 吴大华 2014年3月出版 / 定价:69.00元

贵州蓝皮书
贵州社会发展报告（2014）
著(编)者:王兴骥 2014年3月出版 / 定价:69.00元

贵州蓝皮书
贵州农村扶贫开发报告（2014）
著(编)者:王朝新 宋明 2014年9月出版 / 估价:69.00元

贵州蓝皮书
贵州文化产业发展报告（2014）
著(编)者:李建国 2014年9月出版 / 估价:69.00元

海淀蓝皮书
海淀区文化和科技融合发展报告（2014）
著(编)者:陈名杰 孟景伟 2014年11月出版 / 估价:75.00元

海峡西岸蓝皮书
海峡西岸经济区发展报告（2014）
著(编)者:福建省人民政府发展研究中心
2014年9月出版 / 定价:85.00元

杭州蓝皮书
杭州妇女发展报告（2014）
著(编)者:魏颖 2014年6月出版 / 定价:75.00元

杭州都市圈蓝皮书
杭州都市圈发展报告（2014）
著(编)者:董祖德 沈翔 2014年5月出版 / 定价:89.00元

河北经济蓝皮书
河北省经济发展报告（2014）
著(编)者:马树强 金浩 张贵 2014年4月出版 / 定价:79.00元

河北蓝皮书
河北经济社会发展报告（2014）
著(编)者:周文夫 2014年1月出版 / 定价:69.00元

河南经济蓝皮书
2014年河南经济形势分析与预测
著(编)者:胡五岳 2014年3月出版 / 定价:69.00元

河南蓝皮书

2014年河南社会形势分析与预测
著(编)者:刘道兴 牛苏林　2014年1月出版 / 定价:69.00元

河南蓝皮书
河南城市发展报告（2014）
著(编)者:谷建全 王建国　2014年1月出版 / 定价:59.00元

河南蓝皮书
河南法治发展报告（2014）
著(编)者:丁同民 闫德民　2014年3月出版 / 定价:69.00元

河南蓝皮书
河南金融发展报告（2014）
著(编)者:喻新安 谷建全　2014年4月出版 / 定价:69.00元

河南蓝皮书
河南经济发展报告（2014）
著(编)者:喻新安　2013年12月出版 / 定价:69.00元

河南蓝皮书
河南文化发展报告（2014）
著(编)者:卫绍生　2014年1月出版 / 定价:69.00元

河南蓝皮书
河南工业发展报告（2014）
著(编)者:龚绍东　2014年1月出版 / 定价:69.00元

河南蓝皮书
河南商务发展报告（2014）
著(编)者:焦锦淼 穆荣国　2014年5月出版 / 定价:88.00元

黑龙江产业蓝皮书
黑龙江产业发展报告（2014）
著(编)者:于渤　2014年10月出版 / 估价:79.00元

黑龙江蓝皮书
黑龙江经济发展报告（2014）
著(编)者:张新颖　2014年1月出版 / 定价:69.00元

黑龙江蓝皮书
黑龙江社会发展报告（2014）
著(编)者:艾书琴　2014年1月出版 / 定价:69.00元

湖南城市蓝皮书
城市社会管理
著(编)者:罗海藩　2014年10月出版 / 估价:59.00元

湖南蓝皮书
2014年湖南产业发展报告
著(编)者:梁志峰　2014年4月出版 / 定价:128.00元

湖南蓝皮书
2014年湖南电子政务发展报告
著(编)者:梁志峰　2014年4月出版 / 定价:128.00元

湖南蓝皮书
2014年湖南法治发展报告
著(编)者:梁志峰　2014年9月出版 / 估价:79.00元

湖南蓝皮书
2014年湖南经济展望
著(编)者:梁志峰　2014年4月出版 / 定价:128.00元

湖南蓝皮书
2014年湖南两型社会发展报告
著(编)者:梁志峰　2014年4月出版 / 定价:128.00元

湖南蓝皮书
2014年湖南社会发展报告
著(编)者:梁志峰　2014年4月出版 / 定价:128.00元

湖南蓝皮书
2014年湖南县域经济社会发展报告
著(编)者:梁志峰　2014年4月出版 / 定价:128.00元

湖南县域绿皮书
湖南县域发展报告No.2
著(编)者:朱有志 袁准 周小毛　2014年11月出版 / 估价:69.00元

沪港蓝皮书
沪港发展报告（2014）
著(编)者:尤安山　2014年9月出版 / 估价:89.00元

吉林蓝皮书
2014年吉林经济社会形势分析与预测
著(编)者:马克　2014年1月出版 / 定价:79.00元

济源蓝皮书
济源经济社会发展报告（2014）
著(编)者:喻新安　2014年4月出版 / 定价:69.00元

江苏法治蓝皮书
江苏法治发展报告No.3（2014）
著(编)者:李力 龚廷泰　2014年11月出版 / 估价:88.00元

京津冀蓝皮书
京津冀发展报告（2014）
著(编)者:文魁 祝尔娟　2014年3月出版 / 定价:79.00元

经济特区蓝皮书
中国经济特区发展报告（2013）
著(编)者:陶一桃　2014年4月出版 / 定价:89.00元

辽宁蓝皮书
2014年辽宁经济社会形势分析与预测
著(编)者:曹晓峰 张晶　2014年1月出版 / 定价:79.00元

流通蓝皮书
湖南省商贸流通产业发展报告No.2
著(编)者:柳思维　2014年10月出版 / 估价:75.00元

内蒙古蓝皮书
内蒙古反腐倡廉建设报告No.1
著(编)者:张志华 无极　2013年12月出版 / 定价:69.00元

浦东新区蓝皮书
上海浦东经济发展报告（2014）
著(编)者:沈开艳 陆沪根　2014年1月出版 / 估价:59.00元

侨乡蓝皮书
中国侨乡发展报告（2014）
著(编)者:郑一省　2014年9月出版 / 估价:69.00元

青海蓝皮书
2014年青海经济社会形势分析与预测
著(编)者:赵宗福　2014年2月出版 / 定价:69.00元

人口与健康蓝皮书
深圳人口与健康发展报告（2014）
著(编)者:陆杰华　江捍平　2014年10月出版 / 估价:98.00元

山东蓝皮书
山东经济形势分析与预测（2014）
著(编)者:张华　唐洲雁　2014年6月出版 / 定价:89.00元

山东蓝皮书
山东社会形势分析与预测（2014）
著(编)者:张华　唐洲雁　2014年6月出版 / 定价:89.00元

山东蓝皮书
山东文化发展报告（2014）
著(编)者:张华　唐洲雁　2014年6月出版 / 定价:98.00元

山西蓝皮书
山西资源型经济转型发展报告（2014）
著(编)者:李志强　2014年5月出版 / 定价:98.00元

陕西蓝皮书
陕西经济发展报告（2014）
著(编)者:任宗哲　石英　裴成荣　2014年2月出版 / 定价:69.00元

陕西蓝皮书
陕西社会发展报告（2014）
著(编)者:任宗哲　石英　牛昉　2014年2月出版 / 定价:65.00元

陕西蓝皮书
陕西文化发展报告（2014）
著(编)者:任宗哲　石英　王长寿　2014年3月出版 / 定价:59.00元

陕西蓝皮书
丝绸之路经济带发展报告（2014）
著(编)者:任宗哲　石英　白宽犁　2014年8月出版 / 定价:79.00元

上海蓝皮书
上海传媒发展报告（2014）
著(编)者:强荧　焦雨虹　2014年1月出版 / 定价:79.00元

上海蓝皮书
上海法治发展报告（2014）
著(编)者:叶青　2014年4月出版 / 定价:69.00元

上海蓝皮书
上海经济发展报告（2014）
著(编)者:沈开艳　2014年1月出版 / 定价:69.00元

上海蓝皮书
上海社会发展报告（2014）
著(编)者:卢汉龙　周海旺　2014年1月出版 / 定价:69.00元

上海蓝皮书
上海文化发展报告（2014）
著(编)者:蒯大申　2014年1月出版 / 定价:69.00元

上海蓝皮书
上海文学发展报告（2014）
著(编)者:陈圣来　2014年1月出版 / 定价:69.00元

上海蓝皮书
上海资源环境发展报告（2014）
著(编)者:周冯琦　汤庆合　任文伟
2014年1月出版 / 定价:69.00元

上饶蓝皮书
上饶发展报告（2013~2014）
著(编)者:朱寅健　2014年3月出版 / 定价:128.00元

社会建设蓝皮书
2014年北京社会建设分析报告
著(编)者:宋贵伦　冯虹　2014年7月出版 / 定价:79.00元

深圳蓝皮书
深圳经济发展报告（2014）
著(编)者:张骁儒　2014年7月出版 / 定价:79.00元

深圳蓝皮书
深圳劳动关系发展报告（2014）
著(编)者:汤庭芬　2014年6月出版 / 定价:75.00元

深圳蓝皮书
深圳社会发展报告（2014）
著(编)者:吴忠　余智晟　2014年11月出版 / 估价:69.00元

深圳蓝皮书
深圳社会建设与发展报告（2014）
著(编)者:叶民辉　张骁儒　2014年7月出版 / 定价:89.00元

四川蓝皮书
四川文化产业发展报告（2014）
著(编)者:侯水平　2014年2月出版 / 定价:69.00元

四川蓝皮书
四川企业社会责任研究报告（2014）
著(编)者:侯水平　盛毅　2014年4月出版 / 定价:79.00元

温州蓝皮书
2014年温州经济社会形势分析与预测
著(编)者:潘忠强　王春光　金浩　2014年4月出版 / 定价:69.00元

温州蓝皮书
浙江温州金融综合改革试验区发展报告（2013~2014）
著(编)者:钱水土　王去非　李义超
2014年9月出版 / 估价:69.00元

扬州蓝皮书
扬州经济社会发展报告（2014）
著(编)者:张爱军　2014年9月出版 / 估价:78.00元

义乌蓝皮书
浙江义乌市国际贸易综合改革试验区发展报告
（2013~2014）
著(编)者:马淑琴 刘文革 周松强
2014年9月出版 / 估价:69.00元

云南蓝皮书
中国面向西南开放重要桥头堡建设发展报告（2014）
著(编)者:刘绍怀　2014年12月出版 / 估价:69.00元

长株潭城市群蓝皮书
长株潭城市群发展报告（2014）
著(编)者:张萍　2014年10月出版 / 估价:69.00元

郑州蓝皮书
2014年郑州文化发展报告
著(编)者:王哲　2014年11月出版 / 估价:69.00元

国别与地区类

G20国家创新竞争力黄皮书
二十国集团（G20）国家创新竞争力发展报告（2014）
著(编)者:李建平 李闽榕 赵新力
2014年9月出版 / 估价:118.00元

阿拉伯黄皮书
阿拉伯发展报告（2013~2014）
著(编)者:马晓霖　2014年4月出版 / 定价:79.00元

澳门蓝皮书
澳门经济社会发展报告（2013~2014）
著(编)者:吴志良 郝雨凡　2014年4月出版 / 定价:79.00元

北部湾蓝皮书
泛北部湾合作发展报告（2014）
著(编)者:吕余生　2014年11月出版 / 估价:79.00元

大湄公河次区域蓝皮书
大湄公河次区域合作发展报告（2014）
著(编)者:刘稚　2014年11月出版 / 估价:79.00元

大洋洲蓝皮书
大洋洲发展报告（2013~2014）
著(编)者:喻常森　2014年8月出版 / 定价:89.00元

德国蓝皮书
德国发展报告（2014）
著(编)者:郑春荣 伍慧萍 等　2014年6月出版 / 定价:69.00元

东北亚黄皮书
东北亚地区政治与安全报告（2014）
著(编)者:黄凤志 刘雪莲　2014年11月出版 / 估价:69.00元

东盟黄皮书
东盟发展报告（2013）
著(编)者:崔晓麟　2014年5月出版 / 定价:75.00元

东南亚蓝皮书
东南亚地区发展报告（2013~2014）
著(编)者:王勤　2014年4月出版 / 定价:79.00元

俄罗斯黄皮书
俄罗斯发展报告（2014）
著(编)者:李永全　2014年7月出版 / 估价:79.00元

非洲黄皮书
非洲发展报告No.16（2013~2014）
著(编)者:张宏明　2014年7月出版 / 估价:79.00元

国际形势黄皮书
全球政治与安全报告（2014）
著(编)者:李慎明 张宇燕　2014年1月出版 / 定价:69.00元

韩国蓝皮书
韩国发展报告（2014）
著(编)者:牛林杰 刘宝全　2014年11月出版 / 估价:69.00元

加拿大蓝皮书
加拿大发展报告（2014）
著(编)者:仲伟合　2014年4月出版 / 定价:89.00元

柬埔寨蓝皮书
柬埔寨国情报告（2014）
著(编)者:毕世鸿　2014年11月出版 / 估价:79.00元

拉美黄皮书
拉丁美洲和加勒比发展报告（2013~2014）
著(编)者:吴白乙　2014年4月出版 / 定价:89.00元

老挝蓝皮书
老挝国情报告（2014）
著(编)者:卢光盛 方芸 吕星　2014年11月出版 / 估价:79.00元

美国蓝皮书
美国研究报告（2014）
著(编)者:黄平　郑秉文　　2014年7月出版 / 定价:89.00元

缅甸蓝皮书
缅甸国情报告（2014）
著(编)者:李晨阳　　2014年8月出版 / 定价:79.00元

欧洲蓝皮书
欧洲发展报告（2013~2014）
著(编)者:周弘　　2014年6月出版 / 定价:89.00元

葡语国家蓝皮书
巴西发展与中巴关系报告2014（中英文）
著(编)者:张曙光　David T. Ritchie
2014年11月出版 / 估价:69.00元

日本经济蓝皮书
日本经济与中日经贸关系研究报告（2014）
著(编)者:王洛林　张季风　　2014年5月出版 / 定价:79.00元

日本蓝皮书
日本发展报告（2014）
著(编)者:李薇　　2014年3月出版 / 定价:69.00元

上海合作组织黄皮书
上海合作组织发展报告（2014）
著(编)者:李进峰　吴宏伟　李伟　　2014年9月出版 / 定价:89.00元

世界创新竞争力黄皮书
世界创新竞争力发展报告（2014）
著(编)者:李建平　　2014年9月出版 / 估价:148.00元

世界社会主义黄皮书
世界社会主义跟踪研究报告（2013~2014）
著(编)者:李慎明　　2014年3月出版 / 定价:198.00元

泰国蓝皮书
泰国国情报告（2014）
著(编)者:邹春萌　　2014年11月出版 / 估价:79.00元

土耳其蓝皮书
土耳其发展报告（2014）
著(编)者:郭长刚　刘义　　2014年9月出版 / 定价:89.00元

亚太蓝皮书
亚太地区发展报告（2014）
著(编)者:李向阳　　2014年1月出版 / 定价:59.00元

印度蓝皮书
印度国情报告（2012~2013）
著(编)者:吕昭义　　2014年5月出版 / 定价:89.00元

印度洋地区蓝皮书
印度洋地区发展报告（2014）
著(编)者:汪戎　　2014年3月出版 / 定价:79.00元

中东黄皮书
中东发展报告No.15（2014）
著(编)者:杨光　　2014年10月出版 / 估价:59.00元

中欧关系蓝皮书
中欧关系研究报告（2014）
著(编)者:周弘　　2013年12月出版 / 定价:98.00元

中亚黄皮书
中亚国家发展报告（2014）
著(编)者:孙力　吴宏伟　　2014年9月出版 / 定价:89.00元

皮 书 大 事 记

☆ 2014年8月，第十五次全国皮书年会（2014）在贵阳召开，第五届优秀皮书奖颁发，本届开始皮书及报告将同时评选。

☆ 2013年6月，依据《中国社会科学院皮书资助规定（试行）》公布2013年拟资助的40种皮书名单。

☆ 2012年12月，《中国社会科学院皮书资助规定（试行）》由中国社会科学院科研局正式颁布实施。

☆ 2011年，部分重点皮书纳入院创新工程。

☆ 2011年8月，2011年皮书年会在安徽合肥举行，这是皮书年会首次由中国社会科学院主办。

☆ 2011年2月，"2011年全国皮书研讨会"在北京京西宾馆举行。王伟光院长（时任常务副院长）出席并讲话。本次会议标志着皮书及皮书研创出版从一个具体出版单位的出版产品和出版活动上升为由中国社会科学院牵头的国家哲学社会科学智库产品和创新活动。

☆ 2010年9月，"2010年中国经济社会形势报告会暨第十一次全国皮书工作研讨会"在福建福州举行，高全立副院长参加会议并做学术报告。

☆ 2010年9月，皮书学术委员会成立，由我院李扬副院长领衔，并由在各个学科领域有一定的学术影响力、了解皮书编创出版并持续关注皮书品牌的专家学者组成。皮书学术委员会的成立为进一步提高皮书这一品牌的学术质量、为学术界构建一个更大的学术出版与学术推广平台提供了专家支持。

☆ 2009年8月，"2009年中国经济社会形势分析与预测暨第十次皮书工作研讨会"在辽宁丹东举行。李扬副院长参加本次会议，本次会议颁发了首届优秀皮书奖，我院多部皮书获奖。

![社会科学文献出版社 SOCIAL SCIENCES ACADEMIC PRESS (CHINA)]

社会科学文献出版社成立于1985年，是直属于中国社会科学院的人文社会科学专业学术出版机构。

成立以来，特别是1998年实施第二次创业以来，依托于中国社会科学院丰厚的学术出版和专家学者两大资源，坚持"创社科经典，出传世文献"的出版理念和"权威、前沿、原创"的产品定位，社科文献立足内涵式发展道路，从战略层面推动学术出版的五大能力建设，逐步走上了学术产品的系列化、规模化、数字化、国际化、市场化经营道路。

先后策划出版了著名的图书品牌和学术品牌"皮书"系列、"列国志"、"社科文献精品译库"、"中国史话"、"全球化译丛"、"气候变化与人类发展译丛""近世中国"等一大批既有学术影响又有市场价值的系列图书。形成了较强的学术出版能力和资源整合能力，年发稿3.5亿字，年出版新书1200余种，承印发行中国社科院院属期刊近70种。

2012年，《社会科学文献出版社学术著作出版规范》修订完成。同年10月，社会科学文献出版社参加了由新闻出版总署召开加强学术著作出版规范座谈会，并代表50多家出版社发起实施学术著作出版规范的倡议。2013年，社会科学文献出版社参与新闻出版总署学术著作规范国家标准的起草工作。

依托于雄厚的出版资源整合能力，社会科学文献出版社长期以来一直致力于从内容资源和数字平台两个方面实现传统出版的再造，并先后推出了皮书数据库、列国志数据库、中国田野调查数据库等一系列数字产品。

在国内原创著作、国外名家经典著作大量出版，数字出版突飞猛进的同时，社会科学文献出版社在学术出版国际化方面也取得了不俗的成绩。先后与荷兰博睿等十余家国际出版机构合作向海外推出了《经济蓝皮书》《社会蓝皮书》等十余种皮书的英文版、俄文版、日文版等。

此外，社会科学文献出版社积极与中央和地方各类媒体合作，联合大型书店、学术书店、机场书店、网络书店、图书馆，逐步构建起了强大的学术图书的内容传播力和社会影响力，学术图书的媒体曝光率居全国之首，图书馆藏率居于全国出版机构前十位。

作为已经开启第三次创业梦想的人文社会科学学术出版机构，社会科学文献出版社结合社会需求、自身的条件以及行业发展，提出了新的创业目标：精心打造人文社会科学成果推广平台，发展成为一家集图书、期刊、声像电子和数字出版物为一体，面向海内外高端读者和客户，具备独特竞争力的人文社会科学内容资源供应商和海内外知名的专业学术出版机构。

中国皮书网

发布皮书研创资讯，传播皮书精彩内容
引领皮书出版潮流，打造皮书服务平台

栏目设置：

- □ 资讯：皮书动态、皮书观点、皮书数据、皮书报道、皮书新书发布会、电子期刊
- □ 标准：皮书评价、皮书研究、皮书规范、皮书专家、编撰团队
- □ 服务：最新皮书、皮书书目、重点推荐、在线购书
- □ 链接：皮书数据库、皮书博客、皮书微博、出版社首页、在线书城
- □ 搜索：资讯、图书、研究动态
- □ 互动：皮书论坛

www.pishu.cn

中国皮书网依托皮书系列"权威、前沿、原创"的优质内容资源，通过文字、图片、音频、视频等多种元素，在皮书研创者、使用者之间搭建了一个成果展示、资源共享的互动平台。

自2005年12月正式上线以来，中国皮书网的IP访问量、PV浏览量与日俱增，受到海内外研究者、公务人员、商务人士以及专业读者的广泛关注。

2008年10月，中国皮书网获得"最具商业价值网站"称号。

2011年全国新闻出版网站年会上，中国皮书网被授予"2011最具商业价值网站"荣誉称号。

权威报告　热点资讯　海量资源

当代中国与世界发展的高端智库平台

皮书数据库 www.pishu.com.cn

　　皮书数据库是专业的人文社会科学综合学术资源总库，以大型连续性图书——皮书系列为基础，整合国内外相关资讯构建而成。包含七大子库，涵盖两百多个主题，囊括了近十几年间中国与世界经济社会发展报告，覆盖经济、社会、政治、文化、教育、国际问题等多个领域。

　　皮书数据库以篇章为基本单位，方便用户对皮书内容的阅读需求。用户可进行全文检索，也可对文献题目、内容提要、作者名称、作者单位、关键字等基本信息进行检索，还可对检索到的篇章再作二次筛选，进行在线阅读或下载阅读。智能多维度导航，可使用户根据自己熟知的分类标准进行分类导航筛选，使查找和检索更高效、便捷。

　　权威的研究报告，独特的调研数据，前沿的热点资讯，皮书数据库已发展成为国内最具影响力的关于中国与世界现实问题研究的成果库和资讯库。

皮书俱乐部会员服务指南

1. 谁能成为皮书俱乐部会员？

- 皮书作者自动成为皮书俱乐部会员；
- 购买皮书产品（纸质图书、电子书、皮书数据库充值卡）的个人用户。

2. 会员可享受的增值服务：

- 免费获赠该纸质图书的电子书；
- 免费获赠皮书数据库100元充值卡；
- 免费定期获赠皮书电子期刊；
- 优先参与各类皮书学术活动；
- 优先享受皮书产品的最新优惠。

阅 读 卡

3. 如何享受皮书俱乐部会员服务？

（1）如何免费获得整本电子书？

　　购买纸质图书后，将购书信息特别是书后附赠的卡号和密码通过邮件形式发送到pishu@188.com，我们将验证您的信息，通过验证并成功注册后即可获得该本皮书的电子书。

（2）如何获赠皮书数据库100元充值卡？

　　第1步：刮开附赠卡的密码涂层（左下）；

　　第2步：登录皮书数据库网站（www.pishu.com.cn），注册成为皮书数据库用户，注册时请提供您的真实信息，以便您获得皮书俱乐部会员服务；

　　第3步：注册成功后登录，点击进入"会员中心"；

　　第4步：点击"在线充值"，输入正确的卡号和密码即可使用。

皮书俱乐部会员可享受社会科学文献出版社其他相关免费增值服务
您有任何疑问，均可拨打服务电话：010~59367227　QQ:1924151860
欢迎登录社会科学文献出版社官网(www.ssap.com.cn)和中国皮书网（www.pishu.cn）了解更多信息